EXPLORATION SCIENTIFIQUE DE LA TUNISIE.

DESCRIPTION

DES

MOLLUSQUES FOSSILES

DES TERRAINS CRÉTACÉS

DE LA RÉGION SUD DES HAUTS-PLATEAUX

DE LA TUNISIE

RECUEILLIS EN 1885 ET 1886

PAR M. PHILIPPE THOMAS,

MEMBRE DE LA MISSION DE L'EXPLORATION SCIENTIFIQUE DE LA TUNISIE,

PAR

ALPHONSE PERON.

DEUXIÈME PARTIE.

PARIS.

IMPRIMERIE NATIONALE.

M DCCC XC – M DCCC XCI.

PELECYPODA.

OSTREIDÆ.

Genre **OSTREA** Linné [1758].

Le genre *Ostrea* est, entre tous, de beaucoup le plus important dans la faune fossile du Nord africain. Par la multiplicité de ses formes spécifiques et par le nombre énorme des individus qui remplissent les couches du sol, il imprime aux terrains crétacés des hauts-plateaux tunisiens et algériens un caractère tout particulier. C'est toutefois exclusivement dans les affleurements des régions méridionales que cette abondance des huîtres se produit. Les terrains crétacés du Tell, aussi bien en Tunisie qu'en Algérie, en sont au contraire en général complètement dépourvus. Il est certaines localités, que nous avons fait connaître dans nos travaux sur cette dernière contrée, où, au milieu des fossiles extrêmement nombreux et variés que renferment certains étages, nous n'avons pas eu à mentionner une seule espèce d'huîtres.

En raison même du nombre considérable des individus et du polymorphisme extrême des espèces, l'étude taxonomique des huîtres africaines présente de grandes difficultés, mais en même temps un vif intérêt. Dans ces séries considérables où les formes varient à l'infini et finissent par s'enchaîner les unes aux autres, presque sans solution de continuité, il devient souvent presque impossible de bien limiter et définir les diverses espèces.

Aussi nous avons eu de très nombreuses modifications à apporter aux travaux de nos devanciers, et, certainement, les nôtres subiront dans l'avenir des rectifications analogues.

Coquand, dans sa *Monographie du genre Ostrea*, a mentionné ou décrit quatre-vingts espèces d'huîtres environ dans les terrains crétacés de l'Algérie. A ce nombre, déjà si considérable, il faut ajouter plusieurs espèces signalées dans le nord de l'Afrique ou décrites depuis la publication de la Monographie, comme les *Ostrea Rollandi*, *Caderensis*, *Tunetana*, etc., et enfin huit espèces nouvelles que nous décrivons dans le présent travail.

D'autre part, parmi les nombreuses espèces créées par Coquand, il en est beaucoup dont les caractères propres sont insuffisants et que nous ne pouvons conserver dans nos catalogues. Déjà, dans le travail précité, le

Mollusques. 8

IMPRIMERIE NATIONALE.

savant spécialiste avait lui-même fait disparaître plusieurs espèces créées ou citées par lui dans ses premiers travaux sur l'Algérie et dont il avait d'abord méconnu l'identité réelle.

Telles sont les suivantes : *Ostrea Auressensis* Coquand, *O. Tevesthensis* Coquand, *O. Coquandi* Jullien, *O. Fourneti* Coquand, *O. elegans* Bayle, *O. auricularis* Brongn., *O. cornu-arietis* Nilsson, *O. plicatuloides* Leym.

Ce travail de restitution et de simplification doit être continué. Il est d'autant plus nécessaire que bien des espèces connues en Europe et fort importantes au point de vue stratigraphique existent également en Afrique, mais ont été méconnues et considérées à tort comme nouvelles. A mesure que les recherches se multiplient et que les collections africaines s'enrichissent, ces identités méconnues apparaissent mieux.

C'est ainsi que nous avons pu rétablir sous leur vrai nom, dans les catalogues, ou mentionner pour la première fois en Afrique, les espèces suivantes, toutes fort utiles au géologue pour la détermination de l'âge des terrains : *Ostrea prælonga* Sharpe, *O. Olisiponensis* Sharpe, *O. columba*, *O. carinata*, *O. canaliculata*, *O. Carentonensis*, *O. laciniata*, *O. gracilis*, *O. decussata*, *O. lingularis*, etc.

De ces assimilations sont naturellement résultées plusieurs suppressions d'espèces nouvelles. En outre, des doubles emplois nombreux ont été reconnus, ainsi que quelques déterminations inexactes. En résumé, nous avons considéré les 21 espèces ci-après, décrites ou simplement signalées en Algérie ou en Tunisie, comme devant disparaître de nos catalogues : *Ostrea Pentagruelis* Coquand, *O. Mermeti* Coquand, *O. oxyntas* Coquand, *O. rediviva* Coquand, *O. digitata* Sowerby, *O. Baylei* Coquand, *O. Trigeri* Coquand, *O. Senaci* Coquand, *O. Biskarensis* Coquand, *O. Caderensis* Coquand, *O. Peroni* Coquand, *O. Deshayesi* Defr., *O. Sollieri* Coquand, *O. acanthonota* Coquand, *O. acutirostris* Nilsson, *O. curvirostris* Nilsson, *O. Numida* Coquand, *O. ostracina* Lamarck, *O. Bomilcaris* Coquand, *O. Reboudi* Coquand, *O. Aucapitainei* Coquand.

Nous indiquerons avec les détails nécessaires, dans la discussion des espèces, les motifs de ces suppressions. Il nous suffit ici de les signaler d'une façon générale. Nous croyons d'ailleurs pouvoir ajouter que la liste des espèces à supprimer dans la *Monographie* pourrait être beaucoup augmentée si, au lieu de borner, comme nous avons dû le faire dans ce travail, nos observations critiques aux huîtres du Nord africain, nous avions pu les étendre à toutes celles des terrains crétacés qui, suivant Coquand, ne s'élèvent pas à moins de 264 espèces. Déjà, dans nos *Notes pour servir à l'histoire du terrain de craie*, nous avons signalé quelques réunions et simplifications nécessaires. Il serait à désirer que ce travail de revision pût être continué et étendu.

Malgré les importantes réductions que nous avons fait subir au catalogue des huîtres crétacées africaines et quoique nous n'ayons eu à étudier en Tunisie que les étages moyen et supérieur de cette formation, il nous est resté à mentionner et à discuter 47 espèces d'*Ostrea*. Ce nombre, encore considérable, se répartit ainsi qu'il suit entre les étages : étage albien supérieur, 2; étage cénomanien, 12; étage turonien, 1; étage santonien, 20; étages campanien et danien, 12.

Sur ces 47 espèces, 25 ont été rencontrées dans d'autres régions, soit en France ou dans d'autres parties de l'Europe, soit en Égypte, en Palestine, aux Indes ou même en Amérique. Les autres semblent jusqu'ici spéciales au nord de l'Afrique.

Sauf quelques exceptions assez rares, que nous avons pris soin de signaler, nos espèces sont généralement cantonnées étroitement dans leurs étages respectifs et souvent même dans un niveau spécial et restreint de ces étages. Ces horizons ostréens, que nous avions déjà reconnus en Algérie et également en France, se sont retrouvés stratigraphiquement identiques en Tunisie. On peut donc considérer la plupart de nos *Ostrea* comme des fossiles bien caractéristiques au point de vue géologique. Cette constatation ne manque pas d'une importance réelle dans une région où les huîtres sont, avec les Échinides, les fossiles dominants des formations sédimentaires.

Les mollusques qui constituent le grand genre *Ostrea* de Linné présentent, comme on sait, les formes les plus diverses et les plus disparates, au moins dans la disposition et l'ornementation de leur coquille. Aussi depuis bien longtemps les auteurs ont-ils cherché à introduire dans ce genre des divisions en rapport avec les principaux groupes isomorphes. C'est ainsi que, se basant principalement sur la forme tantôt simple et droite, tantôt incurvée et tantôt hélicoïdale du crochet, certains auteurs ont créé les genres *Gryphæa*, *Amphidonta*, *Pycnodonta*, *Exogyra*, *Alectryonia*, etc.

Les naturalistes spécialistes n'ont en général pas accepté ces divisions. Les groupes *Gryphæa*, *Exogyra* et *Ostrea* (*sensu stricto*) ont seuls été adoptés par un certain nombre de paléontologistes. On a fait remarquer à ce sujet que la simple modification dans la forme du crochet, sur laquelle sont basées ces divisions, ne correspondait à aucune modification essentielle dans l'organisation de l'animal. Il existe même des espèces dont les individus affectent, isolément et indifféremment, l'une ou l'autre de ces formes. Ce fait est bien réel, et, pour restreindre nos exemples aux espèces algériennes, nous pouvons citer les *Ostrea Delettrei*, *cameleo*, *Renoui*, *rediviva*, *dichotoma*, etc., qui sont parfois simplement ostréiformes, mais souvent aussi exogyriformes ou gryphéiformes.

Certes on doit reconnaître que pour certaines espèces d'huîtres les caractères morphologiques et l'aspect extérieur diffèrent singulièrement des unes aux autres. Il suffit par exemple de rapprocher l'*Ostrea Boucheroni*, ou l'*O. vesicularis*, de l'*O. carinata* pour mesurer toute l'importance de ces différences. On comprend alors, à la comparaison de types aussi dissemblables, que le démembrement du genre *Ostrea* soit réclamé par beaucoup de naturalistes, comme étant au moins aussi justifié que le démembrement du grand genre *Ammonites*.

Il semble que, pour arriver, sous ce rapport, à un résultat satisfaisant et assez complet, les trois genres *Gryphæa*, *Exogyra* et *Ostrea* sont loin de suffire. Il y a, par exemple, entre l'*Exogyra columba* et l'*E. Matheroniana* ou l'*E. flabellata*, au moins autant de différence qu'entre l'*Exogyra columba* et le *Gryphæa vesiculosa*. De même il est difficile de classer avec l'*Exogyra flabellata* des huîtres comme l'*Ostrea frons* ou l'*O. carinata*. Il faudrait donc parvenir à bien grouper les types si divers du genre *Ostrea* et à créer pour chacun de ces groupes une coupe générique spéciale suffisamment caractérisée.

M. Bayle, le savant ancien professeur de l'École des mines, a essayé de réaliser ce groupement. Dans son *Atlas de paléontologie*, malheureusement resté sans texte explicatif, il a créé plusieurs genres nouveaux aux dépens du genre *Ostrea*; puis, reprenant en outre quelques-uns des anciens genres déjà démembrés des *Ostrea*, il a établi par des figures bien choisies toute une nouvelle classification.

Le genre *Alectryonia* Fischer de Waldheim comprend les *Ostrea frons*, *carinata*, *gregaria* et autres semblables. Le genre *Lopha* Bolten, les *Ostrea diluviana*, *Carentonensis*, etc. Les *Pycnodontes* renferment principalement les Gryphées, comme les *Ostrea vesicularis*, *biauriculata*, etc.

D'autre part les *Ostrea Matheroniana*, *flabellata*, *plicifera*, etc., forment le genre nouveau *Ceratostreon*; les *Ostrea columba*, *conica*, *vultur*, deviennent des *Rhynchostreon*; les *Ostrea pulligera* et *Syphax*, des *Actinostreon*, et enfin les *Ostrea aquila*, *Couloni*, etc., des *Ætostreon*.

Cette nouvelle classification du savant paléontologiste est certainement bien séduisante et paraît rationnelle dans son ensemble. Nous l'aurions même volontiers employée si, à la pratique, nous n'avions immédiatement rencontré de très sérieuses difficultés.

Il ne suffit pas, en effet, de représenter un ou deux types de chaque genre pour le faire connaître et le bien définir. Il faudrait que la nouvelle classification fût expliquée et méthodiquement exposée. Il faudrait qu'une diagnose caractéristique de chaque coupe générique permît de classer en connaissance de cause, dans l'une ou dans l'autre, les espèces si variées que nous possédons.

Or il n'en est pas encore ainsi. Aucune règle n'est donnée et nous demeurons, par exemple, fort embarrassé pour classer nos *Ostrea Forgemoli*, *Tissoti*, *Janus*, *Renoui*, *dichotoma*, *Villei*, etc. L'incertitude règne sur bien des points, et le classement même des types adoptés par M. Bayle ne semble pas à l'abri de la critique.

Si nous examinons, par exemple, l'*Ostrea Syphax*, commun en Algérie, qui pour M. Bayle est un des types de son genre *Actinostreon*, nous voyons que cette belle espèce a été placée par certains auteurs dans les *Alectryonia*, et, pour nous, elle pourrait prendre place dans les *Lopha*.

L'*Ostrea vultur* Coquand, cette grande huître spéciale au Cénomanien de la Vienne, est attribuée par M. Bayle à son genre *Rhynchostreon* avec l'*O. columba*. Or elle est fort différente de cette dernière. Elle a bien le crochet un peu infléchi latéralement, mais il n'est pas contourné en hélice, et, pour la forme, il se rapproche autant du crochet des *O. vesiculosa* que de celui des *O. columba*. Mais l'objection la plus importante à faire à la classification de l'*O. vultur*, c'est que cette huître a la valve supérieure profondément concave et garnie de stries longitudinales comme l'ont tous les Pycnodontes et non pas plane et striée concentriquement comme celle des Exogyres.

Nous ne comprenons pas bien non plus quelle différence peut exister entre les genres nouveaux *Ætostreon* et *Rhynchostreon*. Nous remarquons en effet que deux espèces, les *Ostrea conica* et *aquila*, qui sont si semblables, sous tous les rapports, que beaucoup d'auteurs les ont confondues, sont néanmoins placées l'une dans l'un de ces genres, et la seconde dans l'autre genre.

Il nous paraît en outre extraordinaire que ce même *O. conica*, dont la valve supérieure saillante et carénée est si différente de celle de l'*O. vultur*, soit néanmoins placé dans le même genre que ce dernier.

De tout ce qui précède il résulte pour nous que cette question du démembrement du genre *Ostrea* et de la classification générique nouvelle des espèces n'est pas encore à l'état convenable de maturité. Nous n'adopterons donc pas encore cette classification de M. Bayle et comme, d'autre part, la répartition des espèces dans les seuls anciens genres *Gryphæa*, *Exogyra* et *Ostrea* (*sensu stricto*), nous paraît absolument insuffisante, nous préférons suivre, à l'exemple de nos savants prédécesseurs d'Orbigny, Coquand, etc., l'opinion de la plupart des zoologistes, et nous en tenir encore au grand genre *Ostrea* de Linné, pris dans le sens le plus large.

Ostrea prælonga Sharpe; Nob., pl. XXIII, fig. 1-6. — *O. prælonga* Sharpe *On the second. dist. of Portugal* in *Quart. Journ.*, XXII, 187, t. 20, fig. 4 [1849]; Coquand *Mon. Ostrea*, 169, t. 66, fig. 1-2 [1869]. — *O. Pentagruelis* Coquand *Mon. pal. Ét. aptien Espagne*, in *Mém. Soc. émul. Provence*, III, 356, t. 26, fig. 1-2 [1863], et *Mon. Ostrea*, 172 [1869]; Cotteau, Peron et Gauthier *Descr. Échin. foss. Algérie*, Ét. albien, 63 [1876]; Coquand *Études suppl.*, 188 [1879]; Peron *Essai descr. géol. Algérie*, 77 [1883]. — *O. prælonga* Choffat *Rec. mon. strat. syst. crét. Portugal*, 35 [1885].

L'huître que nous désignons ici sous le nom d'*Ostrea prælonga* a été primitivement citée par nous-même sous le nom d'*O. Pentagruelis* Coquand. Nous avions en effet recueilli de nombreux spécimens de cette huître dans un certain horizon géologique des environs de Bou-Saada, où ils habitaient en compagnie de l'*O. falco*, et nous les avions communiqués à Coquand qui les a assimilés à une espèce de l'Aptien d'Espagne récemment décrite par lui sous le nom d'*O. Pentagruelis.*

Nous restons dans l'incertitude au sujet de cette assimilation. Il est avéré pour nous que si Coquand avait eu une connaissance plus complète du niveau stratigraphique réel occupé par nos huîtres de Bou-Saada, il eût renoncé à les rapporter à une espèce qu'il classait dans l'étage aptien. Et cependant, depuis les études si précises de M. Choffat sur les terrains crétacés du Portugal, il semble bien probable que l'*O. Pentagruelis*, considéré comme aptien, appartient en réalité à l'étage albien.

Dans ces conditions, et malgré la différence apparente des types figurés, il ne nous semble pas impossible que l'*O. Pentagruelis* Coquand, d'Utrillas, ne soit qu'une forme très adulte de l'*O. prælonga* Sharpe, du Portugal.

Quoi qu'il en soit, nous n'hésitons plus, en ce qui concerne nos *Ostrea* de l'Albien supérieur des environs de Bou-Saada, à les assimiler à cette dernière espèce. Dans le principe, ne connaissant de l'*O. prælonga* que l'individu très étroit figuré par Sharpe, et n'ayant d'autre part recueilli à Bou-Saada que des individus sensiblement plus grands, nous n'avions pas même songé à faire ce rapprochement. Mais, depuis, nous avons eu, grâce à l'obligeance de M. Choffat, la possibilité d'examiner plusieurs spécimens d'*O. prælonga* du Portugal, et nous avons reconnu que l'un d'eux au moins est tout à fait identique à ceux de Bou-Saada.

Enfin, dans une série d'individus provenant de Tiaret, recueillis par M. Welsch, et qui sont incontestablement les mêmes que ceux de Bou-Saada, il s'en trouve reproduisant plus complètement encore la forme étroite et allongée qui caractérise l'*O. prælonga.* Il est à remarquer au surplus que le niveau stratigraphique de cette dernière espèce se rapproche complètement de celui des individus algériens.

Notre *O. prælonga* est une espèce fort abondante dans certaines localités algériennes, et toujours facile à distinguer de toutes les espèces connues dans les divers étages crétacés des mêmes régions. Elle est ostréiforme, déprimée, parfois un peu contournée, la valve inférieure présentant une courbe concave de l'avant à l'arrière, alors que la valve supérieure est renflée; mais le plus habituellement les deux valves sont convexes. La surface des valves est lamelleuse, sans autre ornementation que des plis concentriques, gros et irréguliers. La forme générale est ovale, allongée, parfois très étroite. L'accroissement se fait exclusivement en longueur, de sorte que les individus âgés sont toujours plus longs, relativement à la largeur. Le caractère saillant de cette espèce est la longueur extrême du crochet de la valve inférieure et de la fossette ligamentaire, qui se trouve à découvert d'une façon remarquable.

Sous le rapport de la forme générale, nos *O. prælonga* ont une certaine analogie avec l'*O. Leymeriei*, du Néocomien supérieur; mais la longueur si remarquable de leur crochet les en distingue facilement. D'ailleurs l'*O. Leymeriei* est plus plat, plus foliacé, plus irrégulier encore, relativement beaucoup moins étroit et allongé, et presque toujours fixé par une large portion de sa valve inférieure.

L'*O. prælonga* se trouve partout, en Tunisie comme en Algérie, en compagnie de l'*O. falco* et de quelques autres fossiles, qui, comme l'*Enallaster Tissoti*, caractérisent une zone constamment placée au-dessus des assises urgo-aptiennes à Orbitolines, et au-dessous du Cénomanien. Nous avons, avec quelque doute, parallélisé cette zone avec l'Albien supérieur. Peut-être pourrait-on y voir le représentant du Vraconnien?

Algérie : Bou-Saada; Eddis; Tiaret.

Tunisie : Djebel Oum-el-Oguel; Djebel Oum-Ali (niveau à Trigonies). — Étage albien supérieur.

Ostrea falco Coquand *Mon. Ostrea*, 176, t. 64, fig. 21-23 [1869]; Cotteau, Peron et Gauthier *Descr. Échin. foss. Algérie*, Ét. albien, 63 [1876]; Coquand *Etudes suppl.*, 188 [1879]; Peron *Essai descr. géol. Algérie*, 77 [1883].

L'*Ostrea falco* a été établi par Coquand pour des huîtres recueillies par nous-même dans les environs de Bou-Saada et d'Eddis, au milieu de couches marneuses que nous avons attribuées à l'étage albien supérieur. Le savant spécialiste, à la vérité, a bien réuni à nos types algériens une huître trouvée dans l'Urgonien de la Provence, mais cette assimilation paraît fort douteuse. Il est évident pour nous que Coquand ne l'eût pas adoptée s'il avait su que l'horizon réel de l'*O. falco* était celui de l'Albien supérieur et non pas celui de l'Urgonien, comme il l'a supposé.

Le type de l'*O. falco*, représenté dans la planche 44 de la *Monographie*, appartenait à notre collection; mais il était encore chez Coquand lors du décès de ce savant, et nous n'avons pu rentrer en possession de notre exemplaire. Il nous est resté cependant bon nombre d'autres spécimens du même gisement, et nous pouvons les utiliser avec fruit pour les comparer avec quelques individus semblables rencontrés par M. Thomas en Tunisie, dans le Cherb oriental, à un niveau stratigraphique tout à fait analogue.

En outre, nous avons récemment reçu communication, par M. Welsch, de nombreux spécimens d'*O. falco* recueillis par lui aux environs de Tiaret, où ils habitent, comme à Eddis, à Bou-Saada et en Tunisie, un niveau bien constant, inférieur au Cénomanien typique et supérieur aux couches rhodaniennes. Ce niveau, caractérisé non seulement par l'*O. falco*, mais aussi par l'*O. prælonga*, l'*Enallaster Tissoti* et d'autres fossiles, ses compagnons habituels, se retrouve bien identique en Portugal, où M. Choffat l'a classé sous la rubrique *Couches de position douteuse*, qu'il pense être, au moins en partie, l'équivalent du Gault supérieur et du Vraconnien.

La grande extension de l'aire géographique occupée dans le Nord africain par l'*Ostrea falco*, au sein de couches médiocrement fossilifères et d'un âge un peu indécis, le rend fort précieux pour le géologue. Concurremment avec les fossiles que nous venons de citer, il suffit pour caractériser cette zone et la faire nettement reconnaître.

L'*O. falco* est une espèce du groupe des Exogyres, qui, par l'ornementation irrégulièrement costulée de sa grande valve, est voisine de quelques variétés à côtes fines de l'*O. Olisiponensis* dont nous nous occuperons plus loin. Elle s'en distingue toutefois facilement par son crochet simplement incliné ou incurvé, mais non contourné sur lui-même en hélice, par sa fossette ligamentaire longue et étroite, par sa valve supérieure uniformément bombée et également lamelleuse sur toute sa surface, par une forme plus étroite et, en général, plus allongée, par ses côtes plus petites et plus vagues, enfin par sa taille habituellement beaucoup moindre.

Les exemplaires de Tunisie que M. Thomas nous a confiés sont assez incomplets et médiocrement conservés. Cependant on y reconnaît bien tous les caractères de nos individus d'Eddis, et leur identité spécifique ne nous paraît pas douteuse.

Les gisements du Cherb qui renferment l'*O. falco* renferment également l'*O. prælonga* et, en abondance, l'*Enallaster Tissoti* et plusieurs autres fossiles intéressants, nouveaux, ou déjà connus en Espagne et en Portugal.

Tunisie : Djebel Oum-el-Oguel; Djebel Oum-Ali. — Étage albien supérieur.

Ostrea conica Sowerby; Nob., pl. XXIII, fig. 8-10. — *Chama conica* Sowerby *Miner. conch.*, I, 69, t. 26, fig. 3 [1813]. — *Exogyra conica* Sowerby *Miner. conch.*, VI, 217, t. 605, fig. 1-3 [1813]. — *Ostrea conica* Coquand *Géol. et pal. rég. sud prov. Constantine*, 293 [1862]; Marès in *Comptes rendus Acad. sc.*, LX, 1040 [1865]; Ville *Explor. Beni-Mzab*, 295 [1865]; Brossard in *Mém. Soc. géol. France*, sér. 2, VIII, 227 [1867]; Nicaise *Catal. anim. foss. prov. Alger*, 62 [1870]; Cotteau, Peron et Gauthier *Descr. Échin. foss. Algérie*, Étage cénomanien, 18-57 [1878]. — *Exogyra conica* Seguenza *Studi geol. e pal. sul cret. medio*, 176 [1878]. — *Ostrea conica* Coquand *Mon. Ostrea*, 150, t. 43, fig. 1-7 [1879]. — *O. haliotidea* Coquand *Mon. Ostrea*, 144, t. 50, fig. 8 et 9 (non t. 52, fig. 14-17) [1879]. — *O. conica* Peron *Essai descr. géol. Algérie*, 96 [1883].

Dès 1862, Coquand a assimilé à l'*Ostrea conica* de Sowerby (*Chama*, *Exogyra*) une huître recueillie par Ville, en Algérie, à Eddis, au nord de Bou-Saada. Nous avons pu nous-même recueillir dans cette localité de nombreux exemplaires de cette même huître, et nous les avons communiqués à Coquand qui a maintenu complètement sa première détermination. Nos exemplaires de Bou-Saada, en effet, présentent incontestablement tous les principaux caractères de l'espèce, tels que Sowerby les a définis. La coquille est exogyriforme; la valve inférieure est renflée, gibbeuse, carénée, arquée, plissée concentriquement, à sommet contourné et légèrement déformé par une petite cicatrice d'adhérence. La valve supérieure est lisse, mais souvent renflée et carénée du côté buccal par l'amoncellement des lames d'accroissement. Aucun de nos nombreux individus ne porte trace ni de plis ni de côtes rayonnantes. Ces individus, comme il arrive toujours dans une série abondante, montrent des variations sensibles dans la forme, mais, en somme, ces variations sont relativement très restreintes et n'enlèvent jamais aux individus leur facies propre. On peut remarquer peut-être que ces exemplaires sont généralement un peu moins élargis, plus irréguliers, plus anguleux que les types de Sowerby, et surtout que ceux figurés par d'Orbigny (*Paléontologie française*, Lamellibranches, t. 479) et par Coquand, qui ont pris leurs types dans la craie du Havre et de Rouen. Cependant nous connaissons, de ces dernières localités, des individus parfaitement identiques aux nôtres et, au Havre comme à Bou-Saada, on trouve des variétés plus ou moins étroites et falciformes, et plus ou moins gibbeuses et carénées. Il est à remarquer que Coquand ne semble pas avoir eu en sa possession des matériaux suffisants pour bien connaître cette huître de la craie de Rouen. Les individus qu'il a représentés sont un peu exceptionnels, et, d'autre part, il a figuré, sous le nom d'*O. haliotidea*[1] (t. 50, fig. 8 et 9), un individu du Cénomanien du Havre qui est un vrai type d'*O. conica*, de cette variété étroite et carénée, qui est la forme

[1] Coquand, à l'exemple de d'Orbigny, écrit toujours *O. haliotidea*. Cependant, d'après l'orthographe adoptée par Sowerby, on doit écrire *O. haliotoidea*.

dominante en Algérie. En employant ce nom Coquand nous paraît avoir fait erreur. Son *O. haliotidea* du Havre ne répond nullement au type de Sowerby, et au contraire il se relie aux *O. conica* par tous les intermédiaires possibles. Il est étonnant que ce paléontologue, qui avait entre les mains notre série d'*O. conica* de Bou-Saada, n'ait pas été frappé de l'identité d'une bonne partie de ces spécimens avec son huître du Havre.

L'*O. conica*, signalé ainsi en Algérie dès 1862, a été rencontré depuis dans d'autres localités; M. P. Marès l'a trouvé au Djebel Noukra, où Ville l'a également mentionné. Enfin M. Welsch nous en a communiqué de nombreux individus du Cénomanien de Tiaret, et ces individus sont parfaitement identiques à ceux de Bou-Saada.

Enfin, pour compléter les renseignements au sujet de l'*O. conica* d'Afrique, nous devons ajouter que c'est exclusivement dans les couches inférieures de l'étage cénomanien qu'il habite à Bou-Saada, comme au Djebel Noukra, à Tiaret et même dans les gisements de Tunisie dont nous allons parler.

Après avoir exposé ces préliminaires, indispensables pour bien préciser l'état de la question, il nous reste à faire connaître que M. Ph. Thomas a recueilli en Tunisie des exemplaires de l'*O. conica* absolument identiques, même comme couleur et comme gangue, à ceux de Bou-Saada. Ces exemplaires proviennent du Djebel Nouba, près Feriana. Ils ont été trouvés dans des couches intermédiaires entre l'Urgo-aptien à Orbitolines et le Cénomanien typique à Échinides et à Ostracées. C'est ainsi qu'il en est dans le cercle de Bou-Saada. Toutefois, au Djebel Nouba, où il semble exister une solution de continuité, les couches à Orbitolines sont plus rapprochées des couches à *O. conica* qu'à Bou-Saada et autres gisements. Cependant les huîtres recueillies par M. Thomas ne sauraient être rapportées ni à l'*O. aquila* ni à l'*O. Couloni*. Comme leur position, exactement au-dessous des assises cénomaniennes fossilifères si connues, est bien établie, nous avons la conviction absolue qu'elles représentent exactement nos *O. conica*.

Nous avons jugé utile de faire figurer un des spécimens de cette importante espèce du Djebel Nouba, et un autre de Bou-Saada.

Tunisie : Djebel Nouba. — Étage cénomanien inférieur.

Ostrea Olisiponensis Sharpe (sub *Exogyra*); Nob., pl. XXIII, fig. 14-18. — *Exogyra Olisiponensis* Sharpe *On the second. dist. of Portugal* in *Quart. Journ.* XXII, 185, t. 19, fig. 1 et 2 [1849]. — *Ostrea Overwegi* Coquand *Géol. et pal. rég. sud prov. Constantine*, 226, t. 19, fig. 1-6 [1862] (non de Buch). — *O. Coquandi* Julien in Coquand, loc. cit., 324, t. 35, fig. 5 et 6 [1869]. — *O. Overwegi* Brossard *Essai const. phys. et géol. rég. mérid. subd. Sétif* in *Mém. Soc. géol.*, sér. 2, VIII, 227 [1867] (non de Buch); Hardouin in *Bull. Soc. géol. France*, sér. 2, XXV, 340 [1868]; Ville *Explor. Hodna*, 89 [1868];

Coquand *Mon. Ostrea*, 140, t. 44, fig. 1-9, et t. 46, fig. 15-18 [1869]. — *O. Olisiponensis* Coquand *Mon. Ostrea*, 125, t. 45, fig. 1-7 [1869]. — *O. Trigeri* Coquand, loc. cit. (*ex parte?*), 119 [1869]. — *O. digitata* Coquand, loc. cit. (*ex parte?*), 142 [1869]. — *O. Overwegi* Nicaise *Catal. anim. foss. prov. Alger*, 62 [1870] (non de Buch). — *O. Olisiponensis* L. Lartet *Géol. Palestine*, 59, t. 11, fig. 1 [1872]. — *O. Overwegi* var. *scabra* L. Lartet *Géol. Palestine*, 60, t. 11, fig. 2 [1872]. — *Exogyra olysoponensis* Seguenza *Stud. geol. e pal. sul cret. med.*, 180, t. 18, fig. 2 [1878]. — *E. oxyntas* Seguenza, loc. cit., 178, t. 18, fig. 1. — *E. Overwegi* Seguenza, loc. cit., 179 [1878]. — *Ostrea Olisiponensis* Cotteau, Peron et Gauthier *Descr. Échin. foss. Algérie*, Cénomanien, 27 et suiv. [1878]. — *O. oxyntas* Coquand *Études suppl.*, 170 [1879]. — *O. Overwegi* Tissot *Texte explic. cart. géol. Constantine*, 67 [1881]; Pomel *Texte explic. cart. géol. Oran et Alger*, 27 [1882]. — *Exogyra Olisiponensis* Zittel *Beitr. zur Geol. und Pal. der Libysch. Wüste*, 79 [1883]. — *Ostrea Olisiponensis* Peron *Essai descr. géol. Algérie*, 94 et suiv. [1883].

Cette belle espèce est une des plus fréquentes et des plus caractéristiques de l'étage cénomanien dans tout le nord de l'Afrique. Elle n'a pas été reconnue par Coquand, qui d'abord avait rapporté à l'*Ostrea Overwegi* de Buch, les nombreux exemplaires recueillis à Tenoukla et à Batna, et qui, après avoir reconnu ultérieurement l'inexactitude de cette détermination, a créé pour ces mêmes exemplaires une nouvelle coupe spécifique, l'*O. oxyntas*.

Il est à remarquer que, tandis qu'il donnait ce nom nouveau aux exemplaires de l'*O. Olisiponensis* de Tebessa et de Batna, Coquand déterminait comme *O. Trigeri* d'autres exemplaires semblables de Bou-Saada que nous lui avions communiqués. En outre il rapportait[1] à l'*O.* (*Chama*) *digitata* de Sowerby un spécimen, à côtes espacées et épineuses, recueilli à Tenoukla près Tebessa. C'est seulement à certains exemplaires de la province d'Oran, dont d'ailleurs il n'a pas autrement fait mention, qu'il a accordé le nom d'*O. Olisiponensis*.

Plus tard, dans ses *Études supplémentaires*, Coquand a rappelé la citation que nous avions faite de l'*O. Olisiponensis* dans le sud de Sétif, mais, pour être plus explicite, ce savant aurait dû rappeler en outre que nous avions assimilé à cette même espèce les nombreux individus de Batna, de Bou-Saada et autres localités, et que nous avions signalé leur existence dans plusieurs niveaux successifs du Cénomanien de ces pays[2].

Ce qui rend vraiment surprenante l'omission que nous signalons ici, c'est que Coquand, dans sa *Monographie*, a beaucoup insisté sur les variations énormes de son *O. Overwegi*. Il en a décrit spécialement quatre formes bien distinctes qu'il a appelées *var. lævigata*, *var. costulata*, *var. scabra*,

---

[1] C'est un exemplaire provenant de Salazac (Gard) que Coquand a fait dessiner dans sa *Monographie*, comme spécimen de l'*O. digitata*. Or cette même huître de Salazac a précisément été assimilée par MM. Hébert et Toucas, dans leur *Mémoire sur le bassin d'Uchaux*, à l'*O. Olisiponensis* du Portugal.

[2] *Descr. Échin. foss. Algérie*, Cénomanien, 46 et suiv.

var. rugosa, et, parmi ces variétés, la forme écailleuse, ou *var. scabra*, se rapporte très exactement au véritable type de l'*O. Olisiponensis* tel que Sharpe l'a décrit et figuré.

Coquand a bien remarqué cependant cette ressemblance, mais il a trouvé néanmoins que son espèce différait de celle de Sharpe par sa forme moins étalée et par l'absence de carène médiane. Or ces deux caractères différentiels, absolument instables, n'existent dans le type de Sharpe que parce que cet exemplaire était largement adhérent à un autre corps. Quand cette condition ne se présente pas, la coquille conserve une forme régulièrement convexe, arrondie et normale, et ne peut plus dès lors se distinguer de l'*O. Overwegi* (*O. oxyntas*) Coquand.

L'examen d'un nombre considérable d'individus, de localités très diverses de l'Algérie et de la Tunisie, nous a montré par quelles formes variées à l'infini, et toujours reliées étroitement entre elles, l'*O. Olisiponensis* peut passer, tout en conservant son même facies et ses caractères généraux, c'est-à-dire sa même taille, sa forme exogyrale à crochet peu saillant et peu contourné, la forme ronde de sa valve supérieure, et enfin l'ornementation plus ou moins plissée ou écailleuse de sa grande valve.

M. Choffat, qui étudie si fructueusement la géologie du Portugal, semble admettre que les exemplaires de l'*O. Olisiponensis* de l'Algérie ne sont pas identiques à ceux du Portugal. Il fait remarquer[1] à ce sujet que, dans ces derniers, il existe sur la valve supérieure des crêtes radiantes que l'on ne distingue ni sur les exemplaires d'*O. Overwegi* que Coquand a figurés, ni sur ceux que nous-même avons envoyés à M. Choffat, sous le nom d'*O. Olisiponensis*. Tout d'abord il y a lieu de faire observer que les crêtes radiantes dont parle ce savant ne paraissent nullement être un caractère général et absolu dans les individus du Portugal. La diagnose de l'espèce donnée par Sharpe n'en fait aucune mention et la figure ne les représente que fort vaguement. En outre, des exemplaires du Portugal que M. Choffat lui-même a bien voulu nous envoyer, n'en montrent aucune trace.

A cela il convient d'ajouter ce fait extrêmement probant que, contrairement à ce que pense M. Choffat, il existe en Algérie des individus de l'*O. Olisiponensis* présentant sur la petite valve des côtes rayonnantes, même accentuées et très saillantes. C'est là, à la vérité, une variété relativement rare. Dans les gisements de Batna et de Tebessa, elle est fort peu représentée, mais en Tunisie, au Djebel Taferma, M. Thomas l'a retrouvée, et nous devons surtout citer les gisements du Cénomanien des environs de Tiaret, explorés par M. Welsch, où la variété à petite valve très costulée est relativement commune. Nous avons jugé utile, pour l'édification

---

[1] *Recueil d'études paléontologiques sur la faune crétacique du Portugal*, I, p. 39.

des lecteurs, de faire figurer un de ces exemplaires. Nous en avons aussi fait figurer un autre où la petite valve porte des côtes bifurquées, comme celles de la grande valve.

En résumé, il est évident pour nous qu'il se produit, relativement à l'ornementation de la petite valve, des variations sensiblement analogues à celles connues depuis longtemps sur la grande valve. Il en est de lisses, de fortement costulées, et enfin d'autres qui le sont à un degré moindre.

Nous aurons, en traitant de quelques autres Exogyres, notamment des *Ostrea Langloisi*, *O. plicifera*, etc., à montrer que des variations absolument équivalentes se reproduisent dans ces espèces. Nous y voyons également des individus lisses, épineux ou costulés, et ces variations se manifestent aussi bien sur la petite valve que sur la grande.

M. Choffat a décrit sous le nom d'*Ostrea pseudoafricana* une Exogyre qui a de grands rapports avec l'*O. Olisiponensis*, mais qui s'en distingue par le manque absolu de côtes sur la grande valve. Nous avons pu comparer de bons spécimens de l'*O. pseudoafricana*, que nous devons à la libéralité de M. Choffat, à nos variétés lisses de l'*O. Olisiponensis*, et nous serions fort disposé à les réunir. Toutefois la première de ces huîtres occupe en Portugal un niveau inférieur à celui de l'*O. Olisiponensis*, et entre ces deux niveaux il existe même une zone où aucune des deux espèces n'est représentée. Cette différence de station commande une certaine réserve. M. Choffat est porté à considérer l'*O. Olisiponensis* comme une modification de l'*O. pseudoafricana*, et nous ne pouvons que nous associer à cette manière de voir.

L'*O. Trigeri* est, comme nous l'avons dit, encore une espèce qui semble devoir, au moins partiellement, être réunie à l'*O. Olisiponensis*. A la vérité, nous n'avons pu examiner les exemplaires types des grès de la Sarthe, et, à en juger seulement par les figures données par Coquand dans sa *Monographie*, et par M. Bayle dans son *Atlas de paléontologie* [1], il est peut-être difficile de réunir ces exemplaires à l'espèce de Sharpe. Cependant Coquand, l'auteur de l'*O. Trigeri*, a déterminé sous le même nom une huître assez fréquente dans le Cénomanien des environs du Beausset, et cette huître, dont nous possédons de bons spécimens, ne nous paraît pas pouvoir être séparée de l'huître du Portugal et de l'Afrique. Enfin Coquand lui-même a encore rapporté à son *O. Trigeri* des spécimens provenant des environs de Bou-Saada, et ces spécimens, dont nous avons pu recueillir une bonne série, ne sont certainement qu'une variété peu costulée de l'*O. Olisiponensis*. Nous ajouterons enfin que

---

[1] *Explication de la carte géologique détaillée de la France*, Atlas paléontologique, IV, t. 142.

parmi les exemplaires de cette dernière espèce recueillis en Tunisie par M. Thomas, il en est un, provenant du Djebel Gart-el-Hadid, qui montre, exactement comme le type figuré de l'*O. Trigeri*, des lamelles graduées très prononcées, avec de petites côtes rayonnantes discontinues et irrégulières.

En résumé, presque partout où se montre l'*O. Olisiponensis*, on trouve les diverses variétés réunies dans les mêmes couches. Il en est ainsi en Algérie et en Tunisie, où, comme nous l'avons dit, toutes les espèces dérivées ou distraites de l'*O. Olisiponensis* ont été mentionnées; il en est de même en Palestine, où M. L. Lartet mentionne simultanément les *O. Overwegi* Coquand (*var. scabra*), *O. Olisiponensis*, etc. C'est encore ainsi qu'il en est en Sicile et dans le sud de l'Italie, car, dans les mêmes gisements, Seguenza a mentionné les *Exogyra oxyntas*, *digitata*, *Trigeri* et *Olisiponensis*. Il est à remarquer, d'ailleurs, que le savant italien représente sous ce dernier nom des spécimens d'huîtres qui se rapprochent beaucoup plus des *Ostrea oxyntas* que de l'*O. Olisiponensis*, tel que Sharpe l'a figuré. C'est à ce point que l'on peut présumer que Seguenza n'a pas dû avoir connaissance de la description de Sharpe. A l'appui de cette supposition on peut faire remarquer que Seguenza orthographie mal le nom spécifique de cette huître et qu'il l'écrit tantôt *Exogyra olysoponensis* (atlas) et tantôt *E. olisoponensis* (texte) au lieu de *E. Olisiponensis*.

Tout en faisant ressortir ici que les diverses variétés de l'*Ostrea Olisiponensis* sont souvent réunies dans le même gisement, il convient aussi de signaler un certain cantonnement d'une même forme dans une même localité. C'est ainsi que dans les environs de Bou-Saada domine une variété presque lisse, à large surface d'attache; c'est ainsi qu'à Tiaret on trouve communément cette variété à petite valve costulée qui est très rare à Batna, etc.

Il n'y a pas lieu pour nous de revenir sur la description de l'*O. Olisiponensis*. Ce que nous venons de dire au sujet des assimilations à faire nous paraît suffisant. D'ailleurs Coquand a donné d'une façon très détaillée et complète la description de notre espèce, sous le nom d'*O. Overwegi*. Il suffit de changer ce nom en celui d'*O. Olisiponensis*. Nous devons seulement relever ici un détail important qui ne nous semble pas avoir été suffisamment indiqué. Il s'agit de la forme de la petite valve. Cette valve, habituellement plate ou légèrement convexe, diffère très sensiblement, par ses stries concentriques, de celle des autres Exogyres voisines, comme les *O. Africana*, *Mermeti*, *falco* et *Delettrei*. Dans toutes ces dernières, en effet, les stries ou lamelles concentriques d'accroissement recouvrent toute la surface de la valve. Il n'en est pas ainsi dans l'espèce qui nous occupe, où les lamelles concentriques occupent seulement une bordure externe, laissant libre et lisse tout le milieu de la petite valve.

En Tunisie, l'*Ostrea Olisiponensis* est aussi répandu qu'en Algérie, et c'est toujours aussi dans l'horizon cénomanien que M. Thomas l'a rencontré.

Tunisie : Djebel Taferma; Djebel Cehela; Djebel Meghila (Foum-el-Guelta); Djebel Oum-Ali; Djebel Semama; Djebel Nouba; Djebel Ceket: Djebel Gart-el-Hadid; Djebel Bou-Hedma; Djebel Roumana (?); El-Aïeïcha; Madjourah. — Étage cénomanien.

Ostrea suborbiculata Lamarck (sub *Gryphæa*); Nob., pl. XXIII, fig. 11-13. — *Gryphæa suborbiculata* Lamarck *Anim. sans vert.*, 398 [1802]. — *Gryphites Ratisbonensis* Schlotheim *Min. Tasch.*, VII, 105 [1813]. — *Gryphæa columba* Lamarck *Anim. sans vert.*, VI, 198 [1819]. — *Gryphites suborbiculatus* Schlotheim *Petref.*, 287 [1820]. — *Gryphæa columba* Sowerby *Miner. conch.*, 113, t. 383, fig. 1 et 2 [1822]. — *Ostrea columba* d'Orbigny *Pal. franç.*, Terr. crét. Lamellibranches, 721, t. 477 [1847]. — *O. Reaumuri* Coquand in *Bull. Soc. géol. France*, sér. 2, XVI, 960 [1859]. — *O. Mermeti* Coquand *Géol. et pal. rég. sud prov. Constantine*, 234, t. 23, fig. 3-5 [1862]. — *O. columba* Duveyrier *Touaregs du Nord*, 49 [1864]; Seguenza *Sulle import. relaz.*, 15 [1866]. — *O. Mermeti* Brossard in *Mém. Soc. géol. France*, sér. 2, VIII, 227 [1867]; L. Lartet *Essai géol. Palestine*, 157 [1869]; Coquand *Mon. Ostrea*, 131, t. 52, fig. 10-12 [1869]. — *O. Ratisbonensis* Coquand, loc. cit., 121, t. 45, fig. 8-12 (sous le nom d'*O. columba*) [1869]. — *O. Overwegi* Coquand (*ex parte*), loc. cit. (Atlas), t. 44, fig. 6-9 (non fig. 1-5) [1869]. — *O. Larteti* Coquand, loc. cit., 153, t. 62, fig. 6 et 7 [1869]. — *Exogyra suborbiculata* Stoliczka *Cret. fauna of Southern India*. Pélécypodes, 462, t. 35, fig. 1-4 [1871]. — *Ostrea Mermeti* var. *communis*, *rugosa*, *carinata*, *major*, *sulcata*, *minor* L. Lartet *Explor. Palestine* in *Ann. sc. géol.*, 60, t. 10, fig. 8-16 [1872]. — *O. columba* L. Lartet, loc. cit., 64 [1872]; Pomel *Massif Milianah*, 24 [1873]. — *O. Mermeti* Seguenza *Studi geol. e pal. sul cret. med.*, 182 [1878]. — *O. Ratisbonensis* Seguenza, loc. cit., 181, t. 19, fig. 1 [1878]. — *O. Mermeti* Cotteau, Peron et Gauthier *Descr. Échin. foss. Algérie*, Cénomanien, 63 [1878]. — *O. columba minor* Cotteau, Peron et Gauthier, loc. cit., 63 [1878]. — *Rhynchostreon Chaperi* Bayle *Atlas pal.*, t. 138 [1879]. — *Ostrea Mermeti* Rolland in *Bull. Soc. géol.*, sér. 3, IX, 532 [1881]. — *O. columba* Roche in *C. R. Acad. sc.*, séance du 20 novembre 1880. — *O. Mermeti* Léon Dru in *Extr. Miss. Roudaire*, 51-54 [1881]; Tissot *Texte explic. carte géol. Constantine*, 67 [1881]. — *Exogyra Mermeti* Zittel *Beitr. zur Geol. und Pal. der Libysch. Wüste*, 16-27 [1883]. — *Ostrea Mermeti* Peron *Essai descr. géol. Algérie*, 96 [1883].

Nous avons bien souvent, en traitant des diverses huîtres qui remplissent les couches crétacées africaines, l'occasion d'insister sur l'abondance de plusieurs espèces. Nous croyons cependant qu'aucune autre n'égale en abondance et en variété celle dont nous allons nous occuper. Partout où se montre le Cénomanien à facies méditerranéen, l'*O. suborbiculata* pullule, et cela non seulement dans un niveau déterminé, mais dans plusieurs niveaux successifs, et pour ainsi dire dans toutes les couches si puissantes et si nombreuses de cet étage.

Malgré cette profusion des individus, ou peut-être même à cause de cette profusion, qui entraîne naturellement l'existence de variétés infinies et parfois fort dissemblables, l'identité de cette huître si importante avec l'espèce semblable également très répandue en France a été presque toujours méconnue. C'est sous le nom d'*Ostrea Mermeti* Coquand que nous-même l'avons désignée, ainsi que la plupart des auteurs qui ont traité de la géologie algérienne.

L'*O. Mermeti* a été décrit par Coquand d'après un spécimen qui provient du Cénomanien supérieur du col de Sfa près Biskra, gisement que ce savant attribuait à tort à son étage provencien. L'espèce est assez mal définie et basée sur un exemplaire unique et exceptionnel, présentant une largeur relative plus grande que le type normal de l'*O. columba.*

Il est remarquable que Coquand, qui avait exploré si fructueusement la province de Constantine, n'ait pas recueilli des matériaux plus considérables et suffisants pour lui faire reconnaître que son *O. Mermeti* n'était qu'une variété de l'*O. columba.* On comprendrait à la rigueur que ce savant ait préféré faire une coupure spécifique spéciale pour son exemplaire, s'il eût d'autre part décrit ou seulement mentionné les nombreux *O. columba* typiques qui l'accompagnent, mais il n'en est rien. Coquand, qui a cité l'*O. Ratisbonensis* (*O. columba*), dans toutes les parties du monde et dans d'innombrables localités, ne l'a précisément exclu que de l'Algérie. Il faut chercher dans sa *Monographie* pour retrouver, sous des dénominations diverses, les individus de cette espèce qu'il a forcément dû y rencontrer. C'est ainsi qu'en dehors de son *O. Mermeti*, certains spécimens ont été indûment considérés et figurés par lui comme des *O. Africana*, d'autres comme de jeunes *O. Overwegi.* Une autre variété est devenue l'*O. Luynesi*, etc.

Devant ce silence du savant spécialiste, la plupart des géologues qui ont traité de l'Algérie se sont également abstenus de citer l'*O. columba* dans ce pays. Nous-même, pendant de longues années, craignant de nous tromper, nous avons hésité à assimiler franchement les *O. Mermeti* et *columba.* Si nous avons, dans nos travaux sur les Échinides algériens, signalé l'existence de l'*O. columba minor* à Bou-Saada et ailleurs, c'est en laissant l'*O. Mermeti* subsister parallèlement. Il nous semblait en effet que certaines différences, dignes d'être prises en considération, existaient entre les deux espèces. Non seulement l'*O. Mermeti* nous paraissait plus large, plus dilaté au pourtour, mais nous lui trouvions aussi un crochet plus épais, plus robuste, plus visible du côté de la grande valve.

Seguenza a fait comme nous. Il a bien signalé dans les divers gisements de la Sicile et du Sud italien, qui sont si semblables à ceux de l'Algérie, la présence de l'*O. Ratisbonensis* (*O. columba*), mais il cite aussi l'*O. Mermeti*, en attribuant d'ailleurs ce nom à une variété signalée comme rare, tandis qu'il détermine au contraire comme *O. columba* la grande masse des individus similaires qu'il a recueillis.

M. L. Lartet, dans ses recherches en Palestine, a rencontré de très nombreux et très variés exemplaires de l'*O. Mermeti*, mais il signale parmi eux un spécimen qui l'a frappé par sa ressemblance avec l'*O. columba* et qui même, comme certains individus de cette espèce, montrait encore des traces de bandes colorées.

Il y a lieu de reconnaître en outre, en ce qui concerne les géologues algériens, que tous n'ont pas méconnu l'*O. columba.* M. Duveyrier, l'explorateur du Sahara, l'a cité à Ahedjren; M. Roche l'a également mentionné dans le Sahara; enfin M. Pomel a signalé sa présence dans le massif de Milianah.

En résumé, aujourd'hui, nous reconnaissons que les quelques légères différences que nous avions cru trouver entre les deux types n'ont rien de stable. Elles disparaissent complètement dans une série d'individus.

Grâce aux découvertes considérables de M. Thomas, en Tunisie, qui sont venues ajouter de précieux matériaux à ceux déjà fort importants que nous possédions, nous avons pu constituer des séries extrêmement nombreuses où l'on observe des individus et des variétés s'éloignant bien plus encore de l'*O. columba* typique que ceux sur lesquels ont été fondés les *O. Mermeti*, *O. Luynesi*, etc. Cependant nous sommes absolument obligé de les réunir sous la dénomination unique d'*O. suborbiculata*, en raison de la fusion complète de toutes ces variétés et des transitions très ménagées et insensibles qu'on observe entre elles.

Il nous paraît superflu d'insister ici sur ces variétés très nombreuses et très divergentes que présentent nos *O. suborbiculata.* M. L. Lartet en a déjà distingué six principales sous les dénominations d'*O. Mermeti var. communis*, *var. rugosa*, *var. carinata*, *var. major*, *var. sulcata* et *var. minor.* Il serait possible encore d'en distinguer beaucoup d'autres, en tenant compte des différences importantes qui se produisent dans l'épaisseur et le contournement du crochet, dans la forme plus ou moins étroite, allongée ou arrondie, ou dilatée latéralement de la grande valve, dans la forme plus ou moins bombée et parfois même concave de la valve supérieure, toujours garnie de stries lamelleuses sur toute sa surface, enfin dans la grosseur, le nombre, le prolongement et les dichotomies des costules radiantes qui s'étendent quelquefois à toute la grande valve.

La plupart de ces variétés, d'ailleurs, se reproduisent parmi les individus également si nombreux de l'*O. columba* que nous trouvons en France dans les sables cénomaniens. Nous avons pu aussi réunir une série très nombreuse de ces spécimens, provenant du nord, du sud-ouest, du centre et du midi de la France, et nous y avons retrouvé sensiblement toutes les mêmes variations.

Il faut remarquer, au surplus, que ce sont spécialement les exemplaires de l'*O. columba* de l'étage cénomanien, c'est-à-dire ceux que les géologues désignent habituellement sous la qualification d'*O. columba minor*, et dont Coquand avait fait d'abord son *Ostrea Reaumuri*, qui présentent avec nos exemplaires africains la plus complète analogie. La grande variété de l'*O. columba* des marnes turoniennes du Port-des-Barques et de nombreuses autres localités, c'est-à-dire celle que M. Bayle a récemment figurée sous le nom de *Rhynchostreon Chaperi*, n'y semble pas nettement représentée. Nos plus grands exemplaires algériens sont assez loin de présenter la taille, la surface lisse, le crochet relativement petit et la forme très élargie et arrondie de cette dernière.

Les paléontologues cependant sont à peu près tous d'accord pour ne voir dans cette grande huître des marnes turoniennes qu'une variété *major* de l'*Ostrea columba*. Nous sommes loin de contredire cette manière de voir, mais il y a lieu de remarquer que bien des espèces ont été démembrées avec moins de raison que celle-là. L'*O. columba major* dérive incontestablement pour nous de l'*O. columba minor*, mais ce serait, si l'on veut bien admettre ce fait, une transformation produite avec le temps, et non une variété contemporaine du type.

Il ne semble pas qu'en Algérie une évolution semblable se soit accomplie. L'*O. columba* disparaît avec les dernières assises cénomaniennes, et nulle part, à notre connaissance, il ne se reproduit dans l'étage turonien sous la forme spéciale d'*O. columba major* ni sous aucune autre.

Nous employons fréquemment dans la présente discussion, pour la plus grande facilité du lecteur, le nom sous lequel l'huître qui nous occupe est universellement connue; mais, comme nous l'avons indiqué ci-dessus, ce nom nous paraît malheureusement devoir être abandonné. Les avis des spécialistes au sujet du nom qui doit réellement revenir à cette espèce ont été très partagés. Comme toutes les espèces très répandues, très abondantes et présentant par suite de nombreuses variétés, cette huître a reçu des noms très divers. Son historique est très compliqué et sa synonymie très chargée. Nous n'avons pas jugé nécessaire de la reproduire ici *in extenso*. On la trouve très détaillée dans d'Orbigny, dans Coquand, dans Stoliczka et autres auteurs, auxquels il est toujours facile de recourir. C'est donc seulement la synonymie, ou spéciale aux régions africaines, ou nouvelle, ou au moins indispensable à notre discussion, que nous avons fait figurer en tête de cet article.

Par suite de nos recherches au sujet de cette synonymie, nous avons été amené à reconnaître qu'on devait renoncer au nom d'*O. columba*. Ce nom, d'ailleurs, avait déjà été abandonné par Coquand, par Seguenza et par d'autres paléontologues qui lui avaient substitué celui plus ancien d'*O. Ratisbonensis* appliqué à la même huître. Mais ce n'est même pas encore ce nom que nous devons adopter. Ainsi que l'a fort judicieusement fait observer M. Stoliczka, le nom le plus ancien, actuellement connu, est celui d'*O. suborbiculata* attribué à notre huître par Lamarck dès 1802[1]. A la vérité, Lamarck a ultérieurement abandonné ce nom et l'a remplacé par plusieurs autres, parmi lesquels celui d'*O. columba* a prévalu. Mais le grand naturaliste lui-même n'avait, pas plus qu'aucun autre, le droit de changer une dénomination déjà publiée et acquise à la science.

Nous pensons donc, avec M. Stoliczka, que c'est ce premier nom d'*O. suborbiculata* qui doit prévaloir. C'est une conséquence, peut-être momentanément fâcheuse, de la loi de priorité qui seule, dans l'avenir et quand elle aura produit tous ses effets, peut assurer une certaine fixité dans nos nomenclatures.

En raison de son immense diffusion géographique, l'*O. suborbiculata* est incontestablement une des espèces les plus importantes au point de vue stratigraphique. Nous avons donc dû insister pour établir son identité et son existence en Afrique, d'où il semblait proscrit. Il nous reste seulement à indiquer maintenant l'étendue de son aire spéciale dans le Nord africain et les divers gisements où il a été reconnu. Si, en effet, les gisements de cette espèce en Europe et ailleurs ont été indiqués par Coquand d'une façon détaillée, il n'en pouvait être de même pour l'Algérie, où ce maître n'admettait même pas son existence.

En Tunisie, l'*O. suborbiculata* est peut-être encore plus abondant qu'en Algérie. Parmi les nombreuses localités où M. Thomas l'a rencontré, il convient d'abord d'en mentionner quelques-unes, où l'espèce se présente sous des variétés locales assez accentuées. Ainsi, au Djebel Taferma (Kef Nador), l'huître est petite, mais à coquille épaisse, robuste, à croissance très lente, avec des plis et des lames d'accroissement prononcés en gradins successifs et avec des costules rayonnantes accentuées. Au Djebel Oum-Ali, ce sont plus spécialement des individus élargis et dilatés. A El-Aïeïcha, ce sont les individus de taille relativement grande qui dominent. Il en est ainsi encore au Djebel Ceket, tandis qu'au Djebel Chambi les individus sont petits et en majeure partie lisses. Au Djebel Semama, à la base du Cénomanien, avec le *Cidaris Dixoni*, on trouve en abondance une très petite variété, la plus petite que nous connaissions.

C'est d'El-Aïeïcha que proviennent nos plus grands spécimens. L'un d'eux atteint une longueur très exceptionnelle de 80 millimètres. La taille de 40 millimètres est déjà assez rare.

En Algérie, c'est à Bou-Saada que nous avons rencontré les plus grands spécimens. Par l'étude très détaillée que nous avons pu faire des couches

[1] Ce nom ne doit pas être confondu avec celui d'*O. suborbicularis*, que Rœmer et, après lui, d'autres paléontologistes ont employé pour une espèce du Jurassique supérieur.

cénomaniennes de cette localité, nous avons reconnu que certaines variétés de l'*Ostrea suborbiculata* étaient propres à un niveau spécial. Ainsi, vers la partie inférieure de l'étage, nous avons remarqué une variété très fortement costulée sur toute la valve, et dans aucune autre couche on ne voit d'individus avec des côtes aussi prononcées et aussi bifurquées. Dans une couche très voisine, nous avons recueilli des individus très lisses, très étroits et à crochet très recourbé. Coquand a attribué l'un de ces individus, que je lui avais communiqué, à l'*O. Africana*, mais il est facile de voir, à l'inspection de la série, que c'est une erreur manifeste. Les plus grands individus semblent habiter, à Bou-Saada, le milieu de l'étage; les couches supérieures présentent des individus moyens et les plus conformes au type habituel.

Algérie : Milianah (Pomel); Tiaret; Djebel Guessa, près Boghar; Beni-Mzab; El-Goleah (Rolland); Sahara, à Ahedjren (Duveyrier); Djebel Bou-Kahil; Djebel Seba-Liamoun; Djebel Ousegna; Bou-Saada; Djebel Bou-Thaleb; Col de Sfa, près Biskra; Batna; Khenchela; Tenoukla, etc.

Tunisie : Djebel Cehela; Djebel Taferma (Kef Nador); Djebel Meghila (zone inférieure); Foum-el-Guelta; Djebel Oum-Ali (base nord); Djebel Semama; El-Aïeïcha; Djebel Berda (lit de l'oued); Djebel Ceket; Djebel Gart-el-Hadid; Djebel Chambi; Aïn Ed-Dem; Djebel Bou-Hedma; Kalaa d'El-Guettar; El-Eddedj. — Étage cénomanien inférieur, moyen et supérieur.

Ostrea Syphax Coquand *Descr. géol. prov. Constantine* in *Mém. Soc. géol.*, 143, t. 4 [1852], et *Géol. et pal. rég. sud prov. Constantine*, 228, t. 20, fig. 1-4 [1862]; Brossard *Essai const. phys. et géol. rég. mérid. subd. Sétif*, 227 [1867]; Hardouin in *Bull. Soc. géol. France*, sér. 2, XV, 340 [1868]; Coquand *Mon. Ostrea*, 138, t. 55, fig. 13, t. 56, fig. 1-3, et t. 58 [1869]; Nicaise *Catal. anim. foss. prov. Alger*, 62 [1870]; Cotteau, Peron et Gauthier *Descr. Échin. foss. Algérie*, Cénomanien, 48 [1878]; Coquand *Études suppl.*, 428 [1879]; Léon Dru in *Extr. Miss. Roudaire*, 53 [1881]; Peron *Essai descr. géol. Algérie*, 97 [1883]. — *Alectryonia Syphax* Seguenza *Studi geol. e pal. sul cret. medio*, 183, t. 9, fig. 3 [1878]; Tissot *Texte explic. carte géol. Constantine*, 67 [1881]; Pomel *Texte explic. carte géol. Oran et Alger*, 27 [1882]. — *Actinostreon Syphax* Bayle *Atlas pal.*, t. 133 [1885].

L'*Ostrea Syphax* est une des espèces les mieux caractérisées et les plus anciennement connues du Nord africain. Décrite dès 1852 par Coquand dans son premier mémoire sur la province de Constantine, cette belle espèce a été reproduite sans aucune modification dans son mémoire de 1862 et dans la *Monographie du genre Ostrea*. De nombreux spécimens ont été représentés dans ce dernier ouvrage et donnent une connaissance bien complète de ce fossile. Tous ces spécimens provenaient des environs de Tebessa, où ils sont particulièrement abondants et bien conservés.

Cette huître est beaucoup moins répandue dans l'ouest des hauts-plateaux algériens. Coquand n'en avait même rencontré aucun individu dans le Cénomanien de Batna, et, dans une discussion que nous avons eue avec lui au sujet de l'âge géologique de cette localité, il s'appuyait beaucoup sur l'absence de l'*O. Syphax* pour considérer Batna comme d'âge carentonien, tandis qu'il plaçait Tenoukla dans le Rhotomagien. C'était une erreur évidente. Les séries stratigraphiques de ces deux localités sont complètement parallèles et nous avons recueilli à Batna des exemplaires de l'*O. Syphax* aussi beaux que ceux de Tenoukla.

Il convient d'ailleurs de faire observer ici que cette espèce est bien loin d'être cantonnée exactement dans une même couche. Dans la série si puissante des assises cénomaniennes de Bou-Saada, nous avons constaté sa présence à plusieurs niveaux stratigraphiques assez distants les uns des autres. Il en est de même dans d'autres localités de l'Ouest algérien. Cette récurrence, au surplus, n'est nullement spéciale à l'*O. Syphax*. La plupart des autres espèces, notamment les *O. Mermeti*, *flabellata*, *Olisiponensis*, *Rouvillei*, etc., se reproduisent de même dans plusieurs niveaux successifs, sans dépasser cependant les limites de l'étage cénomanien.

Un autre fait à constater, qui n'a pas été connu de Coquand, c'est qu'au Djebel Guessa près Boghar, l'*O. Syphax* se retrouve dans un horizon très inférieur de l'étage cénomanien, au-dessous de couches puissantes remplies des *Ammonites Mantelli*, *Turrilites costatus*, *Holaster nodulosus*, *Discoidea cylindrica*, *Glyphocyphus radiatus* et de nombreux autres fossiles propres au Rhotomagien de Coquand. Ce fait aurait pu venir à l'appui de la manière de voir de ce savant au sujet de l'âge de l'*Ostrea Syphax*, si nous n'avions bien nettement constaté l'existence de cette espèce jusque dans le Cénomanien le plus élevé, et cela sans qu'aucune variation sensible se soit produite dans le type de l'espèce.

L'*O. Syphax*, en effet, est une espèce relativement peu variable. Son type est remarquablement fixe. Les quelques différences qui existent nécessairement dans les individus, suivant leur âge et suivant qu'ils se sont développés plus ou moins librement, n'empêchent jamais de les reconnaître.

Il est cependant une espèce, séparée de l'*O. Syphax* par Coquand sous le nom d'*O. Senaci*, qui nous paraît n'en être qu'une variété. Cet *O. Senaci* présente comme particularité de manquer d'expansions latérales et d'avoir des côtes rugueuses et écailleuses. Le type figuré provient du Rhotomagien de Tenoukla, où abonde l'*O. Syphax*. Aucun autre individu pouvant représenter cette espèce n'existe, à notre connaissance, dans les collections des géologues algériens.

Comme on devait s'y attendre, en raison de son abondance à Tebessa et dans toute la région algérienne qui confine à la Tunisie, l'*O. Syphax* est très répandu aussi dans la Régence. On ne l'a mentionné jusqu'ici ni en Egypte, ni en Syrie, ni en Provence, ni dans la péninsule espagnole. Il n'y a que la Sicile et le sud de l'Italie où il ait été signalé.

Algérie : Tiaret; Djebel Guessa près Boghar; Bou-Saada; Bordj Messaoud; Djebel Bou-Thaleb; Batna; Tenoukla.

Tunisie : Djebel Meghila (zone inférieure); Djebel Semama, Djebel Nouba (niveau supérieur); Djebel Chambi; Djebel Cehela; Madjoura. — Étage cénomanien.

Ostrea vesiculosa Sowerby (sub *Gryphæa*) *Miner. Conch.*, IV, 93, t. 369 [1813]; Coquand *Géol. et pal. rég. sud prov. Constantine*, 296 [1862]. — *O. Baylei* Coquand *Géol. et pal. rég. sud prov. Constantine*, 296 [1862]. — *O. vesiculosa* Brossard in *Mém. Soc. géol.*, sér. 2, VIII, 227 [1867]; Coquand *Mon. Ostrea*, 152, t. 59, fig. 4-7 [1869]. — *O. Baylei* Coquand, loc. cit., 124, t. 46, fig. 5-9 [1869]. — *O. vesicularis* var. *Judaica* L. Lartet *Géol. Palestine*, 69, t. 11, fig. 8 et 9 [1872]. — *Gryphæa vesiculosa* Seguenza *Studi geol. e pal. sul cret. medio*, 182, t. 19, fig. 2 [1878]. — *G. Baylei* Seguenza, loc. cit., 183 [1878]. — *Ostrea vesiculosa* Cotteau, Peron et Gauthier *Descr. Échin. foss. Algérie*, Cénomanien, 50 [1878]. — *O. Baylei* Roche in *C. R. Acad. sc.*, séance du 20 novembre 1880; Rolland in *Bull. Soc. géol. France*, sér. 3, IX, 529 [1881]. — *O. vesiculosa* Peron *Essai descr. géol. Algérie*, 88 [1883].

Ce n'est pas sans quelque incertitude que nous déterminons sous ce nom d'assez nombreux exemplaires d'une huître vésiculeuse, de petite taille, que M. Ph. Thomas a recueillie au Foum-el-Guelta, dans les marnes cénomaniennes. Tous ces exemplaires sont bien uniformes et réguliers. La valve inférieure, la seule que nous avons, est assez renflée, acuminée au crochet, élargie et presque arrondie à l'arrière. Le crochet est parfois aigu et légèrement recourbé sur lui-même, comme dans les individus du bassin parisien; parfois aussi, il est aplati et déformé par une cicatrice d'adhérence. La coquille est alors moins gibbeuse et presque arrondie.

Les seules différences que nous pouvons remarquer entre ces petites huîtres et les *Ostrea vesiculosa*, si répandus en France dans la craie cénomanienne, résident : 1° dans des plis concentriques ou rides que nos individus tunisiens montrent un peu plus prononcés; 2° dans une obliquité de la forme qui se produit en sens un peu contraire. Cette dernière différence n'est pas très prononcée, mais elle est assez constante. Nos exemplaires, au lieu de présenter l'expansion du côté anal, c'est-à-dire à gauche, quand on tient la valve dans sa position normale, la concavité en haut, la présentent assez généralement du côté buccal, ou à droite, comme la presque totalité des Plicatules.

L'assimilation parfaite de ces individus de Tunisie avec les *O. vesiculosa* types, demeure donc un peu incertaine. Nous avons toutefois rencontré en Algérie, dans des gisements cénomaniens de tous points analogues à celui du Foum-el-Guelta, de nombreux spécimens d'*O. vesiculosa* bien typiques. Ils n'atteignent pas une taille aussi grande que ceux de la Sarthe, mais ils leur sont identiques sous tous les autres rapports.

A Batna comme au Bordj Messaoud, au sud de Sétif, ces *O. vesi-*

culosa sont accompagnés de nombreux fossiles qui se retrouvent aussi dans la Sarthe, tels que les *Ammonites Rhotomagensis*, *Janira phaseola*, *Ostrea flabellata*, *Codiopsis doma*, etc.

Donc, malgré la différence constante des tailles, nous n'avons pas hésité à assimiler ces spécimens d'huître vésiculeuse à l'*Ostrea vesiculosa* de Sowerby. Il y a lieu de remarquer d'ailleurs que si cette espèce atteint dans la Sarthe, dans l'Indre, dans le Cher et d'autres localités de la bordure sud du bassin de Paris, une taille relativement grande, il n'en est pas de même sur les autres points de ce bassin. Partout ailleurs où nous la connaissons, elle reste de taille médiocre. Il est même des gisements, comme la Gaize inférieure de Varennes ou de Grandpré, dans l'Argonne, où l'*O. vesiculosa*, extrêmement abondant, reste constamment très petit. Il n'en est pas moins bien caractérisé et bien conforme au type de Sowerby. Coquand n'a pas eu connaissance de ces *O. vesiculosa* de la Gaize. Il n'en fait aucune mention et sa diagnose semble n'avoir eu en vue que les exemplaires de la Sarthe.

Conformément aux idées de M. Guéranger, Coquand a en outre opéré une division dans ces exemplaires de la Sarthe. Avec certains individus à forme un peu élargie et plus équilatérale, il a créé une seconde espèce, l'*O. Baylei*, qui est citée concurremment avec l'*O. vesiculosa* dans de nombreuses localités.

A notre avis, cette nouvelle espèce ne doit pas être maintenue. La confusion la plus complète règne entre elle et l'*O. vesiculosa.* Coquand lui-même nous paraît avoir singulièrement varié dans l'interprétation de l'*O. Baylei.* En dernier lieu, méconnaissant le caractère propre qu'il lui avait assigné, c'est-à-dire la double expansion latérale et l'élargissement de la valve, il en était venu à désigner sous ce nom toutes les huîtres vésiculeuses de taille un peu grande qui avaient été recueillies dans le Cénomanien.

C'est ainsi que l'*O. vesiculosa*, cité dans ses premiers travaux comme trouvé à Tenoukla, a disparu dans sa *Monographie* pour être remplacé par l'*O. Baylei;* c'est ainsi qu'il a déterminé comme *O. Baylei* des *O. vesiculosa* recueillis par M. Rolland à El-Goléah, en compagnie de l'*O. flabellata* et d'autres fossiles cénomaniens ; enfin, c'est encore ainsi qu'il a appelé de ce même nom les huîtres du terrain cénomanien de la Palestine, que M. L. Lartet avait désignées sous le nom d'*O. vesicularis* var. *Judaica*, et qui, comme l'a fait remarquer ce savant, sont absolument identiques aux *O. vesiculosa* du Maine. Toutes ces huîtres ainsi déterminées sous le nom d'*O. Baylei* ne présentent plus que la forme ordinaire, plus ou moins étroite, lobée ou non, avec ou sans expansion, que l'on retrouve constamment dans les *O. vesiculosa* de la Sarthe.

En réalité, l'*O. Baylei*, tel qu'il est défini et représenté dans la *Monographie* de Coquand, ne doit être considéré que comme une variété peu fréquente de l'*O. vesiculosa*. Partout où se trouve ce dernier, on rencontre aussi quelques individus de l'*O. Baylei*, et jamais on ne trouve celui-ci isolé ou à un niveau géologique différent. Indépendamment de tous les gisements du Cher, de l'Indre, de la Sarthe, etc., où ces deux formes coexistent constamment, et indépendamment de ceux que nous avons cités en Algérie, en Palestine, etc., il convient de signaler ceux du sud de l'Italie étudiés par Seguenza. Dans cette contrée, au milieu des marnes cénomaniennes, l'*O. vesiculosa* se trouve en grande abondance. D'après l'auteur italien, l'*O. Baylei* se montre associé au précédent, mais il est bien plus rare et ne peut guère s'en distinguer que par une forme plus élargie.

Il est évident, pour quiconque a pu examiner une série de ces huîtres, que si l'on admet cette forme plus élargie comme un caractère spécifique suffisant, il y aurait lieu, avec plus de raison peut-être, de séparer encore comme espèces distinctes les individus possédant une expansion seulement, et surtout ceux dont l'expansion latérale est séparée par un lobe. Mais il est facile aussi de voir que toutes ces formes se relient aussi étroitement que possible à la forme type qui est simplement vésiculeuse et régulièrement élargie depuis le crochet jusqu'au bord palléal. Il en est ainsi, au surplus, dans tout ce groupe des huîtres vésiculeuses, auxquelles on a donné le nom de Pycnodontes.

Si l'on examine une série variée de l'*O. vesicularis*, espèce qui présente avec l'*O. vesiculosa* une ressemblance telle que beaucoup d'auteurs ne les séparent pas, on y trouvera également des formes étroites, des formes élargies, d'autres avec expansion unilatérale ou même bilatérale, et beaucoup enfin chez lesquelles l'expansion anale est séparée par un lobe plus ou moins profond. Il en est de même dans les *O. proboscidea*, *biauriculata*, *Costei*, et dans toutes les espèces du même groupe, qu'on connaît dans les terrains jurassiques ou tertiaires.

Il n'est donc pas douteux pour nous que la dénomination d'*O. Baylei*, qui ne s'applique qu'à une de ces variétés de l'*O. vesiculosa*, doit disparaître, et qu'il y a lieu de réintégrer cette dernière espèce dans les catalogues algériens et tunisiens.

Tunisie : Djebel Meghila (Foum-el-Guelta). — Étage cénomanien.

Ostrea flabellata Goldfuss (sub *Exogyra*) *Petref. Germ.*, II, 35, t. 87, fig. 6 [1834]; Coquand *Géol. et pal. rég. sud prov. Constantine*, 295 [1862]; Brossard *Essai const. phys. et géol. rég. mérid. subd. Sétif* in *Mém. Soc. géol. France*, sér. 2, VIII, 227 [1867]; Hardouin in *Bull. Soc. géol. France*, sér. 2, XV, 340 [1868]; Ville *Explor. Hodna et Sahara*, 89 [1868]; Coquand *Mon. Ostrea*, 126, t. 49, fig. 1 et 2, et t. 52, fig. 1-9 [1869];

Nicaise *Catal. anim. foss. prov. Alger*, 67 [1870]; L. Lartet *Géol. Palestine* in *Ann. sc. géol.*, 68, t. 11, fig. 7 [1872]; Pomel *Massif Milianah*, 24 [1873]; Cotteau, Peron et Gauthier *Descr. Échin. foss. Algérie*, Cénomanien, 32-48 [1878]. — *Exogyra flabellata* Seguenza *Studi geol. e pal. sul cret. medio*, 176, t. 16, fig. 3 et t. 17, fig. 1 [1878]. — *E. involuta* Seguenza, loc. cit., 174, t. 16, fig. 2 [1878]. — *Ostrea flabellata* Roche in *C. R. Acad. sc.* [20 novembre 1880]; Tissot *Texte explic. carte géol. Constantine* [1881]; Rolland *Crétacé du Sahara* in *Bull. Soc. géol. France*, sér. 3, IX, 532 [1881]; Zittel *Beiträge zur Geol. und Palæont. der Libysch. Wüste*, 79 [1883]; Peron *Essai descr. géol. Algérie*, 97 [1883].

C'est là une des espèces les plus répandues dans l'étage cénomanien de l'Algérie et de la Tunisie. Elle s'y montre abondamment et à de nombreux niveaux successifs. Comme plusieurs autres, c'est une huître spéciale aux formations sublittorales de cet étage. Il en est ainsi non seulement en Afrique, mais aussi en France, où l'*Ostrea flabellata*, inconnu dans la craie rhotomagienne du bassin de Paris, se montre, au contraire, en abondance sur les rivages méridionaux de ce bassin, dans les sables du Maine et du Berry, de même que dans les terrains analogues de la Provence, de l'Aquitaine et des Corbières.

L'aire géographique de cette espèce est proportionnée à sa longévité. Elle est considérable. On en a signalé la présence en Sicile, en Italie, en Espagne, en Portugal, en Palestine, en Égypte, etc. Elle existe ainsi tout autour du bassin méditerranéen, en même temps que bon nombre d'autres fossiles, ses compagnons habituels dans tous les gisements de ce même facies.

L'*O. flabellata* est extrêmement variable et facile à confondre avec quelques autres Exogyres du même groupe. Il ne se distingue guère, comme l'ont dit d'Orbigny et Coquand, que par la différence de station stratigraphique, de l'*O. Boussingaulti*, qui semble en être le précurseur.

De même il se relie avec les *O. plicifera* et *Matheroni*, qui lui ont succédé; aussi M. Bayle le réunissait-il à cette dernière espèce [1]. Il semble qu'en résumé c'est une même forme qui, avec de légères modifications, se perpétue à travers tous les étages crétacés et prend un nom différent dans chacun d'eux.

En ce qui concerne l'*O. Boussingaulti* d'Orbigny, il est à remarquer que Coquand l'a démembré et ne l'a pas interprété comme l'avait fait son auteur. Le type de l'*O. Boussingaulti* qu'avait figuré d'Orbigny a été transporté par Coquand dans son *O. Minos*. Or c'est surtout ce type qui ressemble à l'*O. flabellata*, à ce point qu'il nous paraît absolument impossible de l'en séparer.

Dans ces conditions, il n'est pas étonnant que plusieurs explorateurs, Conrad, Fraas, etc., qui ont étudié les fossiles de l'Orient, aient con-

---

[1] *Richesse minérale de l'Algérie*, II, 360.

IMPRIMERIE NATIONALE.

fondu l'*O. flabellata* de la Syrie et de la Palestine avec l'*O. Boussingaulti* d'Orbigny. Nous pensons cependant que, abstraction faite de quelques individus d'origine peut-être douteuse, cette dernière espèce, tout aussi bien que l'*O. Minos* de Coquand, a des caractères suffisants pour la faire distinguer.

L'*O. flabellata* a été figuré par divers auteurs, mais, fait assez curieux pour un fossile si répandu, il l'a été le plus souvent fort médiocrement. Goldfuss, qui l'a nommé, a figuré comme types de l'espèce un individu adulte, mais déformé par une longue surface d'adhérence, et un autre individu meilleur, mais trop jeune. D'autre part le spécimen qu'il a représenté sous le nom d'*O. plicata* est à coup sûr un meilleur type de l'*O. flabellata* que les précédents. Ces deux espèces sont d'ailleurs réunies par tous les paléontologues.

D'Orbigny a également figuré, comme *O. flabellata*, un spécimen très attaché et déformé, donnant une idée fort insuffisante de l'espèce. Enfin Coquand, qui en a représenté de nombreux individus dans sa *Monographie*, semble avoir choisi seulement les variétés les plus exceptionnelles. Ces variétés existent réellement, à la vérité, mais ce ne sont pas là les formes normales et les plus communes de cette huître. Il en est même qui paraissent sortir du cadre de l'espèce, et nous n'hésitons pas, par exemple, à considérer l'individu de la planche 52, fig. 7, comme devant être rattaché aux *O. Olisiponensis* et non aux *O. flabellata.*

Dans les individus extrêmement nombreux et de conservation parfaite que nous possédons, tant de l'Algérie que de la Tunisie, on peut observer quelques variétés assez constantes. Quand la coquille est restée à peu près libre et a pu se développer sans gêne, elle est habituellement longue, étroite, régulière, arquée, plus ou moins déprimée, mais toujours garnie, sur les deux valves, de côtes rayonnantes nombreuses, fréquemment dichotomées, toujours plus petites sur le côté concave ou rentrant de la valve.

Au contraire, quand la coquille a été plus amplement adhérente aux corps sous-marins, elle est plus large, moins falciforme, et les côtes sont plus rares et plus grosses. Il y a d'ailleurs, dans tous les niveaux où se montre cette espèce, des différences considérables entre les individus, sous le rapport de la taille, de l'inflexion, du nombre des côtes et de la carène plus ou moins prononcée de la valve supérieure.

Seguenza, s'appuyant sur ces différences, a cru devoir démembrer l'*O. flabellata* et instituer parallèlement l'*Exogyra involuta* pour les individus étroits et infléchis. Nous ne saurions accepter cette création du savant italien. Si nous voulions suivre cet exemple, nous pourrions, avec autant de raison, créer plusieurs espèces avec des variétés de l'*Ostrea flabellata*, au moins aussi tranchées que les types de Seguenza.

L'*O. flabellata*, avec toutes ses variétés, telles que nous les connaissons en Algérie, à Bou-Saada, Batna, Tebessa, etc., se retrouve abondamment aussi en Tunisie. M. Thomas en a rencontré de très bons spécimens dans de nombreuses localités. Parmi ces spécimens nous devons une mention spéciale à ceux du Djebel Cehela, qui sont remarquables par leur taille exceptionnelle, puis à quelques exemplaires du Djebel Taferma, dont la valve supérieure, loin de présenter, comme il est habituel, une carène plus ou moins saillante, est au contraire plane, ou même concave, et à peu près lisse. D'autres individus, provenant du Djebel Oum-Ali, dans le Cherb central, et qui ont été trouvés dans une assise inférieure au Cénomanien, à côté de spécimens bien typiques, sont petits, très attachés et bien difficiles à distinguer des *O. Boussingaulti* et *O. tuberculifera* de l'Aptien.

Tunisie : El-Aïeïcha; Djebel Semama; Djebel Oum-Ali; Djebel Ceket; Djebel Chambi; Djebel Berda; Djebel Meghila; Djebel Roumana (?); Djebel Cehela; Djebel Taferma (Kef Nador); Aïn-ed-Dem; Djebel Nouba; Djebel Bou-Hedma. — Étage cénomanien.

Ostrea Delettrei Coquand *Géol. et pal. rég. sud prov. Constantine*, 224, t. 18, fig. 1-7 [1862]; Brossard *Essai const. phys. et géol. rég. sud Sétif*, 227 [1867]; Hardouin in *Bull. Soc. géol. France*, XV, 338 [1868]; Ville *Explor. Hodna et Sahara*, 89 [1868]; Nicaise *Catal. anim. foss. prov. Alger*, 62 [1870]; L. Lartet *Géol. Palestine* in *Ann. sc. géol.*, 67, t. 11, fig. 16 [1872]; Cotteau, Peron et Gauthier *Descr. Échin. foss. Algérie*, Étage cénomanien, 48 [1878]; Seguenza *Studi geol. e pal. sul cret. medio*, 172 [1878]; Coquand *Mon. Ostrea*, 143, t. 46, fig. 16-18, t. 47, fig. 1-6 et t. 48, fig. 1-5 [1869], et *Études suppl.*, 441 [1879]; Léon Dru in *Extr. Miss. Roudaire*, 51 [1881]; Peron *Essai descr. géol. Algérie*, 99 [1883].

Cette espèce est une de celles que Coquand a le mieux connues et le plus complètement décrites. Aussi tous les auteurs ont pu nettement la reconnaître, et sa synonymie, déjà longue, ne comporte aucun autre nom que celui donné par Coquand. Dans ses explorations à travers l'Aurès, où l'*Ostrea Delettrei* est abondant, ce savant en a pu recueillir de nombreux spécimens; aussi fait-il pour cette huître une observation que nous sommes nous-même obligé de faire bien souvent pour toutes celles dont nous possédons une nombreuse série. «Cette espèce, dit-il, est un véritable Protée. Il faut avoir entre les mains une série aussi complète que celle que nous possédons pour pouvoir ramener à un type unique, à l'aide des passages les mieux ménagés, les individus variés dont elle se compose.»

Coquand a distingué dans l'*O. Delettrei* trois variétés bien différentes et fort intéressantes, parce qu'elles montrent combien est précaire la division des Huîtres en Gryphées, en Exogyres et en Huîtres proprement dites. L'*O. Delettrei*, en effet, revêt ces trois formes, sans que pour cela ses caractères ornementaux se modifient, et sans qu'on puisse séparer ces variétés l'une de l'autre. Nous partageons donc complètement la manière de voir de Coquand qui, tout en décrivant successivement les variétés exogyriforme, gryphoïde et ostréiforme, les réunit toutes dans le cadre de l'*O. Delettrei*. L'étude de cette huître nous montre quelle influence énorme peut avoir, sur la détermination du caractère d'une espèce et sur l'appréciation de la limite de ses variations, le nombre d'individus que l'on en possède. Il est évident que si Coquand n'avait eu entre les mains que quelques spécimens des variétés extrêmes, il en eût fait autant de types distincts, comme il l'a fait dans bien des cas.

Coquand n'a comparé son *O. Delettrei* à aucun autre de ses congénères. Nous le regrettons. Ce savant, qui a eu en sa possession de nombreux individus de notre collection provenant de Bou-Saada, et qui les a lui-même étiquetés comme *O. Delettrei*, n'a pas été sans remarquer combien quelques-uns d'entre eux sont voisins de l'*O. Africana*. Leur valve supérieure est couverte de lamelles plus serrées que celle des individus de l'Aurès, leur forme devient parfois étroite, profonde et exogyrale, et toute différence disparaît entre les deux espèces. Ces mêmes relations entre l'*O. Africana* et l'*O. Delettrei* semblent se rencontrer aussi chez les individus de la Palestine. M. L. Lartet dit bien que ce dernier se distingue facilement des variétés les plus proches de l'*O. Africana* par sa valve supérieure, sa forme élancée et linguloïde et par l'écartement de ses lames d'accroissement. Mais ce sont là des différences constatées entre les types moyens. Il suffit d'examiner l'exemplaire d'*O. Delettrei* que M. Lartet a figuré (pl. 11, fig. 16), pour se convaincre que cet individu diffère sensiblement, par le rapprochement des lamelles de sa valve supérieure, de ceux que Coquand a figurés. D'autre part, M. Lartet a représenté (pl. 8, fig. 6), sous le nom d'*O. Africana*, une huître courte, élargie et à lames espacées, qui se rapproche singulièrement des *O. Delettrei* de Bou-Saada.

Quelques individus de la Tunisie, notamment d'El-Aïeïcha, nous ont également présenté ces caractères mixtes. Ils sont petits, ostréiformes, et à lames serrées sur la petite valve. Nous avons hésité à les classer dans l'une ou dans l'autre espèce.

Quant à l'*O. Delettrei* type, c'est-à-dire de grande taille, à grandes lames très espacées sur les deux valves et de forme allongée, déprimée et plus ou moins élargie, il n'est pas très rare en Tunisie. On le rencontre dans plusieurs localités, mais les individus en sont peu abondants, sauf au Djebel Semama.

Tunisie : Djebel Taferma (Kef Nador); Djebel Nouba (niveau supérieur); Djebel Semama; Djebel Chambi; Djebel Berda (lit de l'oued); El-Aïeïcha (?). — Étage cénomanien.

Ostrea Africana Lamarck (sub *Gryphæa*) *Anim. sans vert.*, 398 [1802]. — *O. cornu arietis* Coquand *Descr. géol. prov. Constantine*, 144, t. 5, fig. 3 et 4 (non fig. 1 et 2) [1852]. — *O. Auressensis* Coquand *Géol. et pal. rég. sud prov. Constantine*, 233, t. 22, fig. 11-12 [1862]; P. Marès in *C. R. Acad. sc.*, LX, 1041 [1865]; Brossard *Essai const. phys. et géol. rég. sud subd. Sétif*, 227 [1867]; Ville *Explor. Hodna et Sahara*, 89 [1868]; Nicaise *Catal. anim. foss. prov. Alger*, 63 [1870]. — *O. Africana* Coquand *Mon. Ostrea* 134, t. 39, fig. 5-12, et t. 55, fig. 10-12 [1869]; L. Lartet *Géol. Palestine* in *Ann. sc. géol.*, 65, t. 8, fig. 1-6 [1872]; Cotteau, Peron et Gauthier *Descr. Échin. foss. Algérie*, Étage cénomanien, 30 [1878]. — *Exogyra Africana* Seguenza *Studi geol. e pal. sul cret. med.*, 177 [1878]. — *Ostrea Auressensis* Tissot *Texte explic. carte géol. Constantine*, 67 (1881]. — *O. Africana* Léon Dru in *Extr. Miss. Roudaire*, 51 [1881]; Peron *Essai descr. géol. Algérie*, 94 [1884]; Coquand *Études suppl.*, 170 [1879]. — *Exogyra Africana* Zittel *Beiträge zur Geol. und Pal. der libysch. Wüste*, 79 [1883].

L'*Ostrea Africana*, fort commun dans l'étage cénomanien du sud de la province de Constantine, paraît plus rare en Tunisie. Cependant M. Ph. Thomas en a rencontré plusieurs spécimens bien typiques. Ils sont de taille médiocre, à valve inférieure renflée et garnie de lamelles espacées, subonduleuses et écailleuses, à valve supérieure un peu convexe et garnie de lamelles saillantes plus serrées et plus nombreuses que sur l'autre valve.

Cette huître, qui appartient au groupe des Exogyres, forme, dans son type moyen, une espèce bien caractérisée et bien distincte de toutes les autres. Cependant, par ses extrêmes, elle confine d'une part à l'*O. Mermeti* Coquand (*O. suborbiculata*), et de l'autre part à l'*O. Delettrei*, reliant ainsi ces deux espèces d'aspect et de taille pourtant si différents. Certes, cette assertion pourra paraître singulière aux personnes qui ne possèdent que quelques individus moyens de chacun de ces types, mais nous affirmons, néanmoins, qu'il est possible de former une série établissant le passage graduel de l'*O. Mermeti* à l'*O. Africana*, et de ce dernier type à la variété exogyriforme de l'*O. Delettrei*. Quelques formes, réellement intermédiaires, sont vraiment difficiles à attribuer à l'une plutôt qu'à l'autre de ces espèces. Ainsi Coquand a figuré[(1)], sous le nom d'*O. Africana*, un individu de notre collection, recueilli par nous-même dans le Cénomanien inférieur de Bou-Saada, qui ne peut en réalité se distinguer en aucune façon des variétés étroites et à crochet très contourné de l'*O. Mermeti* Coquand.

En ce qui concerne les rapports de l'*O. Africana* avec l'*O. Delettrei*, il est facile, dans cette même localité de Bou-Saada, de trouver aussi des exemplaires qu'on ne saurait sûrement attribuer à l'un plutôt qu'à l'autre. Déjà, d'ailleurs, cette observation a été faite. M. Louis Lartet, qui a rencontré en abondance l'*O. Africana* dans la craie de la Palestine, fait

---

(1) *Mon. Ostrea*, t. 55, fig. 10-12. — C'est à tort que Coquand a indiqué cet exemplaire comme faisant partie de sa collection et comme provenant de Sétif. Nous le lui avions seulement communiqué et nous avons pu rentrer dans sa possession avant la mort de notre regretté confrère.

remarquer que certains échantillons se confondent facilement avec les jeunes *O. Delettrei*, et que la valve supérieure seule permet de les reconnaître. Nous irons nous-même plus loin que notre savant confrère, et, ayant observé combien est variable, suivant les localités, l'ornementation de cette valve supérieure, nous assurons que ce caractère est lui-même bien souvent insuffisant.

Ce fait établi, il n'en reste pas moins évident qu'une coupure spécifique est indispensable dans cette série d'huîtres. L'*O. Africana* doit donc être maintenu dans son cadre actuel. D'une manière générale il se distingue de l'*O. Mermeti* Coquand (*O. suborbiculata*) par sa forme plus étroite, plus allongée, moins arrondie, par son crochet moins gros et moins contourné, par sa valve inférieure plus lamelleuse et constamment dépourvue de stries ou côtes rayonnantes. D'autre part, il diffère de l'*O. Delettrei* par sa taille toujours plus petite, sa forme constante d'Exogyre allongée, sa valve inférieure toujours plus étroite, plus profonde et jamais élargie et ostréiforme, enfin par les lamelles moins régulières et moins espacées qui ornent ses valves.

L'*O. Africana* ne semble pas avoir encore été rencontré en France. Par contre, il abonde en Sicile, dans le sud de l'Italie, en Syrie, en Palestine et dans le désert de Libye, où il se trouve associé, comme en Algérie, aux *O. Mermeti*, *flabellata*, *Olisiponensis*, etc. C'est une des espèces propres au facies méditerranéen de la craie moyenne. En Tunisie, sans être abondante, elle existe dans d'assez nombreuses localités.

Tunisie : Djebel Taferma (Kef Nador); Djebel Meghila (Foum-el-Guelta); El-Aïeïcha; Djebel Ceket; Aïn-ed-Dem; Djebel Oum-Ali (?).— Étage cénomanien.

Ostrea lingularis Lamarck *Anim. sans vert.*, VI, 220 [1819]; Coquand *Mon. Ostrea*, 116, t. 49, fig. 10-12 [1869]; Léon Dru in *Extr. Miss. Roudaire*, 51 [1881]; Guillet *Géol. Sarthe*, 254 [1886].

Cette espèce n'avait pas encore été signalée dans le Nord africain. C'est seulement en 1883 que M. Léon Dru a mentionné son existence dans le terrain cénomanien du Djebel Diabit, dans le sud de la Tunisie.

C'est une huître peu connue des paléontologues. D'Orbigny non seulement ne l'a pas décrite, mais n'en a fait aucune mention, même dans son *Prodrome*. Coquand, dans sa *Monographie*, n'en a figuré qu'un spécimen de très grande taille qui paraît tout à fait exceptionnel. Si nous n'avions pour baser notre détermination que la comparaison avec ce type de Coquand, nous serions certainement resté fort indécis, mais nous possédons, provenant des environs du Mans, une série d'individus de taille normale qui représentent bien le type habituel des *Ostrea lingularis*, et c'est la comparaison avec ces individus qui nous a permis de rapporter sûrement à cette même espèce un assez grand nombre de petites huîtres rencontrées par M. Ph. Thomas dans l'étage cénomanien du Djebel Taferma.

Le caractère principal de l'*O. lingularis* est d'avoir une coquille allongée, déprimée, linguiforme et parfois falciforme, toujours très mince et foliacée. Les deux valves sont inégales; la valve inférieure, généralement fixée par le sommet, est le plus souvent garnie de côtes légères, arrondies, peu saillantes, parfois petites, étroites et se bifurquant plusieurs fois, parfois plus larges, mais simples et peu accentuées, et parfois enfin presque invisibles; la valve supérieure est plane, dépourvue de côtes radiantes, et garnie seulement de lames d'accroissement et de plis concentriques assez marqués.

Cette huître, suivant l'âge et le plus ou moins de développement des côtes, varie singulièrement d'aspect. Elle pourrait donner lieu à la distinction de plusieurs espèces, si l'on ne reconnaissait entre les diverses variétés des transitions très ménagées. La variété étroite et sans côtes pourrait être confondue avec l'*O. Rouvillei* qu'on trouve aussi dans le terrain cénomanien de l'Afrique; mais ce dernier est néanmoins généralement bien reconnaissable à sa forme plus étroite, plus irrégulière, moins déprimée, à son test plus épais, non foliacé, et à sa surface toujours dépourvue de toute trace de côtes longitudinales.

Tunisie : Djebel Taferma (Kef Nador). — Étage cénomanien.

Ostrea Cameleo Coquand *Mon. Ostrea*, 149, t. 54, fig. 1-17 [1869]; Cotteau, Peron et Gauthier *Descr. Échin. foss. Algérie*, Étage cénomanien, 61 [1878]; Coquand *Études suppl.*, 184 [1879]; Peron *Essai descr. géol. Algérie*, 96 [1883].

Le nom expressif d'*Ostrea Cameleo* a été donné par Coquand à une huître très variable que nous avons découverte dans les marnes de l'étage cénomanien supérieur des environs de Bou-Saada. Nous avons pu en communiquer au savant spécialiste de très nombreux spécimens, et la planche 54 de sa *Monographie* en reproduit un bon nombre, montrant les diverses formes qu'affecte ce fossile.

C'est donc une espèce relativement bien connue, et établie sur des documents suffisants. Malgré cela, nous n'oserions affirmer qu'il y avait lieu réellement d'en faire un type nouveau. Quelques-uns de ses représentants ont une ressemblance telle avec l'*O. Carentonensis* d'Orbigny (*O. Dessalinesi* Coquand), qu'il semble difficile de les en distinguer.

Nous avons cherché, pour nous faire, au sujet des rapports de ces espèces, une opinion bien assise, à nous procurer une série un peu nombreuse d'*O. Carentonensis*, mais nous n'avons pu parvenir à un résultat complètement probant.

L'*O. Carentonensis*, peu répandu d'ailleurs, se présente le plus souvent dans les couches cénomaniennes de l'Indre et de la Sarthe, très largement fixé et déformé. Il nous a paru, en outre, que ses plis rayonnants étaient en général moins lamelleux et moins écailleux et enfin que sa taille était plus grande.

Ces différences, quoique d'un ordre secondaire, sont cependant suffisantes pour nous imposer le devoir de maintenir la nouvelle espèce de Coquand.

L'*O. Cameleo*, en réalité, ne mérite pas plus son nom qu'une quantité d'autres *Ostrea*. Ses variations ne sont ni plus étendues ni plus nombreuses que celles de la plupart des huîtres dont nous possédons de très nombreux individus. En dehors de sa taille, qui est toujours bien moindre, il montre une certaine analogie avec le groupe des *O. dichotoma*, *Sollieri*, *acanthonota*, etc., dont nous nous occuperons plus loin.

En Algérie, l'*O. Cameleo* n'a été cité jusqu'ici que dans le Cénomanien de Bou-Saada. Nous rattachons maintenant à ce type une huître abondante dans le Cénomanien du Djebel Bou-Thaleb, au sud de Sétif, et d'autres individus également nombreux qui proviennent du Cénomanien des environs de Tebessa.

En Tunisie, l'*O. Cameleo*, sans être très abondant, a été cependant rencontré dans plusieurs gisements. Certains exemplaires, ceux d'El-Aïeïcha notamment, pourraient facilement être confondus avec ceux de Bou-Saada.

Tunisie : El-Aïeïcha; Djebel Semama; Djebel Taferma (sud); Djebel Cehela (zone à Rudistes); Djebel Gart-el-Hadid. Étage cénomanien. — Djebel Oum Ali (?) (petit individu mal caractérisé) (zone à Trigonies). Étage albien supérieur.

Ostrea Carentonensis d'Orbigny *Pal. franç.*, terr. crét., Lamell., 713, t. 473 [1847]; Nob., pl. XXIII, fig. 7. — *O. Dessalinesi* Coquand *Mon. Ostrea*, 115, t. 50, fig. 3-7 [1869]. — *O. quercifolium* Coquand, loc. cit., 145, t. 51, fig. 5-8 [1869].

Cette importante espèce, qui habite, en France, les grès cénomaniens de la Sarthe et de la Charente, n'avait pas encore été signalée en Afrique.

Il n'est pas impossible cependant que l'*Ostrea Cameleo* Coquand, si abondant dans certaines couches de l'étage cénomanien de Bou-Saada et autres localités, ne soit qu'une variété de l'*O. Carentonensis*. Toutefois, en raison de la taille toujours plus petite de l'*O. Cameleo* et de ses côtes qui s'étendent généralement à toute la valve, nous ne saurions, pour le moment, être plus affirmatif.

A notre avis encore, l'*O. Carentonensis* d'Orbigny pourrait bien n'être qu'une forme plus amplement fixée de l'*O. diluviana* Linné ou de l'*O. phyllidiana* Lamarck, qu'on rencontre dans les mêmes gisements.

En outre Coquand a créé pour la même huître, qui se trouve aussi dans le Tourtia du Nord, une nouvelle espèce, l'*O. quercifolium*, qui ne nous paraît pas différer spécifiquement de l'*O. Carentonensis* de la Sarthe.

Coquand, dans sa *Monographie*, a remplacé le nom d'*O. Carentonensis* d'Orbigny par celui d'*O. Dessalinesi* Coquand. Ce savant n'a expliqué les motifs de ce changement que par la mention, insérée dans la synonymie, que l'*O. Carentonensis* d'Orbigny diffère de l'*O. Carentonensis* Defrance [1821]. Ce changement, cependant, méritait d'autant plus d'être justifié que cette espèce de Defrance, fort peu connue, n'a pas été figurée. Nous restons donc dans l'incertitude au sujet de l'opportunité de cette modification, et, en conséquence, nous croyons devoir conserver le nom, actuellement si répandu dans la science, que d'Orbigny avait adopté.

M. Thomas a rencontré dans les calcaires cénomaniens du Kef Nador (Djebel Taferma), qui ont une faune fossile très analogue à celle des grès de la Sarthe, plusieurs spécimens que nous n'hésitons pas à assimiler à l'*O. Carentonensis*. Parmi ces exemplaires il en est qui confinent à l'*O. Cameleo*, mais la plupart sont bien identiques à de bons exemplaires de l'*O. Carentonensis* du Mans que nous possédons.

Les spécimens du Djebel Taferma sont assez irréguliers de forme, fréquemment groupés et fixés par toute la surface de la valve inférieure. Les individus libres sont garnis, sur les deux valves, de quelques grosses côtes saillantes, triangulaires, bifurquées, qui souvent ne s'étendent que sur une partie de la valve.

Le crochet est parfois droit et parfois infléchi latéralement.

La forme générale des valves est assez étroite et un peu incurvée, mais le plus souvent elle est rendue irrégulière par le groupement et par l'adhérence; on y distingue fréquemment des expansions lamelleuses latérales.

L'identité spécifique de ces huîtres avec l'*O. Carentonensis* ne nous paraît pas douteuse.

Tunisie: Djebel Taferma (Kef Nador), versant sud. — Étage cénomanien.

Ostrea Rouvillei Coquand *Géol. et pal. rég. sud prov. Constantine*, 232, t. 22, fig. 8-10 [1862], *Mon. Ostrea*, 89, t. 21, fig. 3 et 4 (non fig. 5, 6), et t. 24, fig. 7-11 [1869], et *Études suppl.*, 442 [1879]. — *O. Biskarensis* Coquand *Géol. et pal. rég. sud prov. Constantine*, 231, t. 21, fig. 10-12 [1862], *Mon. Ostrea*, 110, t. 53, fig. 15-17 [1869], et *Études suppl.*, 440 [1879]; Brossard *Essai const. phys. et géol. rég. mérid. subd. Sétif*, 233 [1867]; Nicaise *Catal. anim. foss. prov. Alger*, 71 [1870]; Ville *Explor. Beni-Mzab*, 171 [1872]. — *O. curvirostris* Coquand (*ex parte*) *Mon. Ostrea*, 67 [1869]. — *O. rediviva* Coquand *Mon. Ostrea*, 154, t. 42, fig. 8-11, et t. 54, fig. 18-30 [1869], et *Études suppl.*, 185 [1879]; Cotteau, Peron et Gauthier *Descr. Échin. foss. Algérie*, Cénomanien, 64 [1878]. — *O. rediviva* et *O. Rouvillei* Peron *Essai descr. géol. Algérie*, 96 [1883]. — *O. rediviva* Rolland in *Bull. Soc. géol. France*, sér. 3, IX, 532 [1881].

Il existe dans les marnes de l'étage cénomanien supérieur de Bou-Saada une petite huître qui se fait remarquer par son extrême abondance et remplit littéralement certaines couches. Coquand, qui avait eu communication de spécimens de cette huître, l'a décrite, en 1862, sous le nom d'*Ostrea Rouvillei.* Il l'a classée dans l'étage santonien parce que, dit-il, elle se trouve à Bou-Saada, associée à l'*O. proboscidea.* Il y avait là une erreur manifeste. L'étage santonien ne se montre en aucune façon aux environs de Bou-Saada et, d'ailleurs, l'espèce est si facile à reconnaître et son horizon stratigraphique est si nettement précisé par une quantité de fossiles bien connus, que nul doute n'est possible sur la place à lui assigner.

Dans les communications que nous avons faites ultérieurement à Coquand, à l'occasion de la publication de sa *Monographie du genre Ostrea*, nous lui avons envoyé de très nombreux individus de l'*O. Rouvillei*, en lui signalant l'inexactitude commise dans l'indication de son âge. Il avait été convenu que cette indication serait rectifiée. Cependant, ayant perdu de vue sans doute nos étiquettes et nos renseignements écrits, Coquand, au lieu de faire disparaître la petite erreur primitive, a reproduit, sans y rien changer, son ancien *O. Rouvillei* et, avec nos exemplaires, il a créé une nouvelle espèce, l'*O. rediviva*, qu'il a classée dans le Cénomanien. En outre, l'erreur s'est aggravée de ce fait que certains exemplaires, d'une variété falciforme, compris dans notre envoi, ont été rapportés à l'*O. curvirostris* Nilsson, et classés comme campaniens.

Nous devons enfin noter qu'une autre espèce de Coquand, l'*O. Biskarensis*, rencontrée par lui au col de Sfa et considérée comme provencienne, n'est également qu'une variété courte et un peu élargie de l'*O. Rouvillei.*

Ainsi donc, cette même petite huître, qui, à Bou-Saada comme au col de Sfa et autres localités, habite bien le Cénomanien supérieur, a reçu de Coquand quatre noms distincts et quatre âges successifs, cénomanien, provencien, santonien et campanien.

Déjà, en 1878[1], nous avons eu l'occasion de signaler ces inexactitudes, mais, nous rappelant que Coquand nous avait dit avoir reconnu dans notre petite huître de Bou-Saada une espèce du Cénomanien de la Provence, à laquelle il avait donné le nom d'*O. rediviva*, nous avions adopté ce dernier nom, que nous croyions le plus ancien. Il n'en était rien cependant. Cet *O. rediviva* était resté inédit, et c'est seulement dans la *Monographie* qu'il a été publié. En conséquence, c'est donc le nom d'*O. Rouvillei*, publié dès 1862, qui est le plus ancien, et qui doit être appliqué à la petite huître de Bou-Saada.

Le nom d'*O. Biskarensis* est bien aussi de la même date, et pour nous il représente la même espèce, mais il a été donné à une forme particu-

---

(1) *Échinides fossiles de l'Algérie*, Étage cénomanien, 64.

lière de cette espèce, forme plus rare et médiocrement représentée, dont Coquand n'a figuré qu'un seul spécimen mal caractérisé. La réunion que nous proposons de l'*O. Biskarensis* à l'*O. Rouvillei* est donc motivée plus par nos propres convictions que par la comparaison rigoureuse des types.

Ces questions étant ainsi résolues, il est utile de concilier les descriptions multiples données par Coquand pour l'huître qui nous occupe et d'en faire une diagnose unique s'appliquant aux diverses variétés que nous connaissons. Nous établirons donc cette diagnose ainsi qu'il suit :

Espèce de petite taille; le plus grand individu connu, sur plusieurs centaines que nous possédons encore, mesure 37 millimètres de longueur sur 10 millimètres de largeur. Les dimensions relatives en longueur et en largeur varient d'ailleurs dans des limites fort étendues.

Coquille linguiforme, parfois droite, allongée et étroite, parfois courte, élargie, subtriangulaire, à expansion latérale plus ou moins prononcée, parfois incurvée et falciforme. Ces diverses formes semblent se montrer avec un égal degré de fréquence; cependant la forme courte et élargie ne saurait être considérée comme normale; c'est surtout chez les individus à large surface d'attache qu'elle se montre.

Valve inférieure peu profonde, à surface lisse et seulement garnie de rides d'accroissement peu saillantes; valve supérieure le plus souvent plane, mais fréquemment un peu convexe ou même parfois un peu concave; cette valve, comme l'autre, ne porte aucune ornementation et les plis d'accroissement seuls en garnissent la surface.

Crochet peu saillant, non acuminé, toujours plus ou moins déformé par une cicatrice d'adhérence de grandeur variable, habituellement petite; fossette ligamentaire courte et peu profonde; empreinte musculaire non visible.

L'*O. Rouvillei*, en raison de son abondance extrême dans certaines couches du Cénomanien supérieur de l'Algérie, frappe vivement l'observateur. Il remplit littéralement plusieurs assises marneuses, à l'exclusion presque complète d'autres fossiles. Dans les environs de Bou-Saada, il occupe, de même que l'*O. suborbiculata*, plusieurs niveaux récurrents, mais l'âge cénomanien de ces divers niveaux est très nettement établi par les assises très fossilifères entre lesquelles ils sont enclavés. Il semble possible cependant que cette même espèce ait vécu encore dans l'étage turonien et même à l'époque santonienne. Il existe en effet, dans les marnes de ce dernier étage, de petites huîtres dont certains spécimens sont difficiles à distinguer de l'*O. Rouvillei*. Quelques-unes de ces formes cependant doivent en être séparées, soit parce qu'elles présentent quelques caractères distinctifs constants, soit parce qu'elles ne sont que le jeune âge d'autres espèces. Nous aurons ultérieurement à les faire connaître.

En Tunisie, l'*O. Rouvillei* n'existe pas en nombre aussi considérable qu'à Bou-

Saada. Il paraît du reste déjà rare dans l'est de l'Algérie, à Batna, Khenchela, Tebessa. Cependant nous le retrouvons dans des localités assez nombreuses du sud de la Régence.

Tunisie : Djebel Meghila (Foum-el-Guelta); El-Aïeïcha; Djebel Ceket; Kalaa d'El-Guettar. — Étage cénomanien.

Ostrea Costei Coquand *Mon. Ostrea*, 108, t. 26, fig. 3-5, et t. 38, fig. 13 et 14 [1869]; Nob., pl. XXV, fig. 50-52. — *O. biauriculata* Bayle in Fournel *Rich. minér. Algérie*, II, 367 [1849]. — *O. Costei* Cotteau, Peron et Gauthier *Descr. Échin. foss. Algérie*, Sénonien, 15 [1881]; Peron *Essai descr. géol. Algérie*, 126 [1883].

Cette espèce est très imparfaitement connue. Coquand l'a représentée par deux spécimens seulement, qui sont tous deux sensiblement de même taille, de même forme et de même ornementation. L'un de ces spécimens provient des calcaires marneux du Castellet (Var); l'autre provient de l'Algérie et de notre collection, et a été recueilli par nous auprès de Bordj-bou-Areridj. Ces figures sont fort insuffisantes pour faire connaître une espèce aussi polymorphe.

L'*Ostrea Costei* est du groupe des Pycnodontes. C'est une coquille le plus souvent gibbeuse, renflée, à valve inférieure arrondie d'avant en arrière, gryphéiforme; parfois, elle est fortement bilobée, avec expansion anale prolongée; d'autres fois, elle est élargie en avant, complètement biauriculée, ou irrégulière, sinueuse, contournée; d'autres exemplaires encore sont très déprimés, ou bien largement fixés par la partie antérieure et formant alors une variété *hippopodium* très semblable aux variétés de même nature des *O. vesicularis* ou autres Pycnodontes. La surface de la grande valve est quelquefois totalement lisse, mais le plus souvent elle est sillonnée de plis radiants étroits, irréguliers, écailleux, souvent entremêlés, discontinus et ne s'étendant qu'à une partie restreinte de la valve. Cette ornementation est très caractéristique et permet de reconnaître l'espèce presque sûrement.

Coquand a comparé l'*O. Costei* aux *O. hippopodium* et *vesicularis*. Il est certain que, comme nous l'avons dit, certains individus montrent une très grande analogie avec ces espèces, mais il y a parfois plus encore de ressemblance avec l'*O. biauriculata* du Cénomanien de la Sarthe.

Il convient toutefois de faire remarquer que, en ce qui concerne ce dernier, l'analogie semble se borner à la forme de la grande valve. Dans l'*O. Costei*, le test est toujours plus épais, plus lamelleux, les auricules sont moins développées, la valve supérieure est très différente, plane et lamelleuse; enfin les plis, de forme toute particulière, qui existent habituellement sur sa grande valve, suffisent pour faire distinguer l'*O. Costei* de l'*O. biauriculata*.

Il existe dans la craie des Charentes une autre espèce d'huîtres, l'*O. Ar-*

naudi Coquand, qui présente avec nos *O. Costei* une analogie bien plus complète. Grâce à l'obligeance de M. Arnaud, nous avons pu récemment augmenter dans une large proportion notre série d'*O. Arnaudi* et nous y avons trouvé des formes tout à fait semblables à celle de certains *O. Costei.*

C'est la même ornementation en petits plis irréguliers, subépineux, si caractéristiques; c'est la même forme élargie, biauriculée, parfois bilobée; c'est enfin la même valve supérieure plane et striée.

Certes, pour les personnes qui ne pourront consulter que les types de l'*O. Costei* et de l'*O. Arnaudi*, figurés dans la *Monographie* de Coquand, le rapprochement que nous indiquons ici pourra paraître singulier. Mais, nous le répétons, ces huîtres, si variables, ont été très insuffisamment figurées, la première surtout, dont la *Monographie* ne représente qu'une seule variété à caractères peu accentués. Avec une simple série de cinq ou six individus, on peut établir très nettement le passage d'une espèce à l'autre. Une seule différence subsiste, laquelle, sans avoir une importance de premier ordre, peut cependant faire hésiter à réunir les *O. Costei* et *Arnaudi.* Ce dernier, au moins dans les individus déjà nombreux que nous connaissons, reste toujours de taille médiocre et n'atteint pas, même dans ses plus grands spécimens, la taille moyenne des *O. Costei.*

Comme nous l'avons dit plus haut, l'*O. Costei* ne se rencontre pas seulement en Afrique. Coquand l'a signalé dans la Provence. Nous en possédons nous-même, des environs du Beausset et également de la craie à Hippurites de Rennes-les-Bains (Aude), une dizaine d'exemplaires qui sont bien identiques à ceux de l'Algérie. En général, leur état de conservation est loin d'être aussi beau, mais néanmoins, dans notre série, il en est de très bons et de très typiques. Parmi ces derniers, dont la taille est aussi grande que celle de nos *O. Costei* africains, nous en trouvons également qui confinent absolument aux *O. Arnaudi* et établissent la liaison encore plus intime entre cette espèce et les individus de l'Afrique.

Une autre espèce d'huîtres de la Provence nous paraît encore pouvoir être assez sûrement rattachée à nos *O. Costei.* C'est celle de la craie des Martigues que Coquand a décrite sous le nom d'*O. licheniformis.* Cette huître n'est très probablement qu'une variété un peu ostréiforme des *O. Costei* qu'on rencontre dans ces mêmes gisements. Elle n'est connue que par un seul individu, et encore cet individu ne montre-t-il que la valve inférieure. Sans avoir d'ailleurs à ce sujet d'autres renseignements que ceux donnés par Coquand, nous estimons que ce spécimen doit être considéré comme une forme un peu exceptionnelle de notre espèce.

Ces deux dernières huîtres, c'est-à-dire l'*O. Costei* de la Provence et l'*O. licheniformis*, occupent dans le midi de la France un horizon sensiblement supérieur à celui des *O. Costei* de l'Algérie. Ces derniers, en effet, habitent, comme nous l'avons dit, les premières couches santoniennes, tandis que les couches du Castellet et des Martigues, où se trouvent les premiers, sont pour nous très sensiblement moins anciennes. Cependant nous pouvons faire observer qu'aux environs du Beausset, l'*O. Costei* n'est pas strictement cantonné dans les calcaires marneux supérieurs aux bancs à Hippurites. Nous en avons nous-même rencontré des exemplaires au-dessous de ces bancs, vers la Cadière. Cette huître, de même que les *O. Cadierensis*, *Tisnei*, etc., n'est donc pas spéciale à un niveau déterminé dans la craie de la Provence.

Il en est ainsi également de l'*O. Arnaudi* de la Charente. L'horizon de cette huître indiqué par Coquand, l'étage angoumien, serait également un peu inférieur à celui de l'*O. Costei* de l'Algérie. Mais ce niveau n'est pas le seul où l'on trouve l'*O. Arnaudi*. D'après les renseignements très précis qu'a bien voulu nous donner M. Arnaud, l'*O. Arnaudi* se trouve principalement dans les calcaires à Bryozoaires (couche n° 9) et dans les calcaires à *Spherulites Salignacensis*, mais notre savant confrère a cependant rencontré, dans divers horizons bien supérieurs, des spécimens qu'il n'a pu séparer de l'*O. Arnaudi*.

En Tunisie, le niveau occupé par l'*O. Costei* semble être exactement le même qu'en Algérie. L'espèce ne paraît pas être très répandue. Beaucoup de nos spécimens sont assez médiocres et même seulement en fragments. Ils sont cependant bien typiques, et leur détermination ne nous laisse aucun doute.

Nous en avons fait dessiner un exemplaire du Djebel Dagla, et en outre deux autres de notre collection de l'Algérie, qui nous paraissent montrer le passage de l'*O. Costei* à l'*O. Arnaudi*.

Algérie : Bordj-bou-Areridj ; Medjèz-el-Foukani ; Nza-ben-Messaï (Les Tamarins).

Tunisie : Djebel Sidi-bou-Ghanem (marnes inférieures) ; Djebel Dagla près Feriana (deuxième horizon fossilifère) ; Kef El-Hammam (zone phosphatée) ; Djebel Mezouna (niveau à Bryozoaires). — Étage santonien inférieur.

Ostrea Boucheroni Coquand in *Bull. Soc. géol. France*, sér. 2, XVI, 1007 [1859], et *Descr. géol. Charente*, II, 176, et *Synopsis*, 120. — *O. Tevesthensis* Coquand *Géol. et pal. rég. sud prov. Constantine*, 227, t. 19, fig. 7-13 [1862] ; Brossard in *Mém. Soc. géol. France*, sér. 2, VIII, 237 [1867] ; Hardouin in *Bull. Soc. géol. France*, sér. 2, XV, 339 [1868] ; Nicaise *Catal. anim. foss. prov. Alger*, 77 [1870]. — *O. Boucheroni* Cotteau, Peron et Gauthier *Descr. Échin. foss. Algérie*, Sénonien, 15 [1881] ; Léon Dru in *Extr. Miss. Roudaire*, 53 [1881] ; Peron *Essai descr. géol. Algérie*, 126 [1883].

Cette huître est une de celles qui caractérisent le mieux les couches inférieures de l'étage sénonien de l'Algérie, c'est-à-dire les couches dont Coquand a fait l'étage santonien. Très répandue partout où se montre cet étage, elle en remplit parfois certaines couches. Peut-être se montre-t-elle déjà dans les assises du Turonien supérieur? Cette question ne paraît pas encore bien résolue en l'absence de ligne de démarcation bien tranchée entre ces deux étages.

En Tunisie, elle est non moins répandue qu'en Algérie. Son niveau paraît y être bien le même et assez constant. C'est toujours avec les *Ostrea dichotoma*, *O. Langloisi* et les nombreux autres fossiles de l'étage santonien que M. Thomas l'a rencontrée. Il n'est pas à notre connaissance qu'on l'ait trouvée en aucun lieu au-dessus de cet horizon.

Le nom d'*O. Boucheroni* a été attribué dans l'origine à une huître de la Charente. C'est par assimilation qu'il a été appliqué à des individus de l'Algérie. Ne connaissant pas le prototype de la Charente, nous devons naturellement faire des réserves au sujet de cette assimilation; mais elle est pour nous d'autant plus acceptable que c'est l'auteur même de l'espèce qui l'a reconnue nécessaire.

En ce qui concerne les spécimens algériens, Coquand, dans sa *Monographie*, a pu en représenter un grand nombre montrant les diverses formes que revêt cette espèce. L'*O. Boucheroni*, d'ailleurs, coquille simple, plate, ostréiforme par excellence et sans ornementation caractéristique, ne présente guère que des variations peu importantes qui n'affectent que la taille, la forme plus ou moins régulière ou gauchie et le contour plus ou moins élargi, arrondi ou acuminé vers le crochet.

Il est à remarquer que, dans les localités algériennes que Coquand avait explorées, notamment à Refana, les individus de l'*O. Boucheroni* que l'on rencontre sont tous d'une taille relativement petite et d'une forme plus étroite et plus acuminée au crochet. Aussi Coquand avait-il fait d'abord de ces individus une espèce nouvelle sous le nom d'*O. Tevesthensis* (de Tebessa).

Ce n'est que plus tard, après la communication que nous lui avons faite de nombreux individus similaires provenant du sud-ouest de Sétif et atteignant fréquemment une grande taille, que Coquand a pu reconnaître l'identité de cette huître avec celle de la craie des Charentes qu'il avait antérieurement nommée *O. Boucheroni*. Dans sa *Monographie*, Coquand a donc repris ce nom et fait passer en synonymie celui d'*O. Tevesthensis*.

Les exemplaires de l'*O. Boucheroni* de la Tunisie reproduisent toutes les formes que nous connaissons en Algérie. Au Djebel Aneza, M. Thomas en a rencontré de grande taille. Au Djebel Bou-Driès, il en existe qui sont étroits, allongés, à valve supérieure concave. D'autres sont épais, à nombreuses lamelles superposées, sans que pour cela ces individus, cependant très adultes, aient acquis une taille au-dessus de la moyenne.

Quelques variétés à crochet acuminé et incurvé confinent aux *O. acutirostris* et *curvirostris*. D'autres, plus petites et plus étroites encore, rappellent les *O. Rouvillei* Coquand, et *O. Arrialoorensis* Stoliczka. C'est surtout au Khanget Mezouna que se montrent ces variétés. D'autres individus enfin prennent une apparence renflée, gibbeuse, subvésiculeuse et tendent à se rapprocher de certains spécimens de l'*O. vesicularis*.

Tunisie : Khanget Oguef; Sidi-bou-Ghanem; Bir Tamarouzit; Thala; Khanget Mezouna; Djebel Aneza; Khanget Safsaf; Djebel Bou-Driès; Djebel Dernaïa; Kef El-Hammam; Djebel Feriana. — Étage santonien.

M. Léon Dru cite en outre l'espèce au Khanget El-Aïeïcha.

Ostrea proboscidea d'Archiac in *Mém. Soc. géol. France*, sér. 1, II, 84, t. 11, fig. 9 [1837]; Coquand *Géol. et pal. rég. sud prov. Constantine*, 303 [1862]; Brossard in *Mém. Soc. géol. France*, sér. 2, VIII, 237 [1867]; Coquand *Mon. Ostrea*, 72, t. 15, fig. 10, t. 16, fig. 1-12, et t. 18, fig. 1-5 [1869]; Nicaise *Catal. anim. foss. prov. Alger*, 76 [1870]; Léon Dru in *Extr. Miss. Roudaire*, 52 et 53 [1881]; Cotteau, Peron et Gauthier *Descr. Échin. foss. Algérie*, Sénonien, 16 [1881]; Pomel *Texte explic. carte géol. Oran et Alger*, 29 [1882]; Peron *Essai descr. géol. Algérie*, 127 [1883]; Ficheur in *Bull. Soc. géol. France*, sér. 3, XVII, 256 [1889].

C'est conformément à l'avis positif de Coquand, mais sans conviction bien formelle, que nous avons assimilé à l'*Ostrea proboscidea* de la Touraine et des Charentes une huître vésiculeuse, toujours de petite taille, que l'on rencontre parfois en très grande abondance dans un certain niveau de la craie santonienne de l'Algérie.

Nous avons, ailleurs [1], indiqué les conditions du gisement de cette petite espèce et énuméré les diverses localités où nous l'avons rencontrée. Un bon nombre d'exemplaires ont été communiqués par nous à Coquand, qui les a reconnus identiques à ceux qu'il avait lui-même recueillis au même niveau, à Refana, à Aïn Saboun et dans de nombreuses autres localités.

A vrai dire, cette petite huître paraît bien difficile à distinguer des jeunes *O. vesicularis*. Son caractère le plus saillant est sa taille constamment petite et ce caractère ne laisse pas que d'avoir une certaine importance, quand on considère que, sur des centaines d'individus que nous avons pu ramasser dans une même couche, aucun ne dépasse une longueur de 2 à 3 centimètres. Il en est ainsi, du reste, dans plusieurs autres gisements, comme les Tamarins, les environs de Tiaret et même le sud de la Tunisie.

Dans ces conditions, en tenant compte, en outre, de la différence très sensible des niveaux stratigraphiques des deux espèces, il paraît utile de distinguer nos petites huîtres de l'*O. vesicularis* et, à l'exemple de la plu-

[1] *Essai descr. géol. Algérie*, p. 127.

part des géologues algériens, nous les avons inscrites dans nos catalogues sous le nom d'*O. proboscidea.*

Il n'est pas improbable cependant que parmi les citations assez nombreuses de cette espèce qui ont été faites dans les travaux de géologie algérienne, il n'y ait quelques confusions entre l'*O. proboscidea* et d'autres espèces voisines, notamment les *O. Costei* et *vesicularis.* M. Brossard, notamment, qui a exploré des régions où l'*O. Costei* est abondant, semble l'avoir déterminé comme *O. proboscidea.*

En traitant de l'*O. Costei*, nous avons eu l'occasion de faire connaître les caractères propres de cette espèce, et d'indiquer le niveau particulier qu'elle occupe dans le Nord africain.

En ce qui concerne l'*O. vesicularis*, nous entrerons plus loin dans quelques détails au sujet des rapports de cette espèce avec l'*O. proboscidea.* Ces rapports, nous le répétons, sont fort étroits. De grands paléontologues, d'Orbigny en particulier, ont réuni ces deux espèces. Coquand s'est appuyé, pour en maintenir la séparation, sur un caractère inexact. Il avance que dans l'*O. proboscidea* la petite valve est dépourvue de lignes rayonnantes. S'il en était ainsi, nos petites huîtres africaines ne seraient pas des *O. proboscidea*, car nous possédons un bon nombre d'individus sur la valve supérieure desquels on distingue fort nettement ces lignes rayonnantes. Mais le renseignement donné par Coquand est erroné. Dans plusieurs spécimens de l'*O. proboscidea* bien typiques, de la craie de Saint-Paterne, ces lignes rayonnantes sont également très nettes et très visibles. C'est là d'ailleurs un caractère général dans toutes ces huîtres vésiculeuses, dont on a fait le groupe des Pycnodontes, comme les *O. biauriculata*, *vultur*, *vesiculosa*, *Lesueuri*, *vesicularis*, etc.

Il serait singulier que l'*O. proboscidea*, de tous points si analogue à ces espèces, fît exception.

Nos *O. proboscidea* africains sont, comme nous l'avons dit, fort uniformes au point de vue de la taille, de la forme et des divers caractères. Tous sont lisses, sans ornementation, plus ou moins gryphéiformes et à valve supérieure concave. La seule variation que nous constations est celle qui résulte du plus ou moins d'adhérence de la coquille aux corps sous-marins. Le crochet est souvent intact et assez aigu, mais souvent aussi toute la partie antérieure de la petite coquille est aplatie ou déformée par une large surface d'attache.

L'*O. proboscidea* tel que nous venons de le définir, c'est-à-dire en individus toujours de petite taille, lisses et vésiculeux, se retrouve identiquement le même et au même horizon stratigraphique dans le sud de la Tunisie.

Tunisie : Djebel Aneza ; Khanget Mezouna ; Djebel Aïdoudi (versant sud) ; Thala ; Khanget Safsaf. — Étage santonien.

IMPRIMERIE NATIONALE.

Ostrea Langloisi Coquand; Nob. pl. XXIV, fig. 13-21. — *O. flabellata* Bayle in Fournel *Rich. minér. Algérie*, 360, t. 17, fig. 14-16 [1849] (non Goldfuss [1834]). — *O. spinosa* Coquand *Géol. et pal. rég. sud prov. Constantine*, 303 [1862] (non Matheron [1842]). — *O. Pyrenaica* Coquand, loc. cit., 307 [1862] (non Leymerie [1851]). — *O. Matheroni* Coquand, loc. cit., 307 (*ex parte*) [1862] (non d'Orbigny [1847]). — *O. Langloisi* Coquand in Brossard *Essai const. phys. et géol. rég. mérid. subd. Sétif* in *Mém. Soc. géol.*, sér. 2, VIII, 237 [1867]. — *O. Matheroni* Brossard, loc. cit., 237 [1867]. — *O. auricularis* Coquand *Mon. Ostrea*, 28 (*ex parte*) [1869] (non Wahlenberg [1821]). — *O. plicifera* Coquand, loc. cit., 80 (*ex parte*) (non Dujardin [1837]). — *O. Matheronana* Coquand, loc. cit., 62 (*ex parte*), t. 22, fig. 20 (non fig. 16-19, non d'Orbigny) [1847]. — (?) *O. Rhadamantus* Coquand, loc. cit., III, t. 15-17 [1869]. — *O. Langloisi* Coquand, loc. cit., 82, t. 11, fig. 11-16 [1869]. — *O. spinosa* Nicaise *Catal. anim. foss. prov. Alger*, 75 [1870] (non Matheron [1842]). — *O. Caderensis* Cotteau, Peron et Gauthier *Descr. Échin. foss. Algérie*, Ét. sénonien, 15 [1881]. — *O. Matheroni* Cotteau, Peron et Gauthier, loc. cit., 15 [1881] (*ex parte*). — (?) *O. Caderensis* Léon Dru in *Extr. Miss. Roudaire*, 52-53 [1881]. — *O. Langloisi* Peron *Essai descr. géol. Algérie*, 139 [1883]. — *O. Caderensis* Peron, loc. cit., 127 [1883]. — *O. Matheroni* Peron, loc. cit., 126 (*ex parte*) (non loc. cit., 133) [1883]. — *O. plicifera* Coquand, *Études suppl.*, 180 [1880]. — *O. Langloisi* Coquand, loc. cit., 181 [1880].

L'huître que nous désignons sous ce nom est une de celles dont l'étude taxonomique est le plus embarrassante pour les paléontologues. Les innombrables variétés qu'elle présente ont été classées par les auteurs dans de nombreuses espèces parmi lesquelles dominent les *Ostrea Matheroni*, *plicifera*, *spinosa*, *Caderensis*, etc. C'est à l'une de ces variétés seulement que Coquand a appliqué le nom nouveau d'*O. Langloisi* et, comme nous ne croyons pas devoir admettre l'identité de cette huître avec aucune des espèces déjà connues, nous avons adopté le nom proposé par Coquand en l'étendant à l'espèce tout entière. Il en résulte naturellement que la diagnose spécifique de l'*O. Langloisi* est complètement à remanier; mais la description et les figures données par Coquand sous ce nom restent parfaitement applicables à l'une des variétés les plus fréquentes de l'espèce.

L'*O. Langloisi* appartient au groupe de l'*O. flabellata*, dont il semble dériver, et au groupe des *O. plicifera* et *Matheroni*, auxquels il paraît aboutir. Il emprunte des caractères à ces trois espèces et forme entre elles un type intermédiaire, de même qu'il occupe, au point de vue stratigraphique, un horizon intermédiaire entre les leurs.

Il se produit dans l'*O. Langloisi* la même série de variations que nous retrouvons dans la plupart des huîtres du groupe des Exogyres, notamment dans les *O. Boussingaulti*, *flabellata*, *Olisiponensis*, *plicifera*, *Matheroni*, etc. D'une façon générale, ces variétés peuvent se résumer de la façon suivante :

1° Une variété sans côtes radiantes, plus ou moins lisse, dite généralement *var. lævigata*. C'est le type même que Coquand a décrit sous le nom d'*O. Langloisi;*

2° Une variété à côtes plus ou moins nombreuses et régulières, s'étendant sur toute la valve, ou sur l'un de ses côtés, ou même seulement sur une partie des valves; c'est la variété dite *plicata* ou *plicifera;*

3° Une variété écailleuse ou irrégulièrement épineuse, dite *var. spinosa* ou *var. scabra.*

Indépendamment des variations qui se produisent, sans cause apparente, dans l'ornementation des valves, il en est qui se produisent dans la forme de la coquille par suite de l'étendue de sa surface d'adhérence et de la nature des corps sous-marins sur lesquels elle s'était attachée. Très souvent, en effet, l'*O. Langloisi* est fixé sur d'autres coquilles par une grande partie de sa valve inférieure. Il en résulte une déformation et un aplatissement plus ou moins grand, suivant l'étendue de la surface de contact. Cette variation, d'ailleurs, est indépendante des autres, car elle se montre aussi bien dans les variétés lisses que dans les variétés plissées.

C'est à cette dernière forme largement fixée que nous avons appliqué le nom d'*O. Caderensis*, que plusieurs auteurs ont également adopté pour notre huître d'Algérie.

L'*O. Caderensis* a, comme on le sait, été créé par Coquand (*Mon. Ostrea*) d'après une petite huître très abondante dans les calcaires à Hippurites de la Cadière, près du Beausset (Var) [1]. Ainsi que nous l'avons déjà fait observer pour l'*O. Tisnei* et d'autres fossiles propres aux récifs coralligènes à Rudistes, l'*O. Caderensis* était toujours solidement soudé aux corps sous-marins. C'était une condition de vie indispensable dans cette formation sublittorale évidemment battue par les vagues d'une façon incessante. Le type de cette espèce, figuré par Coquand, et d'ailleurs médiocrement choisi, est un individu très petit et très déformé par l'adhérence. C'est, nous le reconnaissons, la forme habituelle dans les bancs à Hippurites; mais, dans les intervalles plus ou moins marneux de ces bancs, on peut recueillir abondamment des individus moins déformés, plus grands et plus complets.

Nous avons pu ainsi réunir une belle série d'individus présentant à des degrés divers le caractère propre à l'*O. Caderensis*, c'est-à-dire une surface d'adhérence prononcée, mais montrant en outre les caractères ornementaux et même la forme de l'espèce à l'état libre [2].

(1) C'est cette même huître que MM. Hébert et Munier-Chalmas ont nommée *Ostrea hippuritarum*, et sans doute il en est de même de celle donnée sous le nom d'*O. Mornasiensis* (*Descr. géol. bassin d'Uchaux*, 122, t. 5, fig. 11-12).

(2) Il semble évident que c'est à un individu intact et peu adhérent de l'*O. Caderensis* que Co-

C'est à la suite de la comparaison de cette série avec celle de nos *O. Langloisi* de l'Algérie, et après avoir constaté leur identité, que nous avions adopté d'une façon générale le nom d'*O. Caderensis* pour tout ce groupe d'huîtres algériennes.

Nous croyons devoir aujourd'hui revenir sur cette détermination. En fait, la forme *Caderensis* ne représente, comme la forme *Langloisi*, qu'une variété de l'espèce qui nous occupe, un peu plus abondante peut-être, et représentant quarante pour cent environ des individus, mais non mieux caractérisée. Il semble donc préférable, à défaut de nom applicable à l'ensemble, de choisir un nom déjà employé pour l'espèce algérienne.

Nous avons pu, depuis nos premiers travaux, examiner de nombreuses séries d'Exogyres de la craie de Touraine et des Charentes, et nous avons acquis la conviction qu'il faut renoncer à voir dans le type *O. Caderensis* autre chose qu'une variété locale de diverses huîtres, due à un mode particulier d'existence. Toutes les Exogyres de ce groupe, *O. Boussingaulti*, *flabellata*, *plicifera*, *Matheroni*, etc., ont leur variété *Caderensis*, plus ou moins fréquente suivant la nature du fond, mais toujours à peu près inséparable du type.

Il nous semble actuellement que cette variété largement fixée est aux Exogyres de la craie ce qu'est aux Huîtres vésiculeuses ou Pycnodontes l'*O. hippopodium* des auteurs. Toutes les Gryphées connues, comme les *O. vesiculosa*, *biauriculata*, *proboscidea*, *Costei*, *vesicularis*, etc., ont une variété, à valve inférieure amplement adhérente, ou aplatie, qu'il est impossible de séparer des *O. hippopodium*, d'où on peut conclure que cette dernière variété est également une forme particulière de plusieurs espèces et non une espèce distincte.

L'*O. Langloisi*, tel que nous l'interprétons, est extrêmement abondant dans certaines couches de l'étage santonien de l'Algérie et de la Tunisie. Il existe à peu près partout où se montre cet étage, et toutes ses variétés sont mélangées dans le même gisement et non cantonnées dans des couches ou dans des zones distinctes.

Dans certaines localités de l'Algérie, comme les environs de Bordj-bou-Areridj, de Mansourah, de Medjèz-el-Foukani, on peut recueillir cette huître par milliers d'individus. Nous en possédons encore plusieurs centaines réunissant toutes les variétés que nous avons rencontrées. La variété la plus fréquente est, comme nous l'avons dit, celle dite *Caderensis*, qui représente environ quarante pour cent du nombre total. La variété lisse,

---

quand a donné le nom d'*O. Dupuyi*. Quoique cette dernière espèce, qui provient également de la craie à Hippurites du Beausset, n'ait pas été figurée, nous retrouvons fort exactement son signalement dans certains de nos exemplaires non déformés par l'adhérence.

ou *O. Langloisi*, représente vingt pour cent des individus; les sujets costulés, voisins des *O. plicifera*, sont au nombre de vingt-cinq pour cent; ceux qui confinent aux *O. Matheroni* au nombre de cinq pour cent; quelques-uns confinent aux *O. spinosa*, et enfin le reste représente absolument un type assez remarquable de la craie d'Amérique, que Rœmer a décrit sous le nom d'*O. Texana*.

Cet *O. Texana*, auquel, malgré la grande différence apparente des types figurés, nous avons songé à assimiler tous nos exemplaires d'*O. Langloisi*, est évidemment au moins parent à un très proche degré de notre espèce. Toutefois il n'en représente qu'une variété relativement rare, caractérisée par des côtes rayonnantes sur toute la surface de la valve inférieure, et par une valve supérieure très saillante et reproduisant les côtes de l'autre valve. Quelques-uns de nos individus présentent parfaitement ces caractères, et ils peuvent être confondus avec l'*O. Texana*, mais ils sont en somme beaucoup moins fréquents que les autres variétés.

Il serait fort intéressant de savoir si cet *O. Texana*, dont Rœmer n'a représenté qu'un seul individu, n'offrirait pas les mêmes variations que notre *O. Langloisi*. Conrad[1] a réuni l'*O. Texana* de Rœmer à l'*O. Matheroniana* d'Orbigny. Sans doute on peut admettre cette manière de voir, et les différences ne sont pas bien grandes entre les deux espèces. Cependant, malgré notre tendance à la diminution aussi large que possible du nombre des types spécifiques, nous n'adopterons pas cette réunion. L'*O. Texana*, au moins autant que nous en pouvons juger d'après les figures, présente, avec l'*O. Matheroni*, les mêmes différences que notre *O. Langloisi*, c'est-à-dire qu'il est beaucoup plus large, moins arqué, à valve inférieure moins profonde et moins arrondie.

Certes, si nous n'avions eu à comparer avec les *O. Matheroni* qu'un seul exemplaire de l'*O. Langloisi*, ces quelques différences auraient pu nous paraître insuffisantes, car elles auraient pu être accidentelles ou propres à notre individu; mais quand des centaines d'exemplaires d'une espèce reproduisent constamment et régulièrement ces mêmes différences, on est porté à les prendre en considération.

Nous pensons donc que l'*O. Langloisi*, de même que l'*O. Texana*, doit être distingué de l'*O. Matheroni*. La confusion très fréquente qui a été faite de ces huîtres africaines par presque tous les auteurs montre, à la vérité, que cette distinction n'est pas toujours facile. Nous sommes cependant convaincu que tous les auteurs l'admettraient s'ils se trouvaient, comme

---

[1] *Palæontology and Geology of the Boundary*, 154, t. 8, fig. 1, et t. 11, fig. 1. Il est à remarquer que les huîtres que Conrad a figurées sous ce même nom, surtout celle de la planche 8, sont sensiblement différentes de l'*O. Texana* type de Rœmer.

nous, en présence des deux séries que nous en possédons et que nous avons étudiées.

Nous devons ajouter que, en ce qui concerne la distinction à établir entre les *O. Langloisi* et *Matheroni*, il existe un autre argument qui ne manque pas d'une valeur réelle. L'*O. Langloisi*, avons-nous dit, habite exclusivement les couches santoniennes du Nord africain; or, à un niveau bien plus élevé, dans les couches daniennes à *O. larva*, nous retrouvons, en Algérie, le véritable *O. Matheroni*, c'est-à-dire des individus bien identiques cette fois, sous tous les rapports, à ceux qui, en France, sont si abondamment répandus dans la craie supérieure du sud-ouest. Nous aurons l'occasion, ci-après, en mentionnant cette nouvelle espèce, de revenir sur ses caractères propres. Il nous suffit d'indiquer les différences principales qui nous empêchent d'y réunir les huîtres qui nous occupent ici, comme l'ont fait, au moins partiellement, les géologues africains.

Si l'assimilation de nos *O. Langloisi* avec une espèce connue nous eût paru possible, nous eussions préféré les réunir à l'*O. plicifera*, de l'étage santonien, dont les caractères principaux concordent mieux avec ceux de notre espèce. L'*O. plicifera* présente, comme l'*O. Langloisi*, des variétés très tranchées qui ont donné lieu à la création d'espèces distinctes, *O. auricularis* Brongn. (*Ceratostreon Delaunayi* Bayle), *O. spinosa*, etc., mais, comme l'ont très nettement fait ressortir MM. Hébert et Munier-Chalmas[1], toutes ces variétés doivent être réunies sous un même nom, parce que tous les passages se montrent de l'une à l'autre.

Nous avons été toutefois arrêté par diverses considérations. L'*O. plicifera* est toujours et partout régulièrement plus petit que notre *O. Langloisi*; il est plus étroit, moins costulé, et, dans certaines de ses variétés, beaucoup plus épineux, plus déprimé et aplati sur sa valve inférieure.

De même que pour l'*O. Matheroni*, nous possédons, de la Tunisie aussi bien que de l'Algérie, mais d'un niveau supérieur à celui des *O. Langloisi*, des spécimens d'huîtres qui réunissent véritablement les caractères de l'*O. plicifera*. Nous en ferons mention autre part.

De toutes les études et de toutes les comparaisons que nous avons dû faire, il résulte donc pour nous qu'il convient de conserver un nom distinct à cette huître exogyriforme, si commune dans les marnes santoniennes de l'Afrique. Il ne nous paraît pas nécessaire pour cela d'introduire un nom nouveau dans la nomenclature. Celui d'*O. Langloisi*, proposé par Coquand pour l'une des variétés, peut, sans difficulté, être étendu à toutes, à la

[1] *Descr. géol. bassin d'Uchaux*, 120.

condition de modifier la diagnose de l'espèce et de l'établir ainsi qu'il suit :

Coquille exogyriforme, de dimensions médiocres, dont les plus grands individus connus ne dépassent pas 60 millimètres de longueur et 40 de largeur. La dimension la plus ordinaire est 50 millimètres de longueur sur 35 de largeur.

Valve inférieure convexe, assez renflée, plus ou moins profonde, un peu recourbée, non rétrécie, et restant assez large. Cette valve est toujours fixée sur des corps sous-marins, le plus souvent sur d'autres coquilles, dont la surface d'adhérence reproduit très distinctement l'ornementation. Cette empreinte d'adhérence est souvent petite et réduite à une cicatrice qui n'affecte que le crochet. Fréquemment, c'est-à-dire dans le quart des individus environ, elle s'étend à la totalité ou à une grande partie de la valve inférieure.

La forme et l'ornementation de la surface de la valve inférieure sont très variables, même dans les individus qui se sont développés à peu près librement. Souvent cette valve est subcarénée au milieu; parfois elle est arrondie et même gibbeuse, parfois presque déprimée et élargie. La surface est fréquemment lisse ou simplement rugueuse par l'effet de plis concentriques irréguliers; quelquefois, mais rarement, elle porte des indices d'épines. Le plus souvent, la valve est garnie de côtes ou plis rayonnants assez nombreux, irréguliers, inégaux, ne se montrant ordinairement que sur le côté externe de la valve et accentués surtout au pourtour. Parfois, cependant, ces côtes s'étendent aussi sur le côté concave ou buccal de la coquille. On se trouve alors en présence d'une variété rappelant les *O. Texana*, *Matheroni* et même *flabellata*.

Quand la valve inférieure est très adhérente, la partie restée libre reproduit les mêmes ornementations. Le bord libre, redressé presque perpendiculairement à la surface d'attache, est parfois lisse et parfois costulé. C'est la variété *Caderensis*.

La valve supérieure est très généralement plane, lisse et simplement garnie de stries d'accroissement fines dans toute la partie centrale et de stries lamelleuses plus accentuées dans la bordure externe.

Il arrive quelquefois cependant que ces deux parties sont séparées par une carène un peu saillante, mais c'est là une exception assez rare. Il arrive aussi, et même plus fréquemment, que la valve supérieure porte, comme la valve inférieure, des côtes, ou au moins des rudiments et des indices de côtes rayonnantes. Nous évaluons à dix pour cent environ le nombre des individus qui présentent ce caractère. Nous avons jugé utile d'en faire figurer un dont l'aspect rappelle singulièrement celui de l'*O. Texana* type.

En ce qui concerne les différences d'avec les principales espèces voisines, nous rappellerons que l'*O. Langloisi* se distingue :

1° De l'*O. flabellata*, par sa forme bien moins régulière, moins déprimée, moins falciforme, par ses côtes moins nombreuses, plus inégales, n'atteignant pas le sommet, existant rarement sur le côté concave de la coquille et faisant même souvent complètement défaut. Enfin la valve supérieure est beaucoup moins saillante et moins carénée.

2° De l'*O. plicifera*, par sa taille toujours plus grande, moins étroite, moins allongée, par sa forme plus gibbeuse, beaucoup plus irrégulière, et par sa valve inférieure toujours pourvue d'une surface d'adhérence souvent très grande.

3° De l'*O. Matheroni*, par sa forme plus élargie, par sa valve inférieure moins convexe, moins profonde, moins costulée sur le côté concave, beaucoup moins épineuse, et enfin par sa valve supérieure plane, tandis qu'elle est très saillante et carénée dans l'*O. Matheroni.*

L'*O. Langloisi* est, comme nous l'avons dit, extrêmement abondant en Algérie. Sous divers noms, il a été signalé partout où se montrent les couches de l'étage santonien. Parmi les localités non encore citées, nous mentionnerons seulement les environs de Tiaret, où M. Welsch l'a rencontré récemment.

En Tunisie, cette espèce est non moins fréquente et son horizon stratigraphique est exactement le même. C'est dans les couches à *Buchiceras Fourneli, Ostrea dichotoma, Hemiaster Fourneli,* etc., que M. Ph. Thomas l'a constamment rencontrée.

Tunisie : Sidi-bou-Ghanem ; Khanget Mezouna ; Djebel Aneza ; Djebel Aïdoudi (versant sud) ; Djebel Dernaïa ; Thala ; Khanget Safsaf. — Étage santonien.

Ostrea hippopodium Nilsson, *Petr. Suec.*, 30, t. 7, fig. 4 [1827] ; Coquand *Mon. Ostrea,* 100, t. 18, fig. 1-5, t. 19 et t. 20, fig. 1-8 [1869], et *Études suppl.*, 182 [1879].

L'*Ostrea hippopodium*, comme on le sait, a pour caractère principal d'être soudé à d'autres corps par la plus grande partie ou même par toute la surface de sa grande valve. Il en résulte que les caractères propres et véritablement distinctifs de cette espèce sont assez malaisés à découvrir.

On a bien noté que les bords, c'est-à-dire la portion non adhérente de la grande valve, se relèvent perpendiculairement, mais il en est toujours ainsi chez les huîtres largement attachées. C'est une condition indispensable pour donner à la valve la profondeur nécessaire.

La valve inférieure, quand elle est libre, est lisse et seulement un peu lamelleuse ; la valve supérieure est plane ou concave et garnie de stries rayonnantes espacées, comme on le voit dans toutes les huîtres crétacées du groupe des Gryphées. La forme plane et les crochets contigus et droits de l'*O. hippopodium* résultent naturellement de la position dans laquelle l'huître s'est développée.

Ce type particulier d'*Ostrea* se retrouve dans tous les horizons du Crétacé supérieur et tout spécialement dans les gisements où habitent les huîtres vésiculeuses. Il est incontestable en effet que le nom d'*O. hippopodium* a été attribué fréquemment par les auteurs à des variétés très adhérentes, soit de l'*O. vesiculosa*, soit d'autres espèces comme les *O. proboscidea*, *biauriculata*, *Lesueuri* et surtout l'*O. vesicularis*. Nous possédons, de divers gisements, de nombreux spécimens de toutes ces espèces qui, par des passages gradués, arrivent à l'*O. hippopodium*. Dans la craie à Bélemnitelles du bassin parisien, l'*O. vesicularis* affecte souvent cette forme particulière. Il en est de même des *O. proboscidea* de la Touraine. L'exemplaire d'*O. hippopodium* de Saint-Paterne, figuré dans la *Monographie des Ostrea*, pl. 18, fig. 4 et 5, n'est certainement qu'un des *O. proboscidea* si abondants dans cette localité. Nous en avons plusieurs semblables et il est facile de voir combien ils se relient intimement aux autres.

Pour exposer nettement ici notre pensée, nous ne sommes pas certain qu'il existe réellement une espèce propre à laquelle revienne uniquement le nom d'*O. hippopodium*. Nous avons, pour nous faire une conviction, examiné le type de Nilsson et sa description de l'espèce et nous avons constaté que ce type peut être très bien une variété déprimée et adhérente de l'*O. vesicularis*. Il semble qu'une constatation analogue peut être faite pour les nombreux autres spécimens, plus ou moins complets, d'*O. hippopodium* qui ont été décrits par les auteurs.

Pour nous restreindre au Nord africain, nous rappellerons que M. Bayle avait rapporté à l'*O. biauriculata* une huître des environs d'El-Kantara que Coquand a ensuite assimilée à l'*O. Talmontiana* d'Archiac [1], puis à l'*O. hippopodium* [2]. Or, d'après nos recherches dans la même région, cette huître doit être une variété de l'*O. Costei*. C'est encore à cette dernière espèce et aussi à l'*O. vesicularis* qu'il faut rapporter d'autres *O. hippopodium* également cités en Algérie par Coquand lui-même.

En résumé, nous sommes donc fort disposé à croire que l'*O. hippopodium* est une forme particulière que peuvent revêtir la plupart des huîtres vésiculeuses. Il est pour ce groupe d'huîtres ce qu'est l'*O. Caderensis* pour les Exogyres de la craie supérieure et moyenne.

Sous réserve de ces observations, nous constatons l'existence en Tunisie d'assez nombreux spécimens d'huîtres qui présentent les caractères de l'*O. hippopodium* des auteurs, c'est-à-dire une valve inférieure presque entièrement adhérente, un bord relevé perpendiculairement, un ensemble

---

(1) *Géol. et pal. rég. sud prov. Constantine*, p. 304.

(2) *Mon. Ostrea*, p. 100, et *Études suppl.*, p. 182.

arrondi, une valve supérieure plane ou légèrement convexe, le tout sans ornementation distincte. Certains de ces individus qui proviennent du Khanget Mezouna (B de la coupe de M. Thomas) sont tout à fait typiques.

Ces exemplaires et d'autres provenant du Djebel Dernaïa appartiennent à l'étage sénonien; mais nous devons signaler en outre des spécimens également typiques, possédant les deux valves, dont l'inférieure a été fixée sur un corps cylindrique, sans doute une Bélemnite, et que M. Thomas a recueillis dans l'étage cénomanien supérieur d'El-Aïeïcha, couche à Rudistes.

Tunisie : Djebel Dernaïa; Khanget Mezouna. Étage sénonien. — El-Aïeïcha (couche à Rudistes). Étage cénomanien.

Ostrea semiplana Sowerby *Miner. conch.*, V, 144, t. 489, fig. 1 et 2 [1825]. — *O. plicatuloides* Coquand *Géol. et pal. rég. sud prov. Constantine*, 229, t. 20, fig. 5-7 [1862]. — *O. semiplana* Coquand *Mon. Ostrea*, 74, t. 28, fig. 1-15 [1869]. — *O. Reboudi* Coquand loc. cit., 41, t. 15, fig. 4-6 [1869]. — *O. Janus* Peron in *Bull. Soc. géol. France*, sér. 2, XXIII, 706 [1866]. — *O. plicatuloides* Nicaise *Catal. anim. foss. prov. Alger*, 78 [1870]. — *O. semiplana* Cotteau, Peron et Gauthier *Descr. Échin. foss. Algérie*, Ét. sénonien, 16 [1881]. — *O. sulcata* (*O. semiplana*) Peron *Essai descr. géol. Algérie*, 127 [1883]. — *O. semiplana* Peron *Notes hist. terr. de craie*, 179 [1887].

L'*Ostrea semiplana* est une espèce très répandue dans la craie supérieure du nord de l'Europe et qui, en raison de son polymorphisme, a donné lieu à la création de nombreuses espèces distinctes.

Sa longue synonymie, que nous ne jugeons pas nécessaire de reproduire ici, puisqu'elle a déjà été publiée par divers auteurs et en particulier par Coquand, ne comprend pas moins de quinze noms spécifiques différents. Il en est en outre plusieurs, spéciaux à la région africaine, que nous avons dû ajouter ci-dessus dans notre synonymie restreinte à cette région.

C'est à ce type spécifique, si polymorphe, que Coquand a cru devoir rapporter une huître, de taille assez petite, que l'on rencontre en extrême abondance dans les marnes santoniennes de certaines localités algériennes. Comme ce savant nous l'a dit lui-même, il n'a fait cette assimilation qu'après une longue hésitation et après avoir retrouvé, parmi les nombreux individus que nous lui avions communiqués, bon nombre de spécimens présentant tous les caractères du type de Sowerby.

Nous ne pouvons que souscrire à cette manière de voir de Coquand, tout en constatant que la majeure partie des exemplaires de l'huître en question s'éloignent tellement du type de la craie du Nord qu'il est bien difficile de l'y reconnaître.

Notre *O. semiplana* algérien est d'une taille toujours assez petite et bien loin d'atteindre les dimensions des exemplaires de Maëstricht ou de Ciply. Il présente des formes très diverses, tout en conservant sensiblement son ornementation composée de 5 ou 6 grosses côtes divergentes. Coquand, en raison des communications que nous lui avons faites, a pu faire figurer un bon nombre de variétés de cette huître; nous serions cependant en mesure d'en signaler bien d'autres au moins aussi accentuées. La forme principale et la plus fréquente en Algérie est celle que Coquand a représentée sur la planche 38, fig. 11 et 12 de sa *Monographie*, mais il est des individus bien plus étroits, plus déprimés, plus allongés, plus triangulaires, ayant des côtes plus nombreuses, plus irrégulières, parfois même un peu bifurquées vers l'extrémité palléale.

Il est étonnant que le savant spécialiste, qui a eu en mains une bonne partie de nos exemplaires, n'ait pas remarqué combien certains d'entre eux étaient semblables à cette petite huître de Boghar que lui-même avait décrite, en 1862, sous le nom d'*O. plicatuloides* et dont il a fait plus tard, dans sa *Monographie*, son *O. Reboudi.*

Cette espèce, que Coquand avait décrite avant de prendre le parti de réunir tous nos spécimens à l'*O. semiplana*, n'est en somme qu'une variété déprimée et très triangulaire de ce dernier.

Il existe encore dans la nomenclature une autre espèce qui présente avec nos *O. semiplana* d'Algérie une bien remarquable analogie. C'est l'*Ostrea* (*Alectryonia*) *Arcotensis* Stoliczka, de la craie supérieure de l'Inde (Arrialoor group). On retrouve dans cette huître, dont le gisement est si éloigné des nôtres, tous les caractères principaux de celle qui nous occupe. C'est la même taille, la même forme habituelle, le même système de côtes, les mêmes variations, et il nous paraît bien probable que cette huître de l'Inde doit être assimilée à notre espèce algérienne.

Coquand, dans sa *Monographie*, a indiqué l'*O. semiplana* comme spécial à l'étage santonien. En ce qui concerne le Nord africain, ce renseignement est exact, car jusqu'ici nous n'avons jamais vu l'espèce en Algérie ou en Tunisie en dehors de cet horizon. Mais cette indication est tout à fait inexacte en ce qui concerne l'Europe. Dans une petite étude que nous avons consacrée à l'*O. semiplana*, dans nos *Notes pour servir à l'histoire du terrain de craie*, nous avons montré combien avait été grande la longévité de cette espèce. Assez fréquente dans l'étage santonien de la Touraine, elle l'est davantage encore dans la craie campanienne et plus encore dans la craie grise de Ciply et dans le tuffeau de Maëstricht, c'est-à-dire dans l'étage danien.

En Tunisie, les exemplaires de l'*O. semiplana* sont moins abondants qu'en Algérie. Ils semblent présenter les mêmes variétés.

Tunisie : Djebel Aïdoudi; Djebel Dernaïa; Djebel Taferma (versant nord); Chebika (?). — Étage santonien.

Ostrea dichotoma Bayle in Fournel *Rich. minér. Algérie*, I, 365, t. 18, fig. 17 et 18 [1849]; Coquand *Géol. et pal. rég. sud prov. Constantine*, 233, t. 23, fig. 1 et 2 [1862]. — *O. Santonensis* Coquand, loc. cit., 304 [1862]. — *O. dichotoma* Brossard *Essai const. phys. et géol. rég. mérid. subd. Sétif* in *Mém. Soc. géol. France*, sér. 2, VIII, 237 [1867]. — *O. bidichotoma* Brossard, loc. cit., 237 [1867]. — *O. dichotoma* Hardouin in *Bull. Soc. géol. France*, sér. 2, XV, 339 [1868]; Coquand *Mon. Ostrea*, 99, t. 27, fig. 1-6 [1869]. — *O. acanthonota* Coquand, loc. cit., 103, t. 38, fig. 1-4 [1869]. — *O. Sollieri* Coquand, loc. cit., 56, t. 26, fig. 1 et 2, t. 27, fig. 7 [1869]. — *O. Deshayesi* Coquand, loc. cit. 88, t. 21, fig. 2 (*ex parte*, non. t. 21, fig. 1, nec t. 23 et t. 24). — *O. dichotoma* Nicaise *Catal. anim. foss. prov. Alger*, 77 [1870]. — *O. Santonensis* et *O. bidichotoma* Nicaise, loc. cit., 75 [1870]. — *O. dichotoma* Cotteau, Peron et Gauthier, *Descr. Échin. foss. Algérie*, Et. sénonien, 15 [1881]. — *O. acanthonota* Cotteau, Peron et Gauthier, loc. cit., 15 [1881]. — *O. dichotoma* Tissot *Texte explic. Carte géol. Constantine*, 29 [1881]; Léon Dru in *Extr. Miss. Roudaire*, 50 [1881]; Pomel *Texte explic. Carte géol. Alger et Oran*, 29 [1882]; Peron *Essai descr. géol. Algérie*, 140 [1883]. — *O. acanthonota* Peron, loc. cit., 145 [1883]; Ficheur in *Bull. Soc. géol. France*, sér. 3, XVII, 256 [1889].

Cette espèce a été créée par M. Bayle d'après une huître recueillie par H. Fournel dans l'étage santonien de Nza-ben-Messaï (les Tamarins), au sud de Batna.

D'après la diagnose, cette huître serait rectangulaire, oblongue et sensiblement équilatérale; sa valve supérieure serait plane et l'autre convexe; ses côtes, plusieurs fois dichotomées, seraient triangulaires et garnies d'écailles grossières. Coquand a reproduit en grande partie la diagnose de M. Bayle, mais il l'a modifiée sur plusieurs points importants, notamment en ce qui concerne la forme de la valve supérieure et la mention des écailles qui garnissent les côtes. Il persiste d'ailleurs à considérer l'espèce comme se distinguant de l'*Ostrea Deshayesi* (*O. Santonensis*) par sa forme non recourbée.

En réalité, l'*O. dichotoma* est extrêmement variable et beaucoup plus polymorphe que ne l'admettent les diagnoses en question. Si bon nombre d'individus sont étroits, allongés et presque droits, on peut dire que beaucoup plus souvent ils sont incurvés et falciformes. Les individus âgés surtout prennent une inflexion de plus en plus prononcée qui va parfois jusqu'au demi-cercle. Nous en possédons même qui présentent une double inflexion en sens inverse, affectant ainsi la forme d'un S.

Quant aux côtes, elles varient en nombre et en élévation. Elles sont quelquefois lisses, mais plus habituellement écailleuses, comme l'a dit M. Bayle. Il arrive même que les écailles constituent souvent de véritables épines. Ces côtes forment rarement, au pourtour, des dents aiguës et saillantes, comme on en voit dans l'*O. Deshayesi*. Ce n'est guère que dans les jeunes qu'une certaine dentelure existe; plus tard, par la superposition des lamelles d'accroissement, les bords s'épaississent et la tranche s'arrondit et se nivelle. Sur de très vieux individus que nous possédons, l'épaisseur de la valve est devenue énorme et toute trace de dentelure a disparu.

L'*O. dichotoma* a incontestablement de très grandes analogies avec l'*O. Deshayesi* Fischer (*O. Santonensis* d'Orb.). La forme générale et les variations principales de ces deux huîtres sont bien les mêmes. Le système des côtes rayonnantes plusieurs fois bifurquées est également identique. Les analogies entre ces espèces sont telles que, parmi les nombreux spécimens de l'*O. dichotoma* d'un même gisement, que nous avons communiqués à Coquand, il en est que ce savant a lui-même étiquetés de sa main *O. Deshayesi.* C'est en outre évidemment à des individus semblables, confinant aux types de la Touraine, que cette même détermination a été appliquée en Algérie par divers auteurs et par Coquand lui-même, notamment à des spécimens de Refana, de Nza-ben-Messaï et d'autres localités où abonde l'*O. dichotoma.*

Cette même variété qui, par ses côtes plus élevées, plus carénées et moins nombreuses, se rapproche de l'*O. Deshayesi*, existe également en Tunisie, notamment au Khanget Safsaf où M. Thomas en a trouvé de bons spécimens. Nous avons songé à leur appliquer, nous aussi, cette détermination, mais, examen fait d'une nombreuse série d'individus qui tous se relient intimement aux meilleurs types de l'*O. dichotoma*, nous avons préféré n'employer pour tous que cette dernière dénomination.

De tout ce qui précède il semblerait possible de conclure à la réunion des *O. dichotoma* et *Deshayesi.* Peut-être, en effet, pourrait-on les assimiler sans rencontrer aucune difficulté sérieuse ni aucun caractère propre qui s'y oppose. Cependant, après examen de la question et après comparaison avec des échantillons nombreux et variés d'*O. Deshayesi* de la Touraine et des Charentes, nous pensons qu'il est préférable de maintenir la séparation et de conserver le nom d'*O. dichotoma* à nos huîtres africaines. Il faut renoncer aux caractères distinctifs, tirés de la forme droite et rectangulaire, qu'avaient invoqués Bayle et Coquand, mais il reste le système des côtes, toujours plus nombreuses, moins saillantes, moins aiguës, plus écailleuses et épineuses, ne formant jamais au pourtour cette découpure en larges dents de scie qui donne à l'*O. Deshayesi* un aspect si remarquable. Il y a encore cet épaississement considérable de la coquille, qui, dans l'*O. dichotoma*, prend des proportions tout à fait inconnues dans l'autre espèce, puis une tendance bien plus prononcée à la tournure falciforme, et enfin une taille toujours moindre. Nos plus vieux individus sont loin d'atteindre la taille qu'on rencontre fréquemment chez les *O. Deshayesi.*

En ce qui concerne les horizons stratigraphiques respectifs, il y a d'ailleurs similitude absolue entre ces deux espèces. L'une et l'autre se montrent plus abondamment dans les assises santoniennes, mais toutes deux persistent dans le Campanien et même dans le Danien. En Algérie, l'*O. dichotoma* se rencontre encore dans les marnes à *Hemipneustes* et, dans la Charente, nous avons trouvé un superbe exemplaire d'*O. Deshayesi* dans la craie danienne à *Hippurites radiosus* et à *Lapeyrousia Jouanetti* du Maine-Roi.

Si nous sommes partisan de la séparation des *O. dichotoma* et *O. Deshayesi*, il n'en est plus de même pour quelques autres espèces qui ont été créées dans ce même groupe par Coquand. La plus ancienne est l'*O. Sollieri*. Coquand n'a créé cette espèce qu'avec doute. Il avoue lui-même que sa principale raison, c'est qu'elle a été trouvée dans un horizon un peu différent de celui de l'*O. dichotoma*. Les légères différences qu'il signale, forme plus droite, valves plus plates, côtes plus espacées, ne résistent pas à l'examen. Nous sommes donc absolument convaincu qu'il est nécessaire de supprimer cette espèce et de la faire passer dans la synonymie de l'*O. dichotoma* Bayle.

Il en est de même de l'*O. acanthonota* Coquand. Cette nouvelle espèce a été établie par Coquand sur des spécimens de Medjèz-el-Foukani et de Bordj-bou-Areridj que nous lui avons communiqués. Ils avaient été recueillis avec des *O. dichotoma* bien typiques et étaient confondus avec eux. Coquand a fait valoir que, tout en ressemblant à l'*O. dichotoma*, ils s'en distinguaient par leur forme recourbée et surtout par les écailles et les épines dont la surface des valves est hérissée. En ce qui concerne cette dernière différence, Coquand avait perdu de vue que ces écailles saillantes étaient précisément un des caractères attribués par M. Bayle à l'*O. dichotoma*. Quant à la forme recourbée, il est facile de voir dans notre collection qu'on la retrouve fréquemment dans les variétés étroites et non épineuses, aussi bien que dans les autres. Nous avons donc depuis longtemps réuni l'*O. acanthonota* à l'*O. dichotoma* et le type même du premier est placé dans notre collection au milieu d'une série où il semble impossible d'établir une coupure.

Parmi les autres espèces connues qui ont encore avec l'*O. dichotoma* des rapports bien étroits, on peut citer l'*O. Tisnei* Coquand, des calcaires à Hippurites de la Provence et des Corbières. Nous possédons de cette espèce des spécimens qui montrent avec l'huître algérienne des analogies telles qu'il semble bien difficile de les en séparer. Un des caractères propres les plus saillants de l'*O. Tisnei*, c'est qu'il est habituellement entièrement soudé aux corps ou rochers sous-marins. Or, ce n'est là qu'un caractère un peu accidentel, qui semble même une nécessité résultant du gisement de cette huître. Les bancs à Polypiers et à Rudistes, où on la trouve, constituaient en effet de véritables récifs battus incessamment par les flots; les huîtres, de même que les Spondyles et autres espèces robustes qui les habitaient, ne pouvaient y subsister qu'à la condition d'être solidement attachées aux rochers. Tous les spécimens que l'on trouve dans ces gisements sont donc plus ou moins déformés. Il n'en est pas de même pour d'autres que l'on rencontre, soit dans les niveaux supérieurs, comme aux Martigues, soit à un horizon inférieur, comme dans les grès d'Uchaux. Ces autres spécimens, que Coquand ne place pas dans l'*O. Tisnei*, mais bien dans l'*O. Deshayesi*, nous paraissent cependant devoir être assimilés aux *O. Tisnei* du Beausset. Ils ne présentent plus la large surface d'adhérence de ces derniers, ce qui s'explique par la différence des fonds marins habités, et alors les caractères ornementaux sont plus nets et plus faciles à comparer.

L'*O. Tisnei* nous semble donc être encore une espèce appelée à disparaître. Doit-elle être réunie à l'*O. dichotoma* plutôt qu'à l'*O. Deshayesi?* Sur ce point nous hésitons et les exemplaires que nous possédons nous laissent des doutes.

L'*O. dichotoma*, en y réunissant les *O. Sollieri* et *acanthonota*, qui n'en sont que de simples variétés, est aussi abondant en Tunisie qu'en Algérie. Toutes ses formes diverses, toutes ses variétés, épineuses, lisses, à côtes fortes et triangulaires ou à côtes arrondies et nombreuses, se retrouvent dans beaucoup de localités. Dans cette contrée, comme en Algérie, elles se fusionnent de telle sorte qu'il n'est pas possible de les séparer.

Tunisie : Djebel Dernaïa ; Djebel Bou-Driès ; Khanget Safsaf ; Djebel Aneza ; Djebel Taferma (versant nord) ; Sidi-bou-Ghanem ; Khanget Mezouna. — Étage santonien.

Ostrea gracilis Dujardin in *Mém. Soc. géol. France*, sér. 1, II, 2ᵉ partie, 230 [1837]. — *O. pusilla* Nilsson *Petr. Suec.*, 32, t. 7, fig. 11 [1827] (non *O. pusilla* Brocchi [1814]). — *O. carinata* Goldfuss (*ex parte*) *Petr. Germ.*, t. 74, fig. 6 (*a-h*) (non fig. *i-k*) [1814]. — *O. gracilis* Abbé Bourgeois in *Bull. Soc. géol. France*, sér. 2, XIX, 672 [1862]. — *O. Peroni* Coquand *Mon. Ostrea*, 95, t. 35, fig. 3-5 et t. 38, fig. 5-9 [1869]. — *O. pectinata* Coquand (*ex parte*), loc. cit., 77 [1869]. — *O. semiplana* Coquand (*ex parte*), loc. cit., 74, t. 28, fig. 14, et t. 34, fig. 15 [1869] (non Sowerby, 1817). — *O. cuculus* Coquand, loc. cit., 52, t. 17, fig. 19-21 [1869]. — *O. Peroni* Coquand, *Études suppl.*, 182 [1879]; Cotteau, Peron et Gauthier *Descr. Échin. foss. Algérie*, Ét. sénonien, 16 [1881]; Peron *Essai descr. géol. Algérie*, 128 [1883]. — *O. frons* (*ex parte*) Guillier *Géol. Sarthe*, 289 [1886]. — *O. Peroni* Peron *Notes hist. terr. de craie*, 180 [1887]; Ficheur in *Bull. Soc. géol. France*, sér. 3, XVII, 256 [1889]; De Grossouvre in *Bull. Soc. géol. France*, sér. 3, XVII, 515 [1889].

Coquand, dans sa *Monographie du genre Ostrea*, a donné le nom d'*O. Peroni* à une petite huître que nous avons recueillie dans les environs de Bordj-bou-Areridj. Cette huître, toujours de très petite taille et d'une ornementation très délicate, occupe, dans ce pays, aussi bien qu'aux environs de Mansourah, de Medjèz-el-Foukani, etc., un niveau constant dans les marnes supérieures de l'étage santonien. Elle s'y trouve en quantité prodigieuse, non seulement à l'état libre dans les marnes, mais à l'état de lumachelle dans les calcaires subordonnés. Nous possédons des morceaux de dalles calcaires d'un décimètre carré, sur lesquels on compte jusqu'à vingt-cinq de ces petites huîtres d'une conservation admirable.

Indépendamment de ce niveau de l'étage santonien, l'*O. Peroni* en occupe encore un autre bien plus élevé dans la série stratigraphique, au haut de l'étage danien, presque à la limite supérieure du terrain crétacé. Dans ce second horizon, l'espèce se reproduit avec ses mêmes caractères et son même degré d'abondance et garnit encore certaines dalles calcaires en nombre considérable.

Coquand a bien défini l'*O. Peroni*. Il en a représenté de nombreux individus montrant les diverses variétés de l'espèce et nous avons peu de chose à ajouter à sa description. Il convient seulement de ne pas considérer comme générale la forme plate que Coquand attribue à la valve supérieure. Il s'en faut de beaucoup que cette valve soit toujours ainsi. Le plus souvent la petite valve est à peu près aussi convexe que la grande. Nous ne connaissons aucun spécimen où cette valve soit concave à aucun degré.

Le savant auteur de la *Monographie du genre Ostrea* a considéré son *O. Peroni* comme étant spécial au terrain sénonien de l'Algérie et s'éloignant complètement de tous les types spécifiques connus. Ses conclusions ont été généralement admises et l'*O. Peroni* a pris place sans contestation dans nos catalogues.

Cependant, dans nos recherches au milieu des couches crétacées de la Provence, nous avions rencontré déjà une petite huître qui nous avait paru avoir avec l'*O. Peroni* de l'Algérie une analogie des plus complètes. Nous l'avons signalée dans nos travaux sur les terrains crétacés. Depuis, nous avons retrouvé des spécimens nombreux et également fort semblables dans beaucoup d'autres pays, notamment dans la craie de Saint-Paterne, dans la craie grise de Ciply, dans le tuffeau de Saint-Pierre de Maëstricht et enfin dans la craie à Bélemnitelles des environs de Reims. Nous avons dû chercher alors si cette petite huître, remarquable à plus d'un titre, n'avait pas été déjà signalée et nommée par les auteurs. Le plus souvent, et c'est un fait assez curieux, cette huître a été méconnue et considérée seulement comme le jeune d'autres espèces, telles que les *O. carinata*, *frons*, *larva*, etc. Un auteur seulement paraît lui avoir attribué un nom spécial, c'est Nilsson, qui, sous la dénomination d'*O. pusilla*, a décrit un individu bien semblable aux nôtres.

Ce nom de Nilsson eût donc été le plus ancien et devrait être employé, s'il n'eût déjà été affecté précédemment par Brocchi à une autre espèce. Coquand, dans sa *Monographie*, a fait ressortir ce double emploi et a appliqué à l'*O. pusilla* de Nilsson le nom nouveau d'*O. cuculus*.

Le nom d'*O. cuculus* n'est pas toutefois celui qu'il convient d'adopter. Il en existe un autre plus ancien et fort peu connu, qui nous paraît revenir de droit à notre espèce. C'est celui d'*O. gracilis* Dujardin.

Dujardin, dans son mémoire sur les couches du sol de la Touraine [1], a décrit, sous ce nom, mais malheureusement sans la figurer, une petite huître qu'il a trouvée souvent dans les escarpements au nord de Tours et près de Vouvray. La diagnose latine et les quelques mots qui la suivent sont un peu insuffisants pour faire reconnaître l'espèce à ceux qui n'ont pas étudié la craie de Touraine et ne possèdent pas la série de ses fossiles. Aussi l'*O. gracilis* est-il resté absolument inconnu de tous les spécialistes. D'Orbigny n'en a pas parlé. Coquand l'a inscrit seulement en synonyme de l'*O. pectinata* Lamarck. Guillier, dans sa longue nomenclature des fossiles sénoniens de la Sarthe, n'en a fait aucune mention et on peut présumer qu'il l'a confondu avec l'*O. frons*. L'abbé Bourgeois seul, dans son catalogue des fossiles sénoniens de Loir-et-Cher, a signalé l'existence de l'*O. gracilis* dans la zone à *Spondylus truncatus*, mais sans aucune mention spéciale et sans rien ajouter à la connaissance imparfaite qu'on avait de cette espèce.

Nous avons pu nous-même, ainsi que MM. Le Mesle, de Grossouvre et la plupart des géologues qui ont exploré la Touraine, recueillir dans la craie santonienne d'assez nombreux spécimens de l'huître en question. Nous avons reconnu, sans hésitation, son identité avec nos *Ostrea Peroni* de l'Algérie et nous avons fait mention de ce fait dans notre *Essai d'une description géologique de l'Algérie* [2] et dans nos *Notes pour servir à l'histoire du terrain de craie* [3]. Mais c'est seulement récemment, en compulsant de nouveau le mémoire de Dujardin, que nous avons reconnu que sa description de l'*O. gracilis* s'applique exactement à l'*O. Peroni* de la Touraine.

Dans ces conditions et quoique l'auteur n'ait pas figuré son espèce, nous jugeons équitable de reprendre le nom qu'il lui avait attribué. Celui d'*O. Peroni* qui, dans notre conviction, s'applique à la même espèce, doit donc passer en synonymie, de même que les noms d'*O. cuculus*, *O. pusilla* et autres.

Coquand a comparé l'*O. Peroni* aux *O. Villei* et *semiplana*. Les diffé-

---

(1) *Mémoires Soc. géol. France*, sér. 1, II, 2e partie, 230 [1837].
(2) 128 [1883].
(3) 180 [1887].

IMPRIMERIE NATIONALE.

rences sont telles entre ces huîtres et la nôtre qu'il nous paraît inutile d'y insister. Cependant, en ce qui concerne l'*O. semiplana*, c'est le plus souvent avec les jeunes de cette espèce que l'*O. gracilis* a été confondu. Nous avons aussi signalé plus haut sa confusion avec les jeunes des *O. frons*, *larva* et même *carinata*.

Toutefois l'*O. gracilis* se distingue bien nettement de toutes ces huîtres, non seulement par sa taille si constamment et si régulièrement très petite, mais par le système de ses côtes longitudinales et crénelées, par sa forme étroite et arquée, par son bord dentelé et par sa partie antérieure presque toujours fixée et souvent même déformée par une cicatrice d'adhérence.

L'*O. gracilis* paraît beaucoup plus rare en Tunisie que dans l'ouest de la province de Constantine. M. Thomas en a recueilli, au Khanget Tefel, d'assez nombreux spécimens dont l'identité avec ceux d'Algérie ne fait l'objet d'aucun doute.

L'aire géographique de cette espèce méconnue n'ayant pas encore été indiquée, nous jugeons utile d'en signaler ici les gisements qui nous sont connus.

Nord de l'Europe : Ciply (Hainaut) (craie grise); Maizières; Saint-Waast[1] (craie blanche); Saint-Pierre de Maëstricht (craie tuffeau); Köpingemolla (sables verts); Klein-Nauendorf, près Dresde (sables verts).

France : Saint-Paterne (moulin de Torchay); Tours; Vouvray; Moncontour, etc.; Le Beausset (marnes du Moutin); les Martigues; Reims (craie à *Belemnitella quadrata*). — Étages santonien et campanien.

Algérie : Mansourah; Bordj-Bou-Areridj; Medjèz-el-Foukani; Aïn Bessem. — Étage santonien.

Tunisie : Khanget Tefel. — Étage santonien.

Ostrea tetragona Bayle in Fournel, *Rich. minér. Algérie*, I, 367, t. 17, fig. 24-25 [1849]; Coquand *Géol. et pal. rég. sud prov. Constantine*, 229, t. 20, fig. 11-12 [1862], et *Mon. Ostrea*, 54, t. 24, fig. 4-6 [1869]; Ville *Explor. Beni Mzab*, 173 [1872]; Nicaise *Catal. anim. foss. prov. Alger*, 79 [1870].

C'est sans conviction bien arrêtée que nous rapportons à l'*Ostrea tetragona* Bayle, quelques spécimens recueillis par M. Thomas au Djebel Aneza. L'*O. tetragona* est une espèce insuffisamment définie et, quoique nous en ayons recueilli des exemplaires dans la localité même d'où provient le type, nous ne sommes pas bien fixé sur ses caractères propres. D'après M. Bayle, d'abord, et d'après Coquand qui a, en grande partie, reproduit la description première, les caractères spécifiques de cette huître résident surtout dans la forme quadrangulaire du pourtour. Les autres

(1) La collection de la Sorbonne en possède de bons exemplaires de cette localité. Elle en possède aussi de la Touraine et nous en avons remarqué des individus dans un tube, sans détermination.

caractères sont vagues et communs à beaucoup d'huîtres. C'est en effet une espèce tout à fait ostréiforme, d'assez grande taille, aux deux valves convexes, simplement lamelleuses et sans aucune ornementation spéciale. Or la forme du pourtour, sur laquelle seulement est basée la distinction spécifique, est tellement variable qu'on ne saurait s'appuyer sur ce caractère pour la détermination. En effet nos exemplaires d'*O. tetragona* de Nza-ben-Messaï sont plutôt arrondis au pourtour que carrés, et l'épithète de tétragones ne leur convient nullement.

Il en est de même de l'individu que Coquand a représenté dans la planche 24, fig. 4-6, de sa *Monographie*. Il serait difficile, en s'appuyant simplement sur la forme, d'identifier ces divers spécimens. Les différences qui les séparent des individus à forme élargie de l'*O. Boucheroni* sont peu sensibles. Il doit être souvent facile de les confondre, si tant est qu'il y ait réellement deux espèces à distinguer dans ce groupe. Nous devons cependant constater qu'en général l'*O. tetragona* est plus épais et plus renflé que l'*O. Boucheroni*. Il ne paraît pas avoir jamais, comme celui-ci l'a souvent, la valve supérieure concave, ni le crochet acuminé. En outre il paraît plus régulier de forme et non contourné comme l'*O. Boucheroni*.

C'est en tenant compte de ces différences que nous avons inscrit sous le nom d'*O. tetragona* plusieurs individus recueillis en Tunisie.

Tunisie : Djebel Aneza. — Étage santonien.

Ostrea canaliculata Sowerby (sub *Chama*) *Miner. Conch.*, V, 68, t. 26, fig. 1 [1813]. — *O. lateralis* Nilsson *Petr. Suec.*, 29, t. 8, fig. 7-10 [1827]. — *O. canaliculata* d'Orbigny *Pal. franç.*, Terr. crét., Lamellibranches, 709, t. 471, fig. 4-9 [1858]; Coquand, *Mon. Ostrea*, 128, t. 45, fig. 13 et 14, t. 47, fig. 7-10, t. 52, fig. 13, et t. 60, fig. 13-15 [1869]. — *O. lateralis* Coquand *Mon. Ostrea*, 96, t. 18, fig. 12, et t. 30, fig. 10-14 [1869]. — *O. canaliculata* L. Lartet *Géol. Palestine* in *Annales Soc. géol.*, III, 69 [1872]. — *Exogyra canaliculata* Seguenza, *Studi geol. e pal. sul cret. medio*, 176 [1878]. — *Ostrea lateralis* Léon Dru in *Extr. Miss. Roudaire*, 52 [1881].

A l'exemple de d'Orbigny, et contrairement à l'avis de Coquand, nous estimons que les *Chama* et *Gryphæa canaliculata* de Sowerby ne peuvent être spécifiquement distingués de l'*Ostrea lateralis* Nilsson. Les caractères différentiels que Coquand invoque pour maintenir la séparation de ces deux espèces n'ont aucune constance. L'examen de très nombreux spécimens que nous avons pu recueillir dans les divers étages crétacés nous a convaincu que partout on rencontre simultanément des individus présentant, à des degrés variables, les caractères donnés comme distinctifs par Coquand.

La cause principale qui paraît avoir motivé la séparation de l'*O. canaliculata* et de l'*O. lateralis*, c'est que le premier se trouve dans l'étage cénomanien, et le second dans la craie supérieure. Nous ne pouvons accepter ce motif comme suffisant. Il y aurait nécessité, si l'on adoptait ce principe, de créer encore plusieurs coupures dans cette forme d'*Ostrea*. Nous avons en effet montré ailleurs[1] que l'*O. canaliculata* est apparu dès l'étage aptien dans les Ardennes, et qu'il s'est dès lors perpétué sans changements appréciables à travers toute la série crétacée, montrant des individus nombreux dans tous les étages et même dans toutes les subdivisions successives de ces étages.

Peut-être même cette espèce a-t-elle franchi les limites de la période crétacée, pour se continuer dans les temps tertiaires? Leymerie, en effet, l'a retrouvée dans les fossiles nummulitiques du midi de la France, et si d'Orbigny a cru devoir donner le nom particulier d'*O. eversa* à cette huître du terrain suessonien, les motifs de cette distinction nous échappent. Tous les caractères principaux de l'*O. canaliculata* s'y reproduisent, et les deux huîtres nous paraissent identiques.

L'*O. canaliculata* n'avait pas été jusqu'ici rencontré en Algérie. Ce n'est que récemment que M. Welsch l'a trouvé dans les environs de Tiaret.

En Tunisie, les représentants de cette espèce sont assez abondants. Elle a été pour la première fois signalée dans ce pays sous le nom d'*O. lateralis* par M. Léon Dru, qui l'a rencontrée dans la craie supérieure de Ras-Khenafès, dans la région des chotts. Il est assez remarquable que jusqu'ici, dans le Nord africain, c'est seulement dans les diverses subdivisions de la craie supérieure que l'espèce semble exister. M. Ph. Thomas en a recueilli de bons spécimens dans plusieurs localités, mais toujours dans l'étage sénonien.

Un exemplaire recueilli au Bir Oum-el-Djof, à l'entrée nord du Khanget, est remarquable par sa taille et par sa belle conservation. La surface d'adhérence située, comme toujours dans cette espèce, sur le côté gauche du crochet, est très petite relativement à la taille de l'individu. Il en résulte que cet individu est peu déformé et constitue une variété assez rare; il est allongé et étroit; le crochet est acuminé, recourbé et un peu infléchi du côté buccal; la valve inférieure est renflée, courbe, à lamelles espacées, sans saillies; la valve supérieure est concave et ornée des lames concentriques régulières, saillantes et espacées, que l'on observe toujours dans l'espèce.

L'aire géographique occupée par l'*O. canaliculata* est en rapport avec son extrême longévité. Les localités où son existence a été signalée sont extrêmement nombreuses. C'est d'ailleurs une des espèces assez rares qui ont existé simultanément dans le bassin méditerranéen et dans le bassin anglo-parisien.

Parmi les gisements qui ont avec nos terrains tunisiens une analogie

---

[1] *Notes pour servir à l'histoire du terrain de craie*, 175 [1887].

complète, nous pouvons citer plusieurs localités du sud de l'Italie, de la Sicile et de la Palestine. Mais, contrairement à ce que nous voyons en Tunisie, c'est dans les couches cénomaniennes de ces localités que l'*O. canaliculata* a été rencontré.

Tunisie : Thala (ravin de l'est); Djebel Aneza (base du versant sud); Djebel Sidi-bou-Ghanem. — Étage santonien.

Bir Oum-el-Djof. — Étage campanien.

Ostrea laciniata Nilsson sp.; Nob. pl. XXV, fig. 54-56. — *Chama laciniata* Nilsson *Petr. Suec.*, 28, t. 8, fig. 2 [1827]. — *Ostrea laciniata* d'Orbigny *Pal. franç.*, Terr. crét., Lamellibranches, 739, t. 486, fig. 1-3 [1846]. — *O. laciniata* (?) Rolland in *Bull. Soc. géol. France*, sér. 3, IX, 532 [1881]. — *O. Coniacensis* Coquand *Mon. Ostrea*, 84, t. 26, fig. 6-10 [1869]. — *O. laciniata* Coquand, loc. cit., 55, t. 25, fig. 16, et t. 41, fig. 5 [1869].

Jusqu'ici cette intéressante espèce n'a encore été signalée dans le Nord africain qu'avec beaucoup de doute par M. Rolland, d'après un médiocre spécimen recueilli dans le Sahara avec des espèces purement cénomaniennes. Cependant elle est abondante dans certaines localités du Sud tunisien. C'est avec pleine confiance, en effet, que nous rapportons à l'*Ostrea laciniata* Nilsson quatorze spécimens qui ont été rencontrés par M. Thomas dans la craie supérieure, au Bir Khenafès et dans plusieurs autres localités.

Leur valve inférieure ne présente pas les petites rides ondulées que l'on observe sur certains exemplaires de la Touraine et que d'Orbigny a reproduites dans la figure de cette espèce, mais il y a lieu de remarquer que l'existence de ces petites rides est loin d'être générale. Tous les autres caractères sont bien reproduits dans nos individus. La valve inférieure est souvent subcarénée et ornée de gros plis lamelleux, irréguliers, formant des côtes divergentes, mais n'allant pas cependant jusqu'à former des digitations prolongées, comme nous en connaissons sur des spécimens de la Touraine. Le crochet est contourné en spirale sur lui-même, sans faire saillie sur le côté de la coquille. La valve supérieure est plane ou un peu concave, non carénée, lisse, ne présentant pas les lames concentriques plus ou moins serrées qui ornent cette valve dans la plupart des huîtres exogyriformes. Le bord externe de la valve supérieure est même, contrairement à ce qui a lieu ordinairement, relevé en dehors.

Coquand a considéré l'*O. laciniata* comme spécial à son étage campanien. Ce n'est pas exact. On le trouve en Touraine assez répandu dans la zone santonienne à *Spondylus truncatus*, et, d'autre part, il existe encore abondamment dans l'étage danien, à Royan (Charente-Inférieure), à Neuvic (Dordogne) et à Maëstricht. L'indication d'habitat dans le seul étage campanien, donnée par Coquand, provient en partie de ce que ce savant a cru devoir faire, sous le nom d'*Ostrea Coniacensis*, une espèce distincte avec les individus d'*O. laciniata* qui habitent le Sénonien inférieur.

Nous estimons que cette distinction n'est pas suffisamment motivée. Coquand a négligé de comparer son *O. Coniacensis* à l'*O. laciniata*, et l'a rapproché seulement de l'*O. plicifera* dont il diffère bien davantage. S'il eût indiqué les différences avec l'*O. laciniata*, nous aurions pu en apprécier la valeur, mais, pour nous, il n'en existe aucune de nature à entraîner la séparation de ces espèces.

L'*O. laciniata* est très répandu dans le nord de l'Europe, dans les Charentes, la Touraine, et jusque dans les Indes, où M. Stoliczka a découvert des exemplaires qui sont parfaitement identiques aux nôtres.

En Tunisie il est également abondant et a été rencontré dans de nombreuses localités.

Tunisie : Djebel Aïdoudi (versant sud); Khanget Mezouna; Khanget Safsaf (marnes et grès de la base). — Étage santonien.

Bir Khenafès. — Étage danien.

Ostrea Brossardi Coquand, emend. Thomas et Peron. — *O. Brossardi* Coquand apud Brossard *Essai const. phys. et géol. rég. mérid. subd. Sétif* in *Mém. Soc. géol. France*, sér. 2, VIII, 237 [1867]; Coquand *Mon. Ostrea*, 45, t. 10, fig. 15-19 [1869] et *Études suppl.*, 171 [1879].

Sous le nom d'*Ostrea Brossardi*, Coquand a compris deux huîtres qui sont bien distinctes. La première est représentée par les figures 15-17 de la planche 10 de la *Monographie*. C'est une coquille ostréiforme, large, arrondie, déprimée, dont les deux valves sont convexes et ornées l'une et l'autre de stries fines rayonnantes, très spéciales, qui donnent à cette huître l'aspect de certaines Plicatules. La seconde forme est représentée dans les figures 18-19 de la même planche. Cet autre individu est de taille plus petite, allongé, triangulaire, rugueux, plissé en travers, mais sans aucune trace de stries longitudinales. Coquand le considère comme un jeune de l'espèce.

Le second individu provient de notre collection. Nous en avons recueilli de très nombreux exemplaires dans les marnes santoniennes inférieures à *Hemiaster Fourneli*, à l'ouest et à proximité du petit Bordj de Medjèz-el-Foukani (province de Constantine). Nous en possédons encore actuellement une centaine, tous bien semblables entre eux et ne reproduisant jamais les caractères du spécimen adulte de Coquand. D'ailleurs nous n'avons jamais rencontré nous-même aucune huître assimilable à ce dernier type, qui provient exclusivement des découvertes de M. Brossard. Pour ces divers motifs, nous n'avons pas cru devoir adopter la réunion effectuée par Coquand.

Dans nos travaux sur l'Algérie nous nous sommes abstenu de mentionner l'*Ostrea Brossardi*, et nous avons, dans notre collection, désigné sous le nom d'*O. Thomasi* les individus de Medjèz-el-Foukani, indûment assimilés par Coquand à l'*O. Brossardi*.

Il convient aujourd'hui de régulariser cet état de choses et de définir exactement chacune de ces espèces.

Pour nous, c'est à l'huître figurée par Coquand, sous les numéros 15, 16 et 17 de la planche 10 de sa *Monographie*, que le nom d'*Ostrea Brossardi* doit être exclusivement réservé. Nous proposons, pour celle qui est représentée fig. 18 et 19, le nom d'*O. Thomasi*, que nous lui avions attribué depuis longtemps dans notre collection, et, quoique cette dernière espèce ne semble pas avoir encore été rencontrée en Tunisie, nous en donnerons ci-après la diagnose pour établir son identité.

La question du démembrement de l'*O. Brossardi* de Coquand étant ainsi résolue, nous croyons pouvoir attribuer à l'espèce type de Coquand une huître recueillie au Djebel Bou-Driès par M. Thomas. Nous n'en possédons qu'un exemplaire, et encore est-il incomplet, mais il présente bien le pourtour arrondi, la forme déprimée, et surtout les stries longitudinales si caractéristiques qui distinguent l'*O. Brossardi*. Cet exemplaire est assez voisin de forme des *O. Heinzi* de la même localité, mais ces derniers n'en possèdent pas les stries longitudinales. Peut-être cependant convient-il d'attendre des matériaux plus probants pour affirmer que ces exemplaires sont réellement distincts, et pour établir l'existence réelle en Tunisie de cet *O. Brossardi* de Coquand, que nous n'avons jamais pu rencontrer nous-même en Algérie.

Tunisie : Djebel Bou-Driès. — Étage santonien.

Ostrea Thomasi Peron. — *O. Brossardi* Coquand (*ex parte*) *Mon. Ostrea*, 45, t. 10, fig. 18 et 19 (non fig. 15-17) [1869].

Nous avons depuis longtemps désigné sous ce nom, dans notre collection, une petite huître de l'Algérie que Coquand a réunie à tort à son *Ostrea Brossardi*. Elle n'a pas encore été rencontrée en Tunisie, mais il nous a paru néanmoins nécessaire de la décrire dans le présent travail pour éviter toute nouvelle confusion avec l'*O. Brossardi*.

DIMENSIONS.

Longueur maxima, 30 millimètres; largeur, 10 millimètres.

Espèce très petite, renflée irrégulièrement, habituellement assez étroite, droite et allongée, parfois un peu élargie en arrière, mais toujours amincie aux crochets.

Valve inférieure convexe, à surface externe lamelleuse et garnie de plis concentriques irréguliers et fortement accentués. On n'y distingue ni costules, ni stries longitudinales radiantes.

Valve supérieure un peu moins convexe que la grande, ornée des mêmes plis concentriques.

Surface d'attache constante, mais toujours très petite.

Crochets courts, peu aigus, un peu aplatis par l'adhérence, souvent un peu infléchis du côté gauche.

L'*Ostrea Thomasi* est voisin de l'*O. Rouvillei* de l'étage cénomanien, et pourrait bien en être dérivé. Il s'en distingue cependant par sa forme habituellement plus épaisse, plus renflée, plus courte, moins étroite, plus élargie en arrière et ne présentant pas cette courbure en demi-cercle si fréquente dans l'*O. Rouvillei*. La surface des valves est beaucoup moins lisse, plus plissée et plus rugueuse.

Comparé à l'*O. Gauthieri*, que nous décrivons dans ce travail, l'*O. Thomasi* est moins allongé et moins étroit; ses crochets sont bien moins aigus, moins saillants; sa fossette ligamentaire beaucoup moins longue et moins découverte; sa valve supérieure moins plane et moins operculaire. Enfin on doit remarquer que l'*O. Thomasi* est toujours fixé par sa partie antérieure, tandis que tous nos exemplaires de l'*O. Gauthieri* semblent avoir été libres.

L'*O. Heinzi* est bien plus court, plus rond, plus gibbeux et souvent plissé longitudinalement.

Nous avions enfin pensé que nos *O. Thomasi* pouvaient être des jeunes de l'*O. Boucheroni*, mais le niveau géologique où nous les avons trouvés n'est pas le même que celui de ce dernier, et jamais, au milieu des nombreux individus recueillis, il ne s'en est trouvé qui aient les caractères des *O. Boucheroni* adultes. Les jeunes *O. Boucheroni* semblent d'ailleurs plus plats, plus minces, à crochet plus aigu, à surface plus lisse, à valve supérieure plus concave.

Le niveau stratigraphique de l'*O. Thomasi* est le Santonien inférieur, et sa provenance, les environs de Medjèz-el-Foukani, province de Constantine.

Ostrea Tunetana Munier-Chalmas in *Extr. Miss. Roudaire*, Paléont., 68, t. 1, fig. 1-5 [1881]; Nob., pl. XXV, fig. 1-8.

Nous rapportons, non sans quelque doute, à l'*Ostrea Tunetana* un assez grand nombre de spécimens recueillis dans divers gisements de la Tunisie méridionale. Les caractères généraux de tous ces spécimens sont bien ceux de l'espèce. Ils sont ostréiformes, plus longs que larges, déprimés, à valve inférieure un peu convexe, à valve supérieure plate, toutes deux couvertes de lamelles serrées et saillantes, l'inférieure montrant en outre quelquefois de vagues plis rayonnants. Le crochet est long, assez effilé, souvent acuminé et parfois un peu infléchi sur le côté droit. La fossette ligamentaire est longue, assez étroite et largement découverte.

Tous ces caractères sont bien ceux que M. Munier-Chalmas a indiqués pour son *Ostrea Tunetana*. Les différences que nous pouvons signaler consistent : 1° dans la taille qui, sur nos vingt-cinq exemplaires, est constamment petite ou médiocre, tandis qu'elle devient même considérable dans l'*O. Tunetana* type ; 2° dans la forme plus régulière et un peu plus déprimée des deux valves, et dans le mode d'attache des individus qui souvent sont accolés par deux sur toute la surface de la valve inférieure ; 3° dans l'absence d'expansion lamelleuse sous le talon.

M. Munier-Chalmas a comparé l'*O. Tunetana* à l'*O. Auressensis*. On peut encore, et même plus facilement, le confondre avec certains *O. prælonga* Sharpe, avec quelques variétés de l'*O. Boucheroni* Coquand, et avec l'*O. acutirostris* Nilsson.

En ce qui concerne les *O. prælonga*, on observe que généralement ceux-ci sont plus étroits, plus allongés, à fossette ligamentaire beaucoup plus développée et sans aucune trace de côtes ou plis radiants. Il n'est pas impossible cependant que ces différences disparaissent, au moins partiellement, quand on peut comparer des individus également âgés et de grande taille.

On doit considérer à ce sujet que le gisement que nous avons attribué à nos *O. prælonga* de Tunisie est, stratigraphiquement, fort éloigné de celui des *O. Tunetana*. Cette dernière espèce est, d'après M. Léon Dru, de l'étage sénonien, tandis que l'*O. prælonga* est de l'Albien supérieur. Il faut remarquer cependant que le gisement du Djebel Diabit, où M. Léon Dru a rencontré l'*O. Tunetana*, est insuffisamment déterminé. Ce savant n'en a donné aucune coupe stratigraphique permettant de voir les relations de ce gisement avec les horizons fossilifères connus, et, d'autre part, il n'y mentionne aucun autre fossile que cet *O. Tunetana*.

La distinction d'avec l'*O. Boucheroni* est peut-être plus facile. Cette dernière huître est plus mince, plus plate, plus irrégulière de forme, moins allongée, à surface plus lisse, à crochet moins aigu et à fossette ligamentaire moins longue.

En ce qui concerne l'*O. acutirostris*, la comparaison est assez difficile et la question fort complexe. Il faudrait d'abord définir, plus nettement qu'elle ne l'est, cette espèce, sur l'identité de laquelle nous sommes mal fixé. Coquand a déterminé sous ce nom certaines huîtres d'Algérie, et nous-même avons suivi son exemple, mais nous avons des doutes profonds sur le bien fondé de cette détermination.

Le type de l'*O. acutirostris* Nilsson est, comme on le sait, de la craie supérieure du nord de l'Europe[1]. C'est une huître mince, plate, allongée, à crochet acuminé, dont la valve inférieure est ornée de plis radiants.

---

[1] Nilsson *Petrefacta suecana*, 31, t. 6, fig. 6 (a-b).

Les figures de Nilsson ne reproduisent pas la surface externe de cette valve, et, par conséquent, ce dernier caractère échappe à l'examen si l'on n'a pas le soin de se reporter à la diagnose latine de l'auteur.

Goldfuss[1] a décrit et figuré, sous ce même nom, une huître de la craie tuffeau de Maëstricht qui présente bien les plis radiants signalés par Nilsson, mais l'exemplaire de Goldfuss est beaucoup plus petit et de forme assez différente de celui de Nilsson.

Nous avons pu nous-même recueillir à Fauquemont et à Saint-Pierre de Maëstricht d'assez nombreux spécimens qui correspondent parfaitement au type de Goldfuss, et il ne nous paraît pas démontré qu'ils soient identiques à celui de Nilsson. En résumé, ce dernier type est, à notre avis, peu ou pas connu en France.

A la vérité, d'Orbigny d'abord, et après lui Coquand et la plupart des géologues, ont assimilé à l'*O. acutirostris* Nilsson une huître très abondante dans la craie à Hippurites supérieure de la Provence, que M. Matheron[2] avait décrite précédemment sous le nom d'*O. Gallo-provincialis*. C'est seulement un exemplaire de cette dernière que d'Orbigny a figuré comme type de son *O. acutirostris*. Quant à Coquand, après avoir reproduit simplement les types de l'*O. acutirostris* de Nilsson et de Goldfuss, il a figuré sous le même nom un individu de l'*O. Gallo-provincialis*, de la Provence, et en outre une huître de l'Algérie, de notre collection.

Il en résulte que les auteurs français n'ont, en réalité, rien ajouté à la connaissance imparfaite que nous avions du type réel de l'*O. acutirostris* de la craie blanche du Nord.

L'identité de cette espèce avec l'*O. Gallo-provincialis* du midi de la France nous paraît fort douteuse. Nous avons pu recueillir en Provence de très nombreux spécimens de l'*O. Gallo-provincialis*, et nous remarquons que tous ont un test beaucoup plus robuste, une forme plus épaisse, renflée, et souvent divisée en deux parties par un lobe latéral, une fossette ligamentaire moins longue et moins découverte; enfin aucun d'eux ne montre de plis rayonnants ou de crénelures au pourtour.

En ce qui concerne les exemplaires de l'Algérie, qui ont été assimilés à l'*O. acutirostris*, la dissemblance est encore plus prononcée. Coquand, dans la planche 36 de sa *Monographie*, en a représenté plusieurs qui ne rappellent en rien le prototype de Nilsson. Ce sont, pour nous, des variétés de l'*O. tetragona*, ou peut-être de l'*O. Boucheroni*. Quant aux in-

---

[1] Goldfuss *Petr. Germ.*, II, 23, t. 82, fig. 3.

[2] *Catal. corps org. foss. Bouches-du-Rhône*, 193, t. 32, fig. 3.

dividus que nous-même, dans notre *Mémoire sur la géologie des environs d'Aumale*[1], avons aussi déterminés comme *O. acutirostris*, nous les considérons aujourd'hui comme une variété un peu acuminée de l'*O. Bourguignati* Coquand.

Dans ces conditions, et après les explications qui précèdent, il ne nous est pas possible d'attribuer le nom d'*O. acutirostris* aux échantillons tunisiens dont nous nous occupons dans le présent article.

Quelques-uns d'entre eux, par leur crochet très aigu, par leur forme ovale et un peu allongée et par leur test foliacé, se rapprochent beaucoup de l'*O. Gallo-provincialis.* D'autres, à crochet infléchi, rappellent le type de l'*O. curvirostris* Nilsson, qui pour nous n'est qu'une variété de l'*O. acutirostris*, mais toutes nos coquilles sont plus robustes que ces dernières. En outre, les plis ondulés radiants qu'on distingue souvent sur leur grande valve donnent à nos échantillons un caractère particulier qui paraît suffisant pour les distinguer des *O. Gallo-provincialis*, *Boucheroni*, *tetragona* et autres espèces voisines.

Pour que les géologues de l'avenir puissent mieux distinguer l'espèce qui nous occupe et la séparer ultérieurement, s'il y a lieu, de l'*O. Tunetana*, nous jugeons utile d'en faire figurer quelques spécimens de diverses formes.

Indépendamment des individus recueillis par M. Ph. Thomas, nous estimons qu'il est possible encore de réunir à l'*O. Tunetana* des individus recueillis par M. Letourneux à Chebika et qui nous ont été communiqués par M. Le Mesle. Ils sont ostréiformes, allongés, acutirostres, à valve lamelleuse et plissée longitudinalement, comme le type, mais la valve inférieure est beaucoup plus profonde et renflée. Un fragment identique à ces spécimens a d'ailleurs été rencontré par M. Thomas au Khanget Safsaf. Les figures 4-6 de notre planche représentent un de ces individus de Chebika.

Tunisie : Kef El-Hammam; Djebel Feriana; Djebel Dagla; Khanget Goubel; Khanget Oguef; Chebika; Sidi-bou-Ghanem (?). — Étage santonien.

Ostrea Pomeli Coquand *Mon. Ostrea*, 46, t. 11, fig. 5-10 [1869]; Cotteau, Peron et Gauthier *Descr. Échin. foss. Algérie*, Ét. sénonien, 16 [1881]; Coquand *Études suppl.*, 172 [1879]; Léon Dru in *Extr. Miss. Roudaire*, 51 et suiv. [1881]; Peron *Essai descr. géol. Algérie*, 128 [1883]; Ficheur in *Bull. Soc. géol. France*, sér. 3, XVII, 247 [1889].

Les types de l'*Ostrea Pomeli* ont été recueillis par M. Brossard au Djebel Mzeïta. Ils ont été communiqués à Coquand qui les a décrits seulement dans sa *Monographie du genre Ostrea*. Les matériaux n'étaient probable-

---

[1] *Bull. Soc. géol. France*, sér. 2, XXIII, 705 [1866].

ment pas tout à fait suffisants, car la définition de l'espèce nous semble être restée incomplète. Si l'on s'en tient à la description, l'*O. Pomeli* serait bien difficile à séparer de l'*O. Nicaisei*. Il est incontestable même que l'un des types figurés par Coquand (pl. 2, fig. 8-10) doit être rattaché à cette dernière espèce, le premier (fig. 5-7) restant seul comme le véritable type de l'*O. Pomeli*.

On doit rectifier d'ailleurs une inexactitude, sans doute un *lapsus calami*, qui s'est glissée dans la description. Il y est dit que la valve supérieure est convexe, et cependant la figure montre cette valve nettement concave, ce qui est confirmé dans la note sur les rapports et différences, où Coquand indique que l'*O. Pomeli* se distingue, par sa valve supérieure concave, de l'*O. Nicaisei* qui a les deux valves convexes.

Nous avons pu nous-même, tant au Djebel Mzeïta qu'à Medjèz-el-Foukani, recueillir de nombreux individus de l'*O. Pomeli*. Quoique voisins de forme de l'*O. Nicaisei*, ils ne nous paraissent pas devoir lui être réunis. Ils confinent d'ailleurs également, par certaines de leurs variétés, à l'*O. Boucheroni* Coquand, de l'étage santonien, et constituent réellement une forme intermédiaire entre ces deux espèces.

Il est à remarquer à ce sujet que l'*O. Pomeli* est, au point de vue stratigraphique, également intermédiaire entre l'*O. Boucheroni* et l'*O. Nicaisei*. Il habite plus spécialement un niveau marneux, que nous avons, dans nos travaux sur l'Algérie, rattaché à l'étage santonien, mais qui est situé à la partie tout à fait supérieure de cet étage, un peu au-dessous de l'horizon à *O. Nicaisei*.

Une autre forme à laquelle Coquand a négligé de comparer son *O. Pomeli* est l'*O. Forgemoli* Coquand, qui, comme l'*O. Nicaisei*, habite aussi les marnes campaniennes[1]. Si l'on ne considère que certains types extrêmes de cet *O. Forgemoli*, on remarquera des différences accentuées; mais parmi les individus très nombreux que nous en avons pu recueillir, il en est qui se rapprochent singulièrement de l'*O. Pomeli*. Nous aurons d'ailleurs, en traitant de l'*O. Forgemoli*, l'occasion de montrer que cette espèce réclame une revision. Pour le moment, nous nous contentons d'indiquer sa parenté avec l'*O. Pomeli*. On pourrait préjuger que ce dernier est la souche commune d'où proviennent les *O. Nicaisei* et *Forgemoli*.

En résumé, malgré ses variations et ses affinités, qui rendent parfois bien difficile la détermination de ses individus, nous demeurons complètement partisan du maintien de l'*O. Pomeli*. Dans son type principal,

---

[1] Notre observation s'applique spécialement à cette forme d'*O. Forgemoli* que Coquand a représentée dans les figures 9-11 de la planche 21, et dont nous avons fait l'*O. Tissoti*.

qui, comme nous l'avons dit, occupe stratigraphiquement un niveau spécial, il est bien caractérisé et suffisamment reconnaissable. Il se distingue de l'*O. Nicaisei* par sa forme plus allongée et moins ronde, par son crochet saillant, droit et acuminé, par ses plis rayonnants onduleux, peu nombreux et fort irréguliers. Contrairement à ce qui existe dans l'*O. Nicaisei*, la valve supérieure est habituellement concave, sa forme est plus déprimée et moins épaisse.

Relativement à l'*O. Forgemoli*, l'*O. Pomeli* se distingue surtout par ses plis radiants moins nombreux et moins droits.

L'existence de l'*O. Pomeli* en Tunisie a déjà été signalée par M. Léon Dru. Cet explorateur l'a rencontré dans plusieurs localités, parmi lesquelles on peut citer les Djebel Aïdoudi, Djebel Kebiriti, Khanget El-Aïeïcha, Ras Khenafès, etc.

C'est également dans une de ces localités, au Djebel Aïdoudi, que M. Thomas a recueilli les exemplaires bien typiques que nous avons sous les yeux. Ils se trouvaient dans l'étage santonien. Nous ne connaissons l'espèce dans aucun des autres gisements.

Tunisie : Djebel Aïdoudi (versant sud). — Étage santonien.

Ostrea plicifera (sub *Gryphæa*) Dujardin in *Mém. Soc. géol. France*, sér. 1, II, 229 [1837]. — *O. spinosa* Coquand *Géol. et pal. rég. sud prov. Constantine*, 303 [1862]. — *O. plicifera* Coquand *Mon. Ostrea*, 80, t. 36, fig. 1-8 [1869]. — *O. spinosa* Nicaise *Catal. anim. foss. prov. Alger*, 75 [1870]. — *O. plicifera* Rolland (?) in *Bull. Soc. géol. France*, sér. 3, IX, 532 [1881]; Léon Dru in *Extr. Miss. Roudaire*, 50-54 [1881].

Nous attribuons à cette espèce un assez grand nombre d'exemplaires d'une huître d'assez petite taille, recueillis dans la craie supérieure de la Tunisie. Ils présentent parfaitement la taille, la forme étroite, arquée et très déprimée en dessus, et les plis épineux, espacés et limités au côté externe, que l'on retrouve dans les spécimens de l'*Ostrea plicifera* de la Touraine, des Charentes ou de la Provence. Ces exemplaires se trouvent, en Tunisie, en compagnie de l'*O. Matheroni*. Par suite on pourrait être tenté d'y voir une simple variété de ce dernier. Nous croyons cependant, en raison des différences constantes des deux types, devoir en maintenir la distinction, comme l'ont fait MM. Hébert et Munier-Chalmas[1]. Il est d'ailleurs à remarquer que, dans les Charentes, l'*O. plicifera*, très caractérisé par sa valve inférieure très plate, lisse en dessus, anguleuse sur le côté et ornée, de ce même côté, de larges plis épineux, remonte également jusque dans la craie à *O. Matheroni*, et qu'il se distingue très bien de ce dernier. Or nous possédons en Tunisie exactement cette même forme de l'*O. plicifera*. Elle s'y trouve en compagnie de plusieurs autres variétés, mais à l'exclusion de cette forme entièrement

[1] *Descr. géol. bassin d'Uchaux*, 120.

lisse, à crochet très contourné et relevé en dessus, que l'on trouve abondamment dans les carrières de Couture (Loir-et-Cher) et dont M. Bayle a fait le *Ceratostreon Delaunayi*. C'est cette même variété lisse que Brongniart avait appelée *Ostrea auricularis*, nom qui a été usité pendant longtemps pour cette huître et qui a dû être abandonné parce qu'il avait été déjà affecté à une autre espèce. Nous avons indiqué ailleurs, dans notre article sur l'*O. Langloisi*, quels sont les rapports de l'*O. plicifera* avec cette espèce qui habite un niveau sensiblement inférieur. Il n'est pas nécessaire d'y revenir, car quoique des confusions soient possibles entre certains spécimens choisis de ces deux huîtres, chacune d'elles dans son ensemble se distingue facilement. L'*O. plicifera* est toujours plus petit, plus étroit, plus déprimé, plus épineux, plus régulier, beaucoup moins attaché, etc.

C'est sous le nom d'*O. spinosa* Matheron que l'huître qui nous occupe a été d'abord signalée en Algérie. On sait en effet que cette espèce, si abondante dans les marnes du Crétacé supérieur de la Provence, a été réunie par les spécialistes à l'*O. plicifera* Dujardin. Il est incontestable cependant que l'*O. spinosa* constitue dans ce groupe une variété assez tranchée et bien constante, dont il est bon de maintenir l'indication, comme l'ont fait MM. Hébert et Munier-Chalmas.

Nous sommes d'ailleurs convaincu, d'après l'examen des gisements, que ce nom d'*O. spinosa* a été appliqué, non pas à l'huître dont nous nous occupons ici, mais à une variété de l'*O. Langloisi*. Il en est encore ainsi de la citation qu'a faite Coquand[1] de l'*O. plicifera* à Bordj-bou-Areridj, Refana, etc., où, d'après ce savant, c'est nous-même qui l'aurions recueilli. Il s'agit évidemment ici des variétés plissées de l'*O. Langloisi*.

L'*O. plicifera* vrai, tel que nous l'avons défini, a déjà été signalé en Tunisie par M. Léon Dru qui, lors de la mission Roudaire dans les Chotts sahariens, en a rencontré dans plusieurs localités des spécimens de formes variées. Parmi ces localités, dont quelques-unes ont été également explorées par M. Thomas, on peut citer le seuil de Kriz, le Djebel Tabaga, le Djebel Aïdoudi, etc. Les exemplaires variés et très bons que M. Thomas a recueillis proviennent des gisements ci-après, qui appartiennent tous à la craie supérieure.

Tunisie : Bir Magueur; Djebel Aïdoudi (versant nord); Djebel Blidji (versant nord). — Étage danien.

---

[1] *Études supplémentaires*, p. 180.

Ostrea vesicularis Lamarck in *Ann. Mus.*, VIII, 160, t. 22, fig. 3 [1806]; Renou *Explor. scient. Algérie*, 36 [1848]; Bayle in Fournel *Rich. minér. Algérie*, II, 367 [1849]; Coquand *Géol. et pal. rég. sud prov. Constantine*, 306 [1862]; Brossard in *Mém. Soc. géol. France*, sér. 2, VIII, 241 [1867]; Coquand *Mon. Ostrea*, 35, t. 13, fig. 2-10 [1869]; Nicaise *Catal. anim. foss. prov. Alger*, 78 [1870]; Cotteau, Peron et Gauthier *Descr. Échin. foss. Algérie*, Sénonien, 19 [1881]; Léon Dru in *Extr. Miss. Roudaire*, 50 [1881]; Peron *Essai descr. géol. Algérie*, 129 [1883]. — *Gryphæa vesicularis* Zittel *Libysch. Wüste*, 65 [1883]. — *Ostrea vesicularis* Ficheur in *Bull. Soc. géol. France*, sér. 3, XVII, 256 [1889].

L'*Ostrea vesicularis*, si connu et si répandu dans les assises du terrain crétacé supérieur de toute l'Europe, est également fort abondant dans le nord de l'Afrique. Rencontré dès les premières explorations en Algérie, il a été signalé d'abord par Renou qui l'avait rencontré au pied du Djebel Mzeïta, au sud-ouest de Sétif, où nous l'avons nous-même recueilli depuis en grande quantité.

Il a été signalé ensuite par Fournel, qui l'avait trouvé dans les marnes d'El-Kantara, au sud de Batna.

Depuis ce moment, la plupart des géologues qui ont étudié l'Algérie l'ont également mentionné.

C'est toujours dans les assises supérieures de l'étage sénonien, c'est-à-dire dans cette masse marneuse attribuée par nous à l'étage campanien de Coquand, que l'*O. vesicularis* se rencontre abondamment et sous sa forme la plus typique.

A la vérité, on trouve bien parfois, dès l'étage santonien, quelques individus qu'il n'est pas toujours facile de distinguer de cette espèce, mais ces individus peuvent tout aussi bien appartenir aux *O. proboscidea* et *Costei*, dont certaines variétés sont extrêmement voisines de l'*O. vesicularis*.

On sait d'ailleurs qu'en général, à l'état jeune, l'*O. proboscidea* et plusieurs autres espèces du groupe des Pycnodontes, comme l'*O. vesiculosa* et d'autres, ne présentent aucune différence bien sensible avec l'*O. vesicularis*. Il semble que, depuis l'*O. vesiculosa minor*, des marnes cénomaniennes inférieures, il y a une filiation qu'on pourrait suivre par l'*O. vesiculosa major*, ou l'*O. Baylei*, l'*O. proboscidea* et l'*O. vesicularis*, jusqu'à ces huîtres tertiaires qui, selon les étages où elles se trouvent, ont été nommées *O. Archiaci* Bellardi, *O. Cochlear* Poli, *O. navicularis* Brocchi.

L'*O. vesicularis* de la craie supérieure varie lui-même, au surplus, dans des proportions assez étendues pour que certains auteurs aient fait de ses nombreuses variétés des espèces distinctes. Sa synonymie ne comprend pas moins de vingt noms spécifiques différents. Nilsson, pour ne citer que cet exemple, a fait avec ces variétés les *O. vesicularis*, *clavata*, *dilatata* et *incurva*.

Les énormes exemplaires de la craie danienne de Ciply et de Maëstricht sont loin d'être identiques à ceux qu'on rencontre communément dans la craie des Charentes et dans la craie à Bélemnitelles du bassin parisien, et cependant les auteurs s'accordent pour les réunir. Peut-être un jour en sera-t-il de même pour ces autres espèces que nous avons citées et qui ne présentent guère d'autre différence importante que leur niveau géologique.

Parmi les variétés intéressantes qui ont été signalées dans l'*O. vesicularis* de la craie supérieure, nous devons citer celle que Coquand a figurée, pl. 13, fig. 4, de sa *Monographie :* c'est un spécimen de l'Algérie sur la valve inférieure duquel on distingue des traces de côtes radiantes assez marquées. M. Munier-Chalmas, dans l'ouvrage de M. Léon Dru sur la géologie de la région des Chotts tunisiens, a signalé cette même variété de l'*O. vesicularis* au seuil de Kriz et à Ras Khenafès, et il a proposé de la désigner sous le nom d'*O. vesicularis* var. *costata.*

M. Thomas a également recueilli, dans la craie supérieure du Bir Magueur, un grand individu qui présente des caractères presque semblables et qui nous paraît se rattacher à cette même variété. On y remarque, sur la surface de la grande valve, de légers sillons rayonnants, indécis et discontinus, qui dessinent sur cette surface de vagues côtes larges et confuses. Certes il semble que ce caractère, si extraordinaire dans l'*O. vesicularis*, dont la surface est toujours parfaitement lisse, devrait suffire pour séparer ces exemplaires avec au moins autant de raison que l'*O. Archiaci* et d'autres formes dérivées.

Indépendamment des très nombreuses localités déjà citées par les auteurs, où l'*O. vesicularis* a été rencontré, il convient d'en ajouter quelques-unes qui nous intéressent directement en raison de la similitude que présentent ces nouveaux gisements avec ceux de l'Algérie et de la Tunisie. Tel est le désert de Libye, où M. Zittel l'a trouvé en compagnie de l'*O. Overwegi,* du *Roudaireia Drui* et d'autres fossiles algériens. Telle est la craie de l'Inde, où M. Stoliczka l'a signalé en même temps que beaucoup d'autres espèces également fréquentes en Afrique. Tel est enfin le Texas, dont nous avons déjà signalé l'analogie paléontologique avec nos terrains.

Tunisie : Djebel Bou-Driès; Djebel Aïdoudi; Bir Oum-el-Djof; Djebel Keroua; Guelaat-es-Snam; Bir Magueur; Bir Khenafès. — Étage campanien.

On peut citer en outre le Khanget Safsaf, Thala et le Djebel Aneza, où M. Thomas a recueilli des exemplaires jeunes qui peuvent être attribués aussi bien à l'*O. vesicularis* qu'à l'*O. proboscidea,* comme nous l'avons dit plus haut.

Ostrea decussata Goldfuss; Nob., pl. XXV, fig. 53. — *Exogyra decussata* Goldfuss *Petr. Germ.*, II, 25, t. 86, fig. 11 [1834]. — *Ostrea decussata* Coquand *Mon. Ostrea*, 30, t. 7 [1869], et *Études suppl.*, 174 [1879].

Cette espèce ne figure pas dans les catalogues de fossiles algériens de Coquand de 1862 et n'a jamais non plus été citée en Algérie par aucun auteur.

Cependant, quoique Coquand ne soit pas retourné en Algérie après 1862, il dit dans sa *Monographie des Ostrea* l'avoir recueillie dans le pays des Harecta; plus tard encore, il annonce, dans les *Études supplémentaires*, l'avoir trouvée dans les calcaires campaniens d'Aïn-Beïda, d'Youks et du Djebel Doukhan.

Il ne semble pas impossible que l'*Ostrea decussata* ait été d'abord confondu par Coquand lui-même et par d'autres auteurs avec l'*O. cornu arietis* (*O. ostracina*, *O. Pyrenaica*). C'est d'abord sous le nom d'*O. ostracina* que nous avions nous-même inscrit quelques exemplaires frustes de Tunisie, que M. Thomas a recueillis à Chebika, mais l'examen d'autres spécimens assez nombreux et mieux conservés provenant de localités voisines et du même horizon, nous a montré que c'est bien au type de l'*O. decussata* de Goldfuss que ces huîtres doivent être assimilées.

Cette constatation ne laisse pas que de présenter un grand intérêt, car, dans nos couches du Crétacé supérieur africain, les fossiles déjà connus en Europe et pouvant par suite servir de point de repère pour établir l'âge et le synchronisme de ces couches sont fort peu nombreux.

Dans quelques-uns des gisements tunisiens, l'*O. decussata* se trouve en compagnie de l'*O. larva* (*O. ungulata*). La présence simultanée de ces deux espèces suffit pour attribuer un âge certain à ces gisements.

Nous n'avons pas ici à faire connaître l'*O. decussata*. Indépendamment des descriptions et des figures qu'en avaient données les auteurs précédents, Coquand ne lui a pas consacré moins de dix-sept figures. Les diverses variétés y sont bien représentées et cette espèce doit être considérée comme bien définie et bien connue.

Une grande partie des spécimens recueillis par M. Thomas sont en bon état de conservation et bien typiques. La valve inférieure montre bien la carène caractéristique qui la sépare en deux parties et les fines stries rayonnantes qui en garnissent la surface. Ces petites stries irrégulières et discontinues impriment à cette huître une physionomie toute particulière; aussi, bien qu'elle soit voisine par sa forme de certaines autres Exogyres, comme les *Ostrea laciniata*, *Overwegi* et *ostracina*, il est facile de l'en distinguer.

Pour bien montrer les caractères de nos *Ostrea decussata* de Tunisie, nous avons jugé utile d'en faire figurer un spécimen du Bir Oum-el-Djof.

IMPRIMERIE NATIONALE.

L'espèce se trouve dans ce gisement avec les *O. Villei*, *O. Nicaisei*, *Roudaireia Auressensis* et autres fossiles qui caractérisent la craie supérieure de l'Algérie.

Tunisie : Bir Oum-el-Djof (entrée nord du Khanget); Djebel Blidji (Chaab-el-Guetof); Chebika; Djebel Keroua; Khanget Safsaf. — Étages campanien et danien.

M. Léon Dru signale en outre, à Ras Khenafès, une huître, voisine de l'*O. decussata*, qui doit être sans doute attribuée sans restriction à cette espèce, en raison du voisinage des gisements et de leur âge semblable.

Ostrea Nicaisei Coquand. — *O. elegans* Bayle in Fournel *Rich. minér. Algérie*, 366, t. 17, fig. 19-23 [1849] (non *O. elegans* Deshayes). — *O. Nicaisei* Coquand *Géol. et pal. rég. sud prov. Constantine*, 232, t. 22, fig. 5-7 [1862]; Brossard in *Mém. Soc. géol. France*, sér. 2, VIII, 241 [1867]; Hardouin in *Bull. Soc. géol. France*, sér. 2, XV, 339 [1868]; Coquand *Mon. Ostrea*, 34, t. 6 [1869]; Nicaise *Catal. anim. foss. prov. Alger*, 78 [1870]; Cotteau, Peron et Gauthier *Descr. Échin. foss. Algérie*, Ét. sénonien, 18 [1881]; Léon Dru in *Extr. Miss. Roudaire*, 50 [1881]. — *O. elegans* Tissot *Texte explic. Carte géol. Constantine*, 69 [1881]. — *O. Nicaisei* Pomel *Texte explic. Carte géol. Alger et Oran*, 29 [1882]; Peron *Essai descr. géol. Algérie*, 129 [1883]; Ficheur in *Bull. Soc. géol. France*, sér. 3, XVII, 256 [1889].

Cette belle espèce, très répandue dans la craie supérieure du Sud algérien, a été l'un des premiers fossiles connus de ce pays. Recueillie par Fournel aux environs d'El-Kantara, elle a été décrite, dès 1849, par M. Bayle, sous le nom d'*Ostrea elegans*, dans la *Richesse minérale de l'Algérie*. Malheureusement, M. Bayle avait perdu de vue qu'il existait déjà un *O. elegans* Deshayes; aussi, en 1862, Coquand a-t-il substitué à ce nom celui d'*O. Nicaisei*.

L'horizon stratigraphique occupé par l'*O. Nicaisei* est d'une constance remarquable. Il correspond à la partie supérieure de l'étage sénonien africain, c'est-à-dire à cette zone, principalement marneuse, dont Coquand et nous-même avons fait l'étage campanien. Nous n'avons jusqu'ici jamais rencontré l'espèce ni au-dessous ni au-dessus de cette zone.

Au point de vue morphologique, l'*O. Nicaisei* est également assez constant et toujours bien reconnaissable. Il présente des variations assez étendues, mais qui ne modifient pas essentiellement sa physionomie. C'est surtout dans le nombre et l'ampleur de ses plis radiants, dans l'espacement de ses grandes lames concentriques et dans le degré de convexité de sa valve supérieure que se manifestent ces variations. Il n'y a guère que l'*O. Pomeli* Coquand avec lequel il puisse parfois être confondu. Ce dernier, qui habite un niveau un peu inférieur, au moins partout où nous l'avons rencontré, se distingue cependant assez franchement par sa forme plus déprimée, moins arrondie, par sa valve supérieure concave, par sa partie antérieure plus acuminée vers le crochet, et enfin par ses côtes moins nombreuses et plus irrégulières.

Coquand a consacré toute la planche 6 de son atlas de la *Monographie des Ostrea* à représenter un grand nombre d'individus de tous âges et de toutes formes de l'*O. Nicaisei.* Cette espèce est donc bien connue et nous n'avons rien à ajouter à sa description. Son horizon stratigraphique est qualifié par Coquand « Campanien inférieur ». Cela tient à ce que ce savant considérait les calcaires à Inocérames qui surmontent les marnes à *O. Nicaisei*, dans la région d'El-Kantara, comme représentant le Campanien supérieur. Il existe d'ailleurs beaucoup d'indécision dans l'indication du gisement des huîtres de la craie supérieure dans Coquand. Il classe par exemple dans le Campanien l'*O. ungulata* (*O. larva*) et beaucoup d'autres fossiles de l'horizon de Maëstricht, alors qu'il met dans le Dordonien les *O. Forgemoli, Villei* et autres qui accompagnent l'*O. Nicaisei* dans les marnes campaniennes.

Coquand a donné une liste assez complète des localités où l'*O. Nicaisei* a été trouvé en Algérie. Il n'est pas nécessaire de la reproduire ici et nous nous bornerons à y ajouter les importants gisements du Kef-Matrek et d'El-Kantara. Il importe en outre de signaler que c'est là une des rares huîtres qui existent simultanément dans la craie supérieure du Tell algérien et dans celle des hauts-plateaux du sud. Récemment M. Ficheur l'a recueillie jusque dans les marnes du Koudiat Meharès, aux confins de la grande Kabylie.

En Tunisie, l'espèce paraît moins répandue. Depuis longtemps déjà Coquand l'avait signalée dans cette contrée, mais sans indiquer la localité; M. Thomas en a recueilli de bons spécimens dans plusieurs gisements qui, tous, correspondent bien, au point de vue du niveau stratigraphique et des autres fossiles qui s'y trouvent, à ceux que nous connaissons en Algérie.

Tunisie : Djebel Aïdoudi (versant nord et versant sud); Bir Oum-el-Djof; Chebika. — Étage campanien.

Ostrea Renoui Coquand *Géol. et pal. rég. sud prov. Constantine*, 131, t. 35, fig. 9-11 [1862], et *Mon. Ostrea*, 40, t. 10, fig. 1-11, et t. 11, fig. 1-4 [1869]. — *O. Numida* Coquand *Mon. Ostrea*, 45, t. 10, fig. 12-14 [1869]. — *O. Renoui* Hardouin in *Bull. Soc. géol. France*, sér. 2, XV, 339 [1868]; Cotteau, Peron et Gauthier *Descr. Echin. foss. Algérie*, Ét. sénonien, 19 [1881]; Peron *Essai descr. géol. Algérie*, 130 [1883]; Ficheur in *Bull. Soc. géol. France*, sér. 3, XVII, 247 [1889].

Cette huître est encore une espèce très fréquente dans les marnes du Sénonien du Nord africain. Elle habite spécialement notre étage campanien et se trouve toujours en compagnie des *Ostrea vesicularis*, *Nicaisei*, *Villei*, etc. Nous l'avons rencontrée dans plusieurs localités des hauts-plateaux algériens.

En Tunisie, elle paraît être moins abondante. Cependant M. Thomas l'a retrouvée dans plusieurs gisements. Quelques-uns des spécimens qu'il a recueillis semblent constituer une variété assez distincte, qui pourrait peut-être devenir une espèce nouvelle si les matériaux étaient meilleurs et plus abondants.

Comme beaucoup d'autres huîtres, l'*O. Renoui* est très variable. Tantôt il est exogyriforme, à crochet plus ou moins infléchi et même recourbé latéralement; tantôt il est simplement ostréiforme, droit et à crochet saillant en avant.

La valve supérieure est habituellement un peu concave, mais souvent aussi, plane et même convexe. Les côtes radiantes sont plus ou moins nombreuses et espacées, ordinairement aiguës et triangulaires, le plus souvent dichotomées, mais parfois simples et droites. On observe souvent près du sommet une expansion latérale qui donne à l'huître un aspect aviculoïde. Souvent encore, une expansion, parfois très développée, se montre à l'extrémité palléale, du côté droit, et la coquille prend une forme arquée et infléchie.

Coquand, qui a eu en sa possession de nombreux spécimens de l'*O. Renoui*, en a bien observé les principales variétés. Cependant il ne semble pas avoir suffisamment tenu compte des modifications très graduées que subit la forme de la valve supérieure. En général, le savant spécialiste nous semble avoir attaché trop d'importance à la forme plus ou moins convexe ou concave de cette valve. Aussi a-t-il créé, sur ce simple caractère, plusieurs espèces, démembrées de types voisins, alors qu'il n'aurait dû les considérer que comme de simples variétés. Ce cas se présente manifestement dans l'*O. Renoui.*

Coquand en a distrait une variété un peu élargie et à valve supérieure renflée, pour en faire l'*O. Numida.* Il nous est impossible de conserver cette espèce dans nos catalogues. Nous possédons une très belle série d'*O. Renoui*, provenant des localités mêmes qui ont fourni les types des deux espèces, et il est facile d'y voir qu'elles se fusionnent complètement.

Les exemplaires recueillis par M. Thomas dans certaines localités de la Régence présentent quelques différences avec le type le plus fréquent. Le crochet n'est pas infléchi; la valve supérieure est franchement concave; plusieurs exemplaires ont une forme élargie à l'extrémité palléale; l'un d'eux présente une expansion aliforme, comme il en existe dans quelques-uns des nôtres; les côtes sont en général plus nombreuses, moins larges et moins tranchantes que dans la plupart de nos individus. Cependant nous en possédons aussi de l'Algérie qui montrent exactement ces mêmes côtes. A part la forme convexe de la petite valve, ces spécimens tunisiens reproduisent très sensiblement l'*O. Numida*, tel que Coquand l'a représenté dans la planche 10 de sa *Monographie.*

Tunisie : Chebika; Bir Magueur (Djebel Cherb occidental); Bir Oum-el-Djof (entrée nord du Khanget). — Étages campanien et dordonien.

Ostrea Forgemoli Coquand (emend. Thomas et Peron). — *Ostrea Forgemoli* Coquand *Géol. et pal. rég. sud prov. Constantine*, 230, t. 21, fig. 7-9 [1862], et *Mon. Ostrea*, 25, t. 2, fig. 1-11 [1869]; Brossard in *Mém. Soc. géol. France*, sér. 2, VIII, 247 [1867]; Hardouin in *Bull. Soc. géol. France*, sér. 2, XV, 339 [1868]; Cotteau, Peron et Gauthier *Descr. Échin. foss. Algérie*, Ét. sénonien, 19 [1881]; Peron *Essai descr. géol. Algérie*, 129 [1883].

Coquand a donné, en 1862, le nom d'*Ostrea Forgemoli* à une huître de la craie supérieure de Djelaïl (province de Constantine), qui semble n'avoir été connue que par un seul exemplaire ou au moins par de rares individus, et qui s'est trouvée par suite insuffisamment définie. L'espèce est caractérisée par une double expansion à la partie postérieure, par une valve inférieure labourée profondément par quatre grosses côtes bifurquées, et enfin par une valve supérieure légèrement convexe, présentant les mêmes ornements que la valve inférieure. Telle qu'elle est définie, cette huître semble difficile à distinguer de certaines variétés de l'*O. Renoui*.

Depuis, dans sa *Monographie*, Coquand a élargi le cadre de son *O. Forgemoli* et en a sensiblement modifié la diagnose. La valve supérieure précédemment signalée comme convexe est indiquée ici comme concave. Les expansions latérales cessent d'être le caractère dominant de l'espèce, et elles sont seulement indiquées comme plus ou moins développées suivant l'âge.

L'individu qui avait servi de type lors de la première description est reproduit dans les planches de la *Monographie*, mais, en outre, l'auteur en a fait représenter deux autres : l'un (fig. 4-7), qui est complètement dépourvu d'expansions latérales, l'autre (fig. 8-11), dont l'ornementation comporte des côtes plus nombreuses, moins profondes, plus arrondies, etc. Dans ces conditions, il reste, comme on le voit, bien peu des caractères propres primitivement assignés à l'*O. Forgemoli*.

La vérité nous semble être que cette espèce doit être démembrée. Nous avons pu, dans les marnes campaniennes du Djebel Mzeïta et du Kef-Matrek, qui sont fort analogues à celles de Djelaïl, recueillir un très grand nombre d'*Ostrea* de ce groupe et nous y avons remarqué constamment deux formes parallèles, sensiblement différentes, qu'il nous paraît utile de séparer.

L'individu représenté par Coquand (fig. 9-11) appartient à la seconde de ces formes. Quoique le descripteur n'en fasse pas mention, cet individu doit provenir de notre collection. Nous en possédons encore de semblables en grand nombre. Ils sont étroits, subtriangulaires, à crochet aigu, quand il n'est pas déformé par l'adhérence, à côtes simples, peu saillantes, arrondies, mousses, peu ou pas bifurquées, à valve supérieure semblable à l'inférieure, mais souvent plane ou même concave. Ces individus n'ont jamais d'expansions latérales. Pour nous, ils doivent être distingués spécifiquement du prototype de l'*O. Forgemoli*, et, depuis longtemps, dans notre collection, nous leur avons attribué un nom particulier. Cette même forme a été retrouvée en Tunisie, au Djebel Dernaïa, par M. Thomas, et nous la décrivons ci-après, sous le nom d'*O. Tissoti.*

Ce dernier type ainsi distrait et isolé, le nom d'*O. Forgemoli* nous paraît devoir rester aux autres individus figurés par Coquand. A cette première forme de l'espèce nous avons rapporté des individus nombreux qui se distinguent nettement des *O. Tissoti*, par des côtes plus grosses, plus triangulaires et plus saillantes, par une forme plus épaisse, une expansion latérale toujours très prononcée, une valve supérieure nettement concave, un bord palléal épais, et découpé de chaque côté en dents de scie.

Très voisin de certaines formes de l'*O. Villei* à expansion unilatérale, notre *O. Forgemoli* s'en distingue toutefois assez facilement par ses côtes plus grosses, moins régulières, moins dichotomées, par sa forme moins triangulaire, plus arquée, par son expansion anale plus prononcée, plus constante, et enfin par sa valve supérieure toujours concave.

Comme nous l'avons dit plus haut, l'*O. Forgemoli* est également voisin de l'*O. Renoui.* Il existe même, dans ce dernier, certaines variétés dont il est bien difficile de le distinguer. Il suffit, pour s'en convaincre, de comparer le second des types de l'*O. Forgemoli* de Coquand avec l'exemplaire de l'*O. Renoui* représenté dans la figure 1 de la planche 10 de la *Monographie.* Mais il faut considérer que si ces diverses huîtres, si variables, se relient entre elles par leurs formes extrêmes, leur type principal reste bien distinct.

Ayant ainsi limité l'*O. Forgemoli*, nous croyons pouvoir lui rapporter quelques spécimens de Tunisie; mais ce n'est pas toutefois sans quelque doute, car nous avions d'abord cru devoir les rattacher aux *O. Renoui* qu'on rencontre dans les mêmes localités. Leur gisement est, comme en Algérie, la craie supérieure et en particulier l'étage campanien.

Tunisie : Chebika ; Bir Oum-el-Djof. — Étage campanien.

Ostrea Villei Coquand *Géol. et pal. rég. sud prov. Constantine*, 231, t. 22, fig. 1-4 [1862]. — *O. Bomilcaris* Coquand, l. cit., 230, t. 21, fig. 4-6 [1862]. — *O. Villei* Brossard *Essai const. phys. et géol. rég. mérid. subd. Sétif*, 247 [1867]; Coquand, *Mon. Ostrea*, 27, t. 4, fig. 1-8 et t. 5, fig. 1-4. — *O. Bomilcaris* Coquand, l. cit., 24, t. 2, fig. 12-15 [1869]. — *O. Villei* Hardouin in *Bull. Soc. géol. France*, sér. 2, XV, 339 [1868]. — *O. Bomilcaris* Hardouin, l. cit., 339 [1868]. — *O. Villei* Nicaise *Catal. anim. foss. prov. Alger*, 77 [1870]; Cotteau, Peron et Gauthier *Descr. Échin. foss. Algérie*, Ét. sénonien, 19 et suiv. [1881]; Tissot *Texte explic. carte géol. Constantine*, 69 [1881]; Peron *Essai descr. géol. Algérie*, 133 et suiv. [1883]; Ficheur in *Bull. Soc. géol. France*, sér. 3, XVII, 262 [1889].

Cette belle espèce, qui est extrêmement abondante dans la craie supérieure des hauts-plateaux algériens, paraît être relativement rare dans la Régence. Cependant M. Thomas en a rencontré de bons spécimens dans plusieurs localités, et partout son gisement est bien du même âge qu'en Algérie. Il y a lieu de remarquer que, quoique spécial à la craie supérieure, l'*Ostrea Villei* se montre à plusieurs niveaux successifs dans cette craie. Celui où il existe le plus abondamment paraît être l'étage campanien, mais on le trouve encore très fréquemment dans le Danien, au-dessus des couches à *Heterolampas Maresi.* Jamais nous ne l'avons rencontré dans les marnes de l'étage santonien.

Les gisements actuellement bien connus de Medjèz-el-Foukani, du Djebel Mzeïta, etc., en fournissent abondamment de magnifiques exemplaires. Nous avons pu ainsi en réunir une importante série, dans laquelle nous voyons cette espèce se relier par de nombreuses variétés et des passages insensibles à d'autres espèces voisines, notamment aux *Ostrea Renoui*, *Forgemoli*, etc.

Malgré les variations considérables qu'il présente, l'*O. Villei* demeure néanmoins un type assez distinct et reconnaissable. Ses côtes sont plus ou moins nombreuses et plus ou moins grosses; sa forme, assez habituellement bien triangulaire, s'élargit souvent dans la région palléale en une ou deux expansions latérales, parfois très prononcées et formant un coude plus ou moins brusque. C'est avec l'une de ces variétés que Coquand a créé l'*O. Bomilcaris*, espèce qui ne peut, en aucune façon, subsister dans la nomenclature, et qui doit être réunie à l'*O. Villei.*

Une des variations les plus importantes se produit encore dans la forme de la valve supérieure. D'après Coquand, cette valve serait légèrement concave. Or les individus les plus nombreux semblent être, au contraire, ceux où cette valve est nettement convexe, à peu près au même degré que la valve inférieure. Nous avons vu que cette même variation se reproduit dans d'autres espèces et qu'on ne peut s'appuyer, comme l'a fait Coquand, sur cette seule différence dans le degré de convexité de la valve, pour créer des espèces distinctes.

La liste est longue des localités où, en Algérie, on a rencontré l'*O. Villei.* Il n'est pas nécessaire de la reproduire ici, mais il est utile d'ajouter aux gisements cités par Coquand les importantes localités d'El-Kantara et de Nza-ben-Messaï, au sud de Batna, où l'*O. Villei* se montre exactement au même niveau qu'au nord du Hodna. Il est vraisemblable que si notre éminent prédécesseur avait trouvé, comme nous, le gisement de cette espèce dans cette région, il eût été amené à remonter sensiblement dans la série stratigraphique les grands calcaires à Inocérames qui en forment les crêtes principales.

En Tunisie, l'*Ostrea Villei* habite également les horizons les plus élevés de la série crétacée. On le trouve avec l'*O. ungulata* (*O. larva*), l'*O. Nicaisei*, l'*Hemipneustes Africanus* et d'autres fossiles daniens et campaniens.

Tunisie : Djebel Keroua; Djebel Blidji; Bir Magueur; Bir Oum-el-Djof. — Étages campanien et danien.

Ostrea Matheroniana d'Orbigny *Pal. franç.*, Terr. crét., Lamellibranches, 737, t. 485 (excl. fig. 5 et 6) [1846]. — (?) *O. Matheroni* Coquand *Géol. et pal. rég. sud prov. Constantine*, 307 [1862]; Peron in *Bull. Soc. géol. France*, sér. 2, XXIII, 705 [1866]; (?) Brossard in *Mém. Soc. géol. France*, sér. 2, VIII, 237 [1867]. — *O. Matheroniana* Coquand *Mon. Ostrea*, 62, t. 32, fig. 16-20 [1869]. — *O. Matheroniana* Léon Dru in *Extr. Miss. Roudaire*, 51-54 [1881]; Cotteau, Peron et Gauthier, *Descr. Échin. foss. Algérie*, Ét. sénonien, 24 [1881]; Peron *Essai descr. géol. Algérie*, 133 [1883].

Ainsi que nous l'avons dit dans notre article sur l'*Ostrea Langloisi*, il existe des individus de cette dernière espèce qui ont été confondus avec l'*O. Matheroniana* et que, en réalité, il était difficile d'en distinguer. Cependant, grâce aux séries importantes que nous avons pu réunir, et grâce à l'étude détaillée des gisements, nous pensons qu'il y a lieu de séparer ces deux espèces. Depuis longtemps déjà nous avons fait connaître que le véritable *O. Matheroniana*, c'est-à-dire le type des Charentes, existe également dans le nord de l'Afrique et que son gisement, bien supérieur à celui de l'*O. Langloisi*, est en parfaite concordance avec le niveau de la craie où l'*O. Matheroniana* se rencontre dans le sud-ouest de la France. Cette différence de station ne nous eût certainement pas paru suffisante pour séparer ces espèces, si, d'autre part, elle n'eût coïncidé avec des caractères différentiels très constants dans la forme et l'ornementation des coquilles. Ainsi, les individus que nous attribuons à l'*O. Matheroniana* sont toujours moins élargis et plus incurvés que l'*O. Langloisi*; leur valve inférieure est plus profonde, plus arrondie en dessus, moins anguleuse et moins carénée; leurs côtes sont plus épineuses, plus régulières et s'étendent sur le côté concave de la coquille; leur valve supérieure est plus saillante et plus carénée. Enfin, contrairement à ce que l'on observe dans l'*O. Langloisi*, leur valve inférieure est peu ou pas fixée aux corps sous-marins. Quelle que soit donc la parenté qui existe incontestablement entre ces deux groupes d'huîtres, il paraît utile de les distinguer.

Nous ne reviendrons pas ici sur les différences qui séparent l'*O. Matheroniana* des autres Exogyres de ce même groupe, telles que les *O. plicifera*, *flabellata*, etc.; ces différences ont été indiquées ailleurs, et nous avons, à ce sujet, adopté la manière de voir de savants, comme Coquand, MM. Hébert et Munier-Chalmas, etc., dont la compétence nous est une garantie précieuse.

Les premiers individus de l'*O. Matheroniana*, bien identiques à ceux des Charentes, que nous avons connus dans le Nord africain, ont été recueillis par nous dans l'étage dordonien du Kef Matrek, au nord du Hodna, en compagnie de l'*O. larva* et d'autres fossiles de la craie supérieure, dont le plus caractéristique est l'*Heterolampas Maresi*. C'est exactement dans le même horizon et parfois avec la même association d'espèces que M. Thomas a rencontré l'*O. Matheroniana* dans plusieurs localités de la Tunisie. M. Léon Dru, de son côté, l'avait déjà signalé dans divers gisements visités par la Mission d'exploration des Chotts tunisiens, notamment au seuil de Kriz, au Djebel Tabaga, au Ras Khenafès, au Djebel Aïdoudi, etc.

Tunisie : Djebel Keroua; Bir Oum-el-Djof; Bir Khenafès; Bir Magueur; Chebika; Djebel Blidji (versant nord). — Étages dordonien et campanien.

Ostrea ungulata Schlotheim. — *Ostracites ungulatus* Schlotheim *Taschenb. Leonh.*, VII, 112 [1813]. — *Ostrea larva* Lamarck *Anim. sans vert.*, VI, 216 [1819]; Beyrich *Über die v. Overweg auf d. Reise Tripoli gefund. Verstein.* t. 1, fig. 3 [1852]; Coquand *Géol. et pal. rég. sud prov. Constantine*, 307 [1862]; Duveyrier *Touaregs du Nord*, 83 [1864]. — *O. ungulata* Coquand *Mon. Ostrea*, 58, t. 31, fig. 4-15 [1869]. — *O. larva* L. Lartet *Géol. Palestine* in *Annales sc. géol.*, III, 59 [1872]; Cotteau, Peron et Gauthier *Descr. Échin. foss. Algérie*, Ét. sénonien, 24 [1881]; Tissot *Texte explic. Carte géol. Constantine*, 69 [1881]; Peron *Essai descr. géol. Algérie*, 133 [1883]; Zittel *Beiträge zur Geol. und Pal. der libysch. Wüste*, 81 [1883].

Cette intéressante espèce, quoique rare dans le Nord africain, a été cependant rencontrée dans d'assez nombreuses localités. Elle a été d'un grand secours aux géologues pour leur permettre de déterminer l'âge relatif de certaines formations crétacées où les fossiles connus et probants sont fort rares. Tel est le cas de divers plateaux du Sahara septentrional. Plusieurs voyageurs, Overweg, Busetil, Vatonne, y ont recueilli l'*Ostrea larva* en compagnie de l'*O. Overwegi* et de quelques autres fossiles très généralement indéterminables.

Dans le Tell algérien, Coquand l'a signalé au Djebel Doukhan. Nous-même l'avons rencontré au Kef Matrek, au nord du Hodna. Dans ce dernier gisement, dont nous avons pu relever une coupe bien complète, c'est exactement comme en Europe, dans les assises les plus élevées de la craie que l'espèce est cantonnée. Il en est de même en Tunisie, où M. Thomas en a retrouvé plusieurs excellents spécimens.

Cette huître, comme on le sait, est généralement connue sous le nom d'*O. larva*. C'est Coquand qui le premier a reconnu que le nom d'*O. ungulata* avait été, dès 1813, donné par Schlotheim à la même huître que, depuis, Lamarck a nommée *O. larva*. Il a donc, avec raison, repris le nom le plus ancien. M. Stoliczka et d'autres paléontologues ont suivi cet exemple. Il nous paraît régulier de faire de même, quelque regret que puisse causer l'abandon d'une dénomination aussi connue et aussi usitée que celle d'*O. larva*.

L'*O. ungulata* possède une aire géographique des plus étendues. Sa présence a été signalée dans tout le nord de l'Europe, en France dans plusieurs bassins différents, en Espagne, en Asie Mineure, en Palestine, en Égypte, en Tripolitaine, et jusque dans les Indes anglaises. Sa découverte en Tunisie complète le circuit méditerranéen. On peut dire actuellement que cette espèce existe partout où affleure le terrain crétacé le plus élevé.

Tunisie : Djebel Keroua; Chebika (Kef Ras-el-Aïn). — Étage danien.

Ostrea Overwegi de Buch. — *Exogyra Overwegi* de Buch *Monatsb. über Verhandl. Gesellsch. für Erdk. Berlin*, IX, 54, t. 1, fig. 1 [1852]. — *Ostrea cornu arietis* Coquand *Descr. géol. prov. Constantine* in *Mém. Soc. géol. France*, sér. 2, V, 144, t. 5, fig. 1 et 2 [1854] (non fig. 3, 4; non Nilsson). — *O. Fourneti* Coquand *Géol. et pal. rég. sud prov. Constantine*, 229, t. 21, fig. 1-3 [1862]; Brossard in *Mém. Soc. géol. France*, sér. 2, VIII, 227 [1867]; Hardouin in *Bull. Soc. géol. France*, sér. 2, XV, 33 [1868]; Coquand *Mon. Ostrea*, 26, t. 3, et 13, fig. 1 [1869]. — *O. Overwegi* Coquand *Études suppl.*, 176 [1879]; Cotteau, Peron et Gauthier *Descr. Échin. foss. Algérie*, Ét. sénonien, 27 [1881]; Peron *Essai descr. géol. Algérie*, 136 [1883]; Zittel *Beiträge zur Geol. und Pal. der libysch. Wüste*, 29 [1883].

L'*Ostrea Overwegi* est l'espèce qui, avec l'*O. Aucapitainei*, occupe dans la série crétacée africaine le niveau stratigraphique le plus élevé. Les marnes qui la renferment terminent, pour nous, l'étage danien et se trouvent au contact des grands calcaires marneux sans fossiles et remplis de silex noirs, par lesquels nous faisons débuter le terrain tertiaire éocène dans la province de Constantine. Les compagnons les plus habituels et les plus communs de l'*O. Overwegi*, dans cet horizon supérieur du Crétacé algérien, sont les *Cardita Libyca*, *Roudaireia Auressensis* (*R. Drui* Mun.-Chal.), *Ostrea Aucapitainei* et encore quelques *O. Villei*.

Cette même faune se retrouve à peu près exactement avec l'*O. Overwegi* dans des gisements bien éloignés de ceux que nous avons étudiés. En effet, dans le désert de Libye, où l'*O. Overwegi* est abondamment répandu, c'est encore avec les espèces ci-dessus qu'il habite. Nous avons eu l'occasion d'envoyer à M. Zittel, le savant descripteur du désert libyen, une série de ces fossiles daniens du Kef-Matrek, remarquables par leur bon état de conservation, et ce savant y a reconnu, indépendamment de l'*O. Overwegi*, tous les autres fossiles qui l'accompagnent dans le désert libyque.

Un fait remarquable est cependant à constater : c'est que, dans le désert de Libye, où du reste l'*O. Overwegi* se montre à plusieurs niveaux successifs de la craie supérieure, les assises qui le renferment sont encore surmontées par un ensemble de couches que M. Zittel réunit au terrain crétacé et qui contiennent une faune différente ayant, comme nous l'a dit ce savant, un cachet presque tertiaire.

En Tunisie, la situation de l'*O. Overwegi* est exactement celle que nous avons constatée en Algérie. Dans les rares localités où M. Thomas l'a rencontré, c'est aussi dans les dernières assises crétacées, au contact des marnes suessoniennes à *O. multicostata* et autres fossiles tertiaires, qu'il se trouve. Coquand l'avait recueilli à Djelaïl, dans l'Aurès, à un niveau tout à fait semblable, et enfin le même savant a constaté son existence dans les calcaires jaunes daniens de Saint-Mametz (Dordogne), qui sont le terme le plus élevé de la série crétacée du sud-ouest de la France [1]. En outre, M. Arnaud [2] l'a signalé dans le même étage à Malaville et à Neuvic (Dordogne).

L'historique de l'huître qui nous occupe est très compliqué. On en doit la première connaissance au docteur Overweg, qui l'a recueillie dans ses explorations dans le sud de la Tripolitaine, et elle a été décrite par de Buch dans le compte rendu de ces explorations, sous le nom d'*O. Overwegi*. Coquand, dans son premier mémoire sur la province de Constantine, l'avait assimilée à l'*O. cornu arietis* Nilsson, mais, ayant plus tard reconnu l'inexactitude de cette assimilation, dans la *Géologie et Paléontologie de la région sud de la province de Constantine*, il en a fait une espèce nouvelle sous le nom d'*O. Fourneti*. C'est également sous ce dernier nom qu'il l'a reproduite dans la *Monographie du genre Ostrea*.

En même temps, dans ces deux derniers ouvrages, Coquand attribuait au contraire le nom d'*O. Overwegi* à une autre huître, abondante dans l'étage cénomanien de l'Algérie. Cette autre espèce, dont nous avons parlé précédemment, a en effet de grands rapports avec l'*O. Overwegi*, mais elle en est spécifiquement différente et, comme nous l'avons démontré, elle n'est autre que l'*O. Olisiponensis* Sharpe. C'est seulement dans ses *Études supplémentaires sur la paléontologie algérienne* que Coquand a reconnu la véritable identité de l'*O. Overwegi*. L'espèce qu'il avait décrite sous ce nom devient à tort une nouvelle espèce sous le nom d'*O. oxyntas*, mais celui d'*O. Overwegi* est reporté avec raison à l'ancien *O. Fourneti* Coquand, auquel en effet il revenait de droit.

L'*O. Overwegi* a été bien décrit et bien figuré par Coquand sous le nom d'*O. Fourneti*. Il nous reste donc peu de chose à dire pour le bien faire connaître. Il diffère de l'*O. Olisiponensis* (*O. oxyntas* Coquand) par une forme plus courte, plus arrondie, par un crochet plus robuste, moins aigu et souvent déformé par l'adhérence aux corps sous-marins. La valve inférieure est sillonnée aussi par quelques côtes, mais ces côtes sont toujours bien plus petites, moins saillantes et moins épineuses que dans l'*O. Olisiponensis* et toujours limitées à la partie voisine du crochet. La valve supé-

---

[1] Il est à noter ici que ce nom d'*Ostrea Overwegi* avait encore été appliqué par Coquand à une huître de la Charente, mais ce savant a ultérieurement modifié cette détermination et rapporté cette huître à l'*O. decussata* Goldfuss (*Descr. géol. Charente*, II, 174, et *Bull. Soc. géol. France*, sér. 2, XVI, 1007).

[2] Arnaud, *Mém. Soc. géol. France*, sér. 2, 68-69.

rieure, de forme très arrondie, est légèrement convexe et lamelleuse sur toute sa surface, contrairement à ce qui a lieu dans l'*O. Olisiponensis.* L'espèce enfin est très généralement de plus grande taille. M. Thomas a recueilli au Djebel Blidji quelques spécimens d'un âge très avancé, et ces spécimens atteignent une dimension que nous n'avions jamais rencontrée. A cet âge, l'huître semble cesser de s'enrouler en spirale. La partie postérieure se détache sensiblement et se prolonge en ligne droite, de telle sorte que l'huître, tout en montrant une partie antérieure tout à fait identique au type, prend, dans son ensemble, une forme étroite et allongée qui lui donne une physionomie assez particulière.

Égypte : désert de Libye.

Syrie : désert de l'Arabah.

Algérie : environs de Sétif (parties nord et nord-est); Kef-Matrek, au nord du Hodna; El-Alleg; Djebel Senalba (*sec.* Coquand); Djelaïl.

Tunisie : Djebel Blidji (base nord); Djebel Aïdoudi (nord); Midès. — Étage danien.

Ostrea Oudrii Thomas et Peron, pl. XXIV, fig. 8-12.

DIMENSIONS.

Plus grand spécimen : Longueur, 65 millimètres; largeur, 32 millimètres; épaisseur, 22 millimètres.

Autre spécimen : Longueur, 45 millimètres; largeur, 35 millimètres; épaisseur, 9 millimètres.

Nombre d'exemplaires étudiés : 6.

Coquille de dimensions très variables, en général déprimée, étroite, allongée, falciforme; valves un peu convexes, sensiblement égales; la valve inférieure un peu plus profonde que la supérieure ; toutes deux ornées de côtes radiantes qui partent du sommet et se bifurquent plusieurs fois avant d'arriver à la périphérie. Les côtes sont peu élevées, assez nombreuses, arrondies, coupées transversalement par des lamelles concentriques serrées qui les rendent écailleuses, mais sans former d'épines saillantes.

Une expansion latérale existe parfois au-dessous du crochet, du côté buccal.

Crochet assez aigu, incliné du côté buccal.

Fossette ligamentaire peu profonde, un peu allongée, triangulaire et suivant l'inflexion du crochet.

Cette espèce, par ses côtes bifurquées et rugueuses, a de l'analogie avec celle que Coquand a décrite sous le nom d'*Ostrea Senaci*, mais elle en diffère par sa forme beaucoup plus étroite, allongée et falciforme. L'*O. Senaci*, d'ailleurs, n'est très probablement qu'une variété exceptionnelle de l'*O. Syphax*, qu'on trouve abondamment dans l'étage rhotomagien de Tenoukla, d'où provient le seul exemplaire connu de l'*O. Senaci.*

Une autre espèce voisine de notre *O. Oudrii* est l'*O. cameleo* Coquand, de l'étage cénomanien de Bou-Saada. Dans ce dernier encore, le système des côtes dichotomisées est bien le même, mais ces côtes sont plus élevées, plus tranchantes et moins écailleuses. En outre, la forme générale est plus large et plus arrondie.

On peut enfin rapprocher notre espèce de l'*O. dichotoma* Bayle, dont certaines variétés falciformes ont une ornementation assez semblable. Mais l'*O. dichotoma* est beaucoup plus épais, plus robuste, moins foliacé, et atteint une taille bien plus considérable. Ses côtes sont plus nombreuses, parfois épineuses, mais non couvertes d'écailles imbriquées comme celles de l'*O. Oudrii.*

Au milieu de ces formes voisines, ce dernier conserve un facies propre qui nous paraît le distinguer assez nettement. Aussi, quoique nous ne soyons pas très convaincu de la valeur de notre nouvelle espèce, qui ne nous est encore connue que par un trop petit nombre d'exemplaires et d'une seule localité, nous préférons provisoirement la distinguer sous un nom spécial.

Nous avons fait figurer, pour mieux définir l'*O. Oudrii,* trois de nos spécimens, dont l'un est d'une taille et d'une forme un peu exceptionnelles.

Nous dédions notre espèce à M. le commandant Oudri, du 3e tirailleurs algériens, membre de la Société géologique de France.

Tunisie : Khangel Oguef. — Étage turonien.

Ostrea Gauthieri Thomas et Peron, pl. XXV, fig. 9-19.

DIMENSIONS.

Longueur, 30 millimètres; largeur, 10 millimètres; épaisseur, 5 millimètres.

Quelques individus incomplets devaient être un peu plus grands.

Nombre d'exemplaires étudiés : 22.

Coquille de petite taille, ostréiforme, très allongée, étroite, à crochet long et aigu; forme déprimée ou parfois semi-cylindrique, droite ou parfois incurvée, falciforme et même sinueuse.

Valve inférieure rarement fixée, creusée en gouttière étroite, garnie à l'extérieur de lames d'accroissement concentriques irrégulières, formant des plis ou même des ressauts concentriques très accentués, qui marquent dans l'accroissement de la coquille des stades prononcés et montrent nettement les différentes formes qu'elle a successivement revêtues.

Sur quelques exemplaires, le bord externe de la valve est légèrement plissé et gaufré.

Valve supérieure plane, encadrée entre les rebords de la grande valve, ornée comme celle-ci de plis d'accroissement prononcés. Dans les exemplaires où le bord de la grande valve est ondulé, on distingue aussi, au pourtour de la petite valve, une tendance à l'ondulation.

Fossette ligamentaire longue, étroite, et fréquemment assez profonde.

Impression musculaire grande, déprimée, légèrement saillante au bord postérieur.

Cette petite huître a une très grande analogie avec certaines variétés étroites de l'*Ostrea Rouvillei* de l'étage cénomanien. Dans le principe nous l'avions même réunie à cette espèce. Cependant un examen approfondi de plus nombreux exemplaires nous a montré qu'elle devait en être séparée. Elle est plus épaisse, plus renflée, plus profonde intérieurement; elle est plus plissée concentriquement et à surface externe moins lisse; elle ne montre jamais cette forme élargie au bord palléal, triangulaire ou subarrondie, qui est la plus fréquente dans l'*O. Rouvillei;* elle n'est pas pourvue, comme ce dernier, d'une surface d'attache relativement grande; enfin elle possède souvent un bord plissé longitudinalement et subondulé que nous n'avons jamais reconnu dans les très nombreux spécimens de l'*O. Rouvillei* que nous avons recueillis.

Nous avons supposé aussi un moment que nos *O. Gauthieri* pourraient être des jeunes de l'*O. Tunetana* var. *acutirostris*, que l'on rencontre dans la même localité; mais nous avons dû abandonner cette hypothèse. Leur forme constamment étroite, beaucoup moins déprimée et subcylindrique, ne rappelle pas celle que montrent dans leur jeune âge nos *O. Tunetana.* Les plis ondulés de leur pourtour ne ressemblent pas à ceux que l'on voit quelquefois à la surface de ces derniers. Enfin leur surface externe n'est pas foliacée aussi régulièrement, mais marquée de ressauts d'accroissement, épais et inéquidistants, qui indiquent suffisamment que la coquille, malgré sa petite taille, n'est pas un jeune. L'état adulte de la plupart de nos exemplaires est d'ailleurs confirmé par l'épaisseur de la coquille, le développement de la fossette ligamentaire et la force de l'impression musculaire.

Nous dédions cette espèce à notre ami et collaborateur, M. V. Gauthier, le savant échinologiste auquel nous devons la description des Échinides de la Tunisie.

Tunisie : Kef El-Hammam; Djebel Dagla. — Étage santonien.

Ostrea Vatonnei Thomas et Peron, pl. XXIV, fig. 22-25.

DIMENSIONS.

Plus grand spécimen : Longueur, 55 millimètres; largeur, 68 millimètres; épaisseur, 35 millimètres.

Autre spécimen : Longueur, 37 millimètres; largeur, 47 millimètres; épaisseur, 42 millimètres.

Nombre de spécimens étudiés : 6.

L'huître pour laquelle nous proposons ce nom nouveau ne peut, à notre avis, entrer dans le cadre d'aucune espèce connue. Depuis longtemps nous la possédions de l'Algérie, où nous l'avions recueillie dans les marnes santoniennes des environs de Medjèz-el-Foukani, et elle figurait dans notre collection sous un nom spécial. Un exemplaire bien conforme aux premiers, mais incomplet et ne possédant que la valve inférieure, a été rencontré par M. Thomas dans le Djebel Cherb occidental, au même horizon stratigraphique. Dans ces conditions, pour donner une connaissance plus complète de cette nouvelle espèce, nous baserons la description non seulement sur l'individu connu de Tunisie, mais sur ceux, bien meilleurs et plus complets, que nous possédons de l'Algérie.

Espèce ostréiforme, de forme régulière, arrondie au pourtour, sans expansions latérales, droite, épaisse, renflée, parfois même sphéroïdale, un peu adhérente par le sommet, vivant souvent en groupe d'individus soudés les uns sur les autres.

Valve inférieure convexe, épaisse, assez profonde, dont la surface externe est très lamelleuse. Dans le jeune âge, cette valve est simple et seulement lamelleuse, mais, à un âge plus avancé, il s'y développe de gros plis rayonnants, mousses, plus ou moins accentués, mais toujours assez larges, arrondis, diffus, irréguliers, inégaux, parfois interrompus et rendus écailleux par le croisement des lamelles concentriques.

Valve supérieure convexe, ne portant pas de plis longitudinaux comme l'autre valve, mais chargée, comme elle, de lamelles d'accroissement concentriques très serrées, qui lui donnent un aspect très foliacé. Il arrive parfois dans certains individus âgés, mais courts, que, par la superposition de ces lames étagées, la valve prend une forme très renflée et gibbeuse. L'individu devient alors subsphérique.

Le crochet est peu saillant, légèrement infléchi, habituellement un peu déformé par la surface d'attache, qui cependant est assez restreinte. La fossette ligamentaire est ordinairement petite; dans le spécimen tunisien elle est plus grande, assez large et triangulaire.

L'*Ostrea Vatonnei* ne peut être confondu avec aucune autre espèce. Assez voisin, par la forme et la taille, de certains *O. tetragona*, il s'en sépare par sa forme plus renflée, plus obèse, par ses lames d'accroissement plus serrées, et enfin par ses plis longitudinaux écailleux.

Les mêmes caractères spéciaux le distinguent de l'*O. Boucheroni* et d'autres espèces ostréiformes voisines.

L'espèce est dédiée à Vatonne, ancien ingénieur des mines de l'Algérie, dont les explorations en Algérie et en Tripolitaine ont contribué à faire connaître la constitution géologique de ces contrées.

Algérie : Medjèz-el-Foukani; Nza-ben-Messaï.
Tunisie : Djebel Taferma (versant nord). — Étage santonien.

Ostrea Papieri Thomas et Peron, pl. XXV, fig. 40-49.

DIMENSIONS DES PLUS GRANDS SPÉCIMENS.

Longueur, 20 millimètres; largeur, 15 millimètres; épaisseur, 7 millimètres.

Très petites huîtres vivant agglomérées les unes sur les autres et enchevêtrées en nombre considérable.

Les individus sont le plus souvent fixés les uns aux autres par la plus grande partie de la valve inférieure. Ils sont, par suite, de forme extrêmement variable, parfois très déprimés, parfois renflés et à valve inférieure assez profonde.

Coquille ostréiforme, mince, à pourtour rond ou ovale. Valve inférieure généralement adhérente et laissant voir rarement sa surface externe entière.

Les individus isolés, qui se sont développés librement, montrent cette surface ornée de rides concentriques irrégulières et relativement très saillantes.

Parfois on distingue, en outre, des plis longitudinaux radiants, irréguliers, discontinus, qui se manifestent au pourtour de la valve par une ondulation assez prononcée du bord. La valve est plane ou quelquefois renflée et profonde.

Valve supérieure un peu variable, parfois un peu convexe ou plane, souvent nettement concave. Elle est toujours très lamelleuse et foliacée. Les lamelles d'accroissement sont très apparentes, assez espacées et garnissant toute la surface de la valve. On n'y voit ni plis radiants, ni gaufrage au pourtour, comme dans la grande valve.

Crochet presque toujours déformé par la cicatrice d'adhérence. Dans les rares exemplaires où on le trouve intact, il est court, droit, non infléchi. La fossette ligamentaire est petite, courte et formant un triangle à base assez large.

La surface interne de la grande valve est creusée près du crochet, frangée sur les deux côtés par de petites stries ciliées, nombreuses, rapprochées, courtes, qui disparaissent au bord palléal.

L'impression musculaire est très rapprochée du bord gauche, large, formant saillie sur son pourtour externe, non creusée à la partie antérieure.

Cette petite espèce ne paraît pouvoir être réunie à aucune de celles que nous connaissons dans le Nord africain. Cependant M. Rolland a recueilli dans le Sahara, à la base de l'escarpement de Mechgarden, au milieu des marnes du Cénomanien supérieur, une huître qui présente de grandes analogies avec celle qui nous occupe.

Cette huître de Mechgarden a été nommée par Coquand *Ostrea Rollandi* et décrite par lui dans le mémoire de M. Rolland sur le terrain crétacé du Sahara septentrional [1]. De nombreux spécimens ont été représentés dans l'Atlas photographique que M. Rolland a publié sur sa mission transsaharienne. En outre, ce savant a bien voulu nous faire don de plusieurs bons exemplaires de cette même huître, et nous sommes par conséquent en mesure de la bien connaître.

L'*O. Rollandi* est, comme notre *O. Papieri*, très abondant en individus qui vivent aussi agrégés en famille. Ils constituent par places une véritable lumachelle

---

[1] *Bull. Soc. géol. France*, sér. 3, IX, 329.

au milieu des marnes. La coquille est également ostréiforme, diversement contournée, à test mince, très foliacé et lamelleux, à contour arrondi ou ovale, à crochet court et aigu quand il n'est pas déformé.

Tous ces caractères se retrouvent dans notre *O. Papieri*, mais la taille de celui-ci est toujours incomparablement plus petite. L'*O. Rollandi* atteint en moyenne 40 millimètres de longueur et souvent au delà, tandis que l'*O. Papieri* dépasse bien rarement 15 millimètres. Cette seule différence, si constante sur de très nombreux individus, suffirait pour enlever toute certitude à une assimilation, mais, en outre, l'ornementation de l'*O. Rollandi* est un peu distincte dans son ensemble, car nous n'y voyons jamais ces plis onduiés radiants, ni ce gaufrage du pourtour que nous avons signalés dans notre huître tunisienne.

Dans ces conditions, et considérant d'ailleurs que l'horizon stratigraphique de ces deux huîtres paraît être sensiblement différent, nous avons jugé plus prudent de les distinguer spécifiquement.

Les autres espèces, plus ou moins voisines, qui peuvent être comparées à l'*O. Papieri*, sont les *O. Rouvillei*, *Thomasi*, *Heinzi* et quelques autres qui s'en rapprochent par leur taille ou leur ornementation, mais toutes en diffèrent sur quelques points que la description que nous venons de donner fait suffisamment ressortir.

Notre *O. Papieri* type provient de l'étage santonien du Khanget Tefel et du Khanget Goubel, mais M. Thomas a rapporté en outre du Djebel Dagla près Feriana d'autres petits spécimens assez nombreux que nous ne pouvons guère en séparer. Cependant ils sont presque tous ornés de véritables côtes, simples et très saillantes. Il ne semble pas impossible que ces petits individus soient des jeunes *O. semiplana*. Leur très petite taille ne nous permet pas d'être plus affirmatif à ce sujet.

Nous dédions cette nouvelle espèce à M. Papier, le savant président de l'Académie d'Hippone, auteur de nombreux travaux scientifiques sur le Nord africain, et entre autres d'un excellent catalogue minéralogique algérien.

Tunisie : Khanget Tefel; Khanget Goubel; (?) Djebel Dagla. — Étage santonien.

Ostrea Heinzi Thomas et Peron, pl. XXV, fig. 20-33.

DIMENSIONS.

Plus grand spécimen : Longueur, 28 millimètres; largeur, 25 millimètres; épaisseur, 14 millimètres.

Autre spécimen : Longueur, 26 millimètres ; largeur, 19 millimètres ; épaisseur, 12 millimètres.

Autre spécimen : Longueur, 19 millimètres ; largeur, 15 millimètres; épaisseur, 12 millimètres.

Espèce de petite taille, ostréiforme, épaisse, renflée, à test robuste, généralement adhérente par une ample portion de la partie antérieure de la grande valve. Pourtour habituellement ovale, mais souvent presque arrondi et parfois un peu évidé sous le crochet, du côté gauche.

Valve inférieure très convexe, profonde, à surface externe lisse et simplement garnie de lamelles concentriques peu saillantes, assez serrées, mais souvent régulièrement espacées, ni écailleuses, ni foliacées, ne formant que rarement des plis concentriques saillants. On distingue parfois sur cette surface des indices de costules longitudinales fort peu accentuées, limitées à la partie centrale de la valve, n'allant jamais jusqu'au bord palléal et ne formant pas de plis ondulés au pourtour. Face interne assez déprimée et profonde, ne montrant ni crénelures, ni sillons ciliés marginaux sur les bords latéraux, creusée sous le crochet.

Impression musculaire robuste, toujours déprimée et même profonde à sa partie antérieure.

Valve supérieure toujours convexe, parfois même très renflée, ornée de lamelles concentriques également espacées, comme sur la grande valve, mais ne montrant jamais de costules radiantes.

Crochets très courts et peu saillants, non acuminés, même quand ils ne sont pas déformés par l'adhérence, généralement un peu infléchis du côté gauche.

Fossette ligamentaire très courte, peu profonde, peu apparente extérieurement.

L'*Ostrea Heinzi* se distingue de l'*O. Papieri* par sa forme plus régulière, plus épaisse, moins foliacée, ses stries concentriques moins nombreuses, sa taille un peu plus grande, sa coquille plus robuste, ses costules radiantes différentes et n'affectant pas le pourtour.

Enfin il n'est pas groupé, comme l'*O. Papieri*, en famille agrégée nombreuse.

Les autres huîtres voisines avec lesquelles on peut comparer notre espèce sont l'*O. Bourguignati*, l'*O. Brossardi* Coquand et l'*O. Thomasi* Peron.

En ce qui concerne ce dernier, que nous avons décrit plus haut, sa forme bien plus irrégulière, plus allongée, plus déprimée, étroite, acuminée, sa surface plus rugueuse, fortement plissée transversalement, sans aucune trace de plis longitudinaux, le distinguent bien nettement de notre nouvelle espèce.

L'*O. Heinzi* est plus difficile à séparer spécifiquement du prototype de l'*O. Brossardi* Coquand. La différence essentielle consiste dans la forme très arrondie au pourtour et très plate de celui-ci. Les fines costules, ou plutôt les stries radiantes, qui en ornent les deux valves sont beaucoup plus fines et lui donnent l'aspect de certaines Plicatules. Nous avons, à la vérité, signalé cette même forme dans une huître recueillie au Djebel Bou-Driès, en compagnie de nos *O. Heinzi*, et nous l'avons déterminée sous le nom d'*O. Brossardi*. Mais, malgré les rapports incontestables de ces individus avec l'*O. Heinzi*, nous croyons devoir en maintenir la distinction.

En ce qui concerne l'*O. Bourguignati* Coquand, dont quelques variétés se rapprochent sensiblement de notre *O. Heinzi*, nous devons faire remarquer que cette huître du Santonien d'Algérie, dont nous possédons de nombreux spécimens, est en général bien plus plate, plus amincie en avant, plus acutirostre, à lamelles concentriques plus espacées. Enfin aucun de nos spécimens ne montre le moindre indice de costules ou de plis longitudinaux.

Nous ne connaissons en Algérie aucune autre espèce pouvant être confondue avec l'*O. Heinzi*, lequel semble jusqu'ici spécial à certains gisements du Santonien inférieur de la Tunisie.

Nous dédions cette espèce à M. Heinz, de Constantine, dont les recherches persévérantes ont beaucoup contribué à faire connaître la faune fossile de la province.

Tunisie : Djebel Dagla ; Djebel Feriana ; Kef El-Hammam ; Djebel Bou-Driès. — Étage santonien.

Ostrea Bleicheri Thomas et Peron, pl. XXV, fig. 34-36.

DIMENSIONS DU PLUS GRAND SPÉCIMEN CONNU.

Longueur, 28 millimètres ; largeur, 21 millimètres.

Nombre d'individus étudiés : 5.

Espèce de petite taille, médiocrement renflée, amplement adhérente par sa partie antérieure, arrondie à sa partie postérieure, sans expansions ni courbures latérales.

Valve inférieure assez profonde, un peu ovale, allongée et oblique. Surface très foliacée, garnie de lamelles d'accroissement prononcées et assez espacées. Ces lamelles sont coupées par des sillons rayonnants, irréguliers, espacés, peu profonds, qui dessinent des côtes discontinues, et entre lesquels le bord soulevé des lamelles forme souvent une écaille saillante. Ces sillons n'existent parfois que sur la partie centrale de la valve.

Valve supérieure concave, sauf dans la partie correspondante à la portion adhérente de la grande valve, où elle devient convexe en suivant la forme de cette surface d'adhérence. Cette valve est, comme l'inférieure, garnie de lames concentriques espacées, mais on n'y distingue aucune trace ni de sillons ni de costules convergents.

Crochet un peu recourbé du côté buccal, non saillant, déformé par la cicatrice d'adhérence.

L'*Ostrea Bleicheri* a une certaine analogie avec l'*O. Papieri* que nous avons décrit plus haut. Ce dernier, toutefois, est plus arrondi, plus renflé ; sa valve supérieure est très convexe, tandis qu'elle est concave dans tous nos exemplaires de l'*O. Bleicheri*. En outre, sa surface est plus rugueuse et ses costules différentes.

Nous dédions cette espèce à notre savant confrère, M. le docteur Bleicher, dont les importants travaux ont éclairé de nombreux points de la géologie africaine.

Tunisie : Khanget Goubel. — Étage santonien.

Ostrea Tissoti Thomas et Peron, pl. XXIV, fig. 1-7. — *O. Forgemolli* Coquand (*ex parte*) *Mon. Ostrea*, 25, t. 2, fig. 9-11 (non fig. 1-8) [1869], non *O. Forgemolli* Coquand *Géol. et pal. rég. sud prov. Constantine*, 230, t. 21, fig. 7-9 [1862].

DIMENSIONS.

Plus grand spécimen : Longueur, 57 millimètres ; largeur, 48 millimètres ; épaisseur, 24 millimètres.

Individu de Tunisie : Longueur, 50 millimètres ; largeur, 35 millimètres ; épaisseur, 17 millimètres.

Nous avons dit, en traitant de l'*Ostrea Forgemoli* [1], que cette espèce de Coquand nous paraissait comprendre deux formes bien différentes. Au type primitif, décrit dès 1862, Coquand, dans la *Monographie du genre Ostrea*, a ajouté d'autres spécimens recueillis par nous-même et par M. Brossard au Djebel Mzeïta et aux environs de Medjèz-el-Foukani, qui en réalité sont très distincts de ce type primitif. Depuis longtemps nous avons, dans notre collection, séparé ces spécimens dont nous possédons une nombreuse série. La même forme ayant été retrouvée en Tunisie par M. Thomas, nous avons dû lui affecter un nom spécial et nous la décrivons ici sous le nom d'*Ostrea Tissoti*, en souvenir de notre regretté confrère, l'ingénieur des mines de Constantine, auteur de la Carte géologique de cette province.

Coquille de taille médiocre, ordinairement étroite, assez allongée, un peu oblique et souvent un peu arquée et infléchie, peu renflée. Sommet habituellement adhérent, avec surface d'attache peu étendue; crochet étroit et acuminé, quand il n'est pas déformé par la cicatrice d'adhérence, parfois droit, parfois un peu incliné du côté gauche. Pourtour palléal ovale, sans expansions latérales; bord mince, découpé en dents de scie par les côtes.

Valve inférieure peu profonde, garnie de huit à dix côtes rayonnantes, qui s'étendent du sommet au bord palléal. Ces côtes sont peu saillantes, rondes, lisses, non écailleuses, simples ou dichotomisées vers le milieu de la longueur. Valve supérieure parfois plane, mais le plus souvent un peu convexe, garnie de côtes semblables à celles de la valve inférieure.

Lamelles d'accroissement ordinairement peu prononcées et peu visibles, de telle sorte que la surface externe des valves a une apparence lisse. Cependant, par exception, on y distingue quelquefois des lames concentriques assez épaisses.

Fossette ligamentaire courte et peu visible extérieurement.

Aucun de nos exemplaires ne montre la face interne des valves.

L'espèce ainsi définie se distingue de l'*Ostrea Forgemoli* type par sa taille plus petite, par sa forme plus régulière, plus étroite, sans expansions latérales, par ses côtes moins grosses, moins tranchantes, plus mousses, par sa valve supérieure non concave, par son crochet plus acuminé.

Algérie : Djebel Mzeïta (abondant); Ouled Mahdid; Kef Matrek.
Tunisie : Djebel Dernaïa. — Étage campanien.

---

[1] C'est à tort que Coquand a orthographié ce nom *O. Forgemolli*.

Ostrea Bretoni Thomas et Peron, pl. XXV, fig. 37-39.

DIMENSIONS.

Longueur, 33 millimètres; largeur, 28 millimètres.

Nombre d'individus étudiés : 5. (Dans ce nombre se trouve un spécimen dont les dimensions sont beaucoup plus grandes que celles indiquées ci-dessus, mais sa surface est usée et son identité est un peu douteuse. Sa forme est d'ailleurs semblable à celle des autres et son gisement est le même.)

Coquille nettement triangulaire, à sommet très aminci et acuminé, limité par deux lignes droites formant entre elles un angle aigu. Le bord droit est rentrant et presque perpendiculaire à la surface supérieure; le bord gauche est un peu déprimé. La valve inférieure, la seule que nous possédons, est convexe et subconique. Sa surface externe est complètement garnie de costules radiantes, nombreuses et très fines, qui se dichotomisent plusieurs fois avant d'atteindre la périphérie. Ces costules sont droites, un peu plus fortes sur la partie médiane de la valve et un peu infléchies sur les côtés. Elles sont mousses, arrondies, ni épineuses, ni écailleuses. Sur quelques individus, elles disparaissent en partie sur les bords avant d'atteindre l'extrémité palléale.

La surface de la valve est en outre généralement sillonnée par des ondulations concentriques larges, peu saillantes, assez régulièrement espacées comme les plissements de certains *Inoceramus.*

Le crochet est aigu, saillant, droit ou très légèrement infléchi. La surface d'adhérence est très petite et située sur le côté gauche du crochet, comme dans l'*Ostrea lateralis* Nilsson.

La fossette ligamentaire est assez longue et étroite et suit le crochet dans toute sa longueur. Le test est médiocrement épais et nettement foliacé.

L'*Ostrea Bretoni,* par sa forme triangulaire et aiguë et par ses fines costules dichotomisées, se distingue bien nettement de toutes les espèces crétacées connues. C'est une huître dont le facies semble plutôt tertiaire que crétacé. Cependant elle appartient bien certainement à ce dernier terrain, car dans la gangue de quelques-uns de nos exemplaires on aperçoit de nombreux *Orbitoides Faujasi,* foraminifère qui abonde dans les calcaires daniens de Chebika avec les *Hemipneustes* et autres fossiles très caractéristiques.

Nous dédions cette espèce à M. le commandant Breton, ancien attaché militaire à la Résidence de Tunis.

Tunisie : Chebika. — Étage danien.

Genre **CHALMASIA** Stoliczka [1871].

Chalmasia Turonensis Dujardin; Nob., pl. XXVI, fig. 1-3. — *Vulsella Turonensis* Dujardin in *Mém. Soc. géol. France,* sér. 1, II, 223, t. 15, fig. 1 [1837]. — *Ostrea*

Turonensis d'Orbigny *Pal. franç.*, Terr. crét., Lamellibranches, 748, t. 479, fig. 4-7 [1846]. — *Vulsella Turonensis* Coquand *Géol. et pal. rég. sud prov. Constantine*, 303 [1862]; Brossard in *Mém. Soc. géol. France*, sér. 2, VIII, 237 [1867]; Cotteau, Peron et Gauthier *Descr. Échin. foss. Algérie*, Ét. sénonien, 15 [1887]. — *Chalmasia Turoniensis* Stoliczka *Cret. Fauna South. India*, Pélécypodes, 402 [1871]. — *Chalmasia concentrica* Coquand *Études suppl.*, 189 [1879].

Le fossile désigné sous ce nom a donné lieu déjà à bien des discussions et cependant sa place dans la nomenclature n'est pas encore bien nettement fixée. Classé dans l'origine par Dujardin parmi les *Vulsella*, il a été ensuite considéré par d'Orbigny comme un *Ostrea;* plus tard il a formé le type du nouveau genre *Chalmasia*, que M. Stoliczka a démembré des *Vulsella*, en 1871.

Quoique le genre *Chalmasia* ne soit pas admis par tous les naturalistes et que M. Fischer, notamment, ne le considère que comme une subdivision du genre *Ostrea*, nous avons jugé convenable de l'adopter. Les fossiles qui le composent ont, en effet, des caractères et un facies qui les distinguent facilement des *Ostrea*. Ils sont équivalves, très déprimés et ne semblent jamais avoir été attachés aux corps sous-marins par leur coquille elle-même. Ce sont là de véritables caractères génériques.

Le nom spécifique de notre fossile a donné lieu également à quelques désaccords. Sa synonymie complète comprend beaucoup de noms différents, parmi lesquels celui adopté par Dujardin avait prévalu, quand, en 1879, Coquand a cru devoir assimiler l'espèce de Dujardin à l'*Ostrea concentrica* Woodward, espèce de la craie de Norfolk, décrite dès 1833, et a fait passer en synonymie le nom de *Vulsella Turonensis*.

L'exactitude de cette assimilation est douteuse. M. Stoliczka ne l'a pas admise et nous croyons devoir nous ranger à sa manière de voir. Nous reprendrons donc le nom spécifique donné par Dujardin, mais en classant le fossile dans le genre *Chalmasia*.

Ce nouveau genre cependant ne paraît pas encore bien nettement défini et la place qu'il doit occuper dans la nomenclature n'est pas bien précisée. Les différentes descriptions qui en ont été données, tant par M. Stoliczka que par MM. Munier-Chalmas, Zittel, Fischer, etc., ne nous semblent pas complètement satisfaisantes. La coquille, en effet, est toujours signalée comme étant de forme allongée. Or cette forme, en Algérie surtout, est bien plus rare que la forme transverse, élargie et incurvée.

Un des principaux caractères génériques indiqués par les auteurs consiste dans des plicatures qui souvent forment un bâillement au-dessous du crochet. Or ces plicatures n'existent que fort rarement. En outre, la fossette ligamentaire est petite, plutôt que large et profonde, et enfin l'existence d'un byssus, par lequel la coquille serait fixée, n'est pas encore démontrée.

Les exemplaires de *Chalmasia Turonensis* de l'Algérie, beaucoup plus abondants que ceux de la Touraine, nous permettent de mieux voir les variations de l'espèce. Ils affectent, comme ces derniers, une forme tantôt droite et allongée, tantôt transverse, élargie, avec une expansion latérale incurvée. Les valves sont très déprimées, presque plates, sensiblement égales; la valve inférieure est cependant quelquefois légèrement plus convexe que l'autre. Toutes les deux sont garnies de rides concentriques équidistantes, assez régulières dans le jeune âge, mais devenant plus tard inégales, irrégulières et se transformant même en simples stries concentriques.

Les crochets sont habituellement contigus. Cependant, dans les vieux individus, ils s'écartent souvent beaucoup et, dans l'entre-bâillement, on aperçoit une longue fossette ligamentaire peu profonde.

L'identité de nos exemplaires africains avec l'espèce de Dujardin a été depuis longtemps reconnue par Coquand. Nous devons dire cependant que M. Munier-Chalmas, auquel nous en avons envoyé quelques-uns, ne semble pas admettre cette identité. Malgré la grande autorité de ce savant, nous ne pouvons adopter sa manière de voir.

Nous avons pu réunir d'assez nombreux exemplaires de *Chalmasia Turonensis* de la Touraine et aussi de la Provence, où ce fossile existe également, et nous pouvons constater, par comparaison, que toutes les variétés de cette espèce se retrouvent identiquement semblables parmi nos exemplaires de l'Afrique.

Les *Chalmasia Turonensis* sont extrêmement abondants dans certaines localités de l'Algérie. Aux environs de Bordj-bou-Areridj et de Medjèz-el-Foukani, nous avons remarqué un petit niveau calcaréo-marneux du Santonien supérieur qui en est complètement rempli. Coquand n'avait signalé l'espèce qu'à Refana et au Djebel Karkar, mais elle existe encore dans plusieurs localités que nous indiquons ci-après.

En Tunisie, le *Chalmasia Turonensis* ne paraît pas être aussi répandu. Cependant M. Thomas en a rencontré, dans plusieurs gisements, de bons exemplaires bien identiques à ceux de l'Algérie.

Nous en avons fait figurer quelques-uns, provenant des deux contrées, et montrant les mêmes variétés qu'on rencontre en Touraine.

Algérie : Refana; Djebel Karkar (Coquand); Nza-ben-Messaï; Oued Djelfa; Bordj-bou-Areridj; Medjèz-el-Foukani.

Tunisie : Khanget Tefel; Djebel Taferma (versant nord); calcaires gréseux à *Goniopygus* et *Echinobrissus*. — Étage santonien.

Genre **NAYADINA** Munier-Chalmas [1863].

Nayadina Gaudryi Thomas et Peron, pl. XXVI, fig. 4-15.

DIMENSIONS DU PLUS GRAND EXEMPLAIRE.

Longueur, 67 millimètres; largeur, 52 millimètres.

Les dimensions relatives de nos autres exemplaires sont tellement variables et irrégulières qu'il n'y a aucune utilité à les indiquer.

Coquille ostréiforme, non adhérente aux corps sous-marins, de taille médiocre, irrégulièrement équivalve, inéquilatérale, quelquefois imparfaitement close et présentant un léger bâillement, étroit, simple, non sinueux.

Pourtour de forme extrêmement variable, parfois presque rond, d'autres fois subtriangulaire ou étroit et allongé, présentant souvent une expansion anale recourbée, aliforme.

Test très épais, solide, très lamelleux, composé, extérieurement, de couches corticales nombreuses, serrées, presque toujours perforées et déchiquetées par des éponges du genre *Cliona*, et intérieurement, d'une couche irrégulière, mamelonnée et boursouflée, de matière subvitreuse qui devait être nacrée.

Le bord interne des valves est quelquefois légèrement frangé.

Crochets terminaux, obliques, quelquefois rapprochés et même contigus, d'autres fois divergents, échancrés plus ou moins largement pour le passage du ligament.

Fossette ligamentaire large, profonde, conique, en cuilleron, plus ou moins étroite et allongée suivant la forme générale de la coquille, reproduisant les stries concentriques du test.

A côté de la fossette, il existe parfois une saillie interne, dentiforme, à laquelle correspond une cavité en fossette sur la valve opposée.

Sur quelques individus, la portion occupée par l'animal ne s'étend pas à toute la surface interne de la valve; il reste en dehors une partie débordante irrégulière, lamelleuse, non garnie de couche nacrée.

Empreinte du muscle adducteur semi-lunaire, un peu saillante à la partie postérieure et disparaissant à la partie antérieure sous la couche nacrée interne. Cette empreinte est sillonnée, dans le sens longitudinal, de plis radiants plus ou moins marqués.

Cette remarquable coquille, dont nous possédons des exemplaires assez nombreux et très bien conservés, ne peut être confondue avec aucune espèce connue.

Par son aspect extérieur, par sa forme et par l'ornementation simplement lamelleuse de sa surface, elle rappelle complètement la coquille de la craie de la Charente, décrite par M. Munier-Chalmas [1] sous le nom de *Nayadina Heberti*. Il nous paraît probable qu'elle doit être classée dans le même genre plutôt que dans les *Chalmasia* ou les *Elygmopsis*. Cependant, si nous nous basons exclusivement sur la diagnose que M. Munier-Chalmas a donnée du genre *Nayadina*, nous constatons quelques différences qui pourraient faire douter de l'exactitude de cette classification.

Ainsi, d'après cette diagnose, l'empreinte musculaire serait, non pas en relief, mais fortement marquée en creux; de plus, le test serait formé d'une seule couche, épaisse, feuilletée et non nacrée.

Nous devons toutefois faire remarquer que, au moins en ce qui concerne la disposition de l'impression musculaire, les termes de la diagnose de M. Munier-Chalmas nous paraissent susceptibles de quelques tempéraments. Nous possédons, en effet, plusieurs exemplaires de *Nayadina Heberti*, recueillis dans la craie de Saint-Paterne, et il est facile d'y voir que cette empreinte musculaire est en forte saillie sur son pourtour externe et creusée seulement à la partie antérieure, comme cela a lieu dans notre coquille de Tunisie.

Prenant ce fait en considération et après avoir comparé nos exemplaires avec de bons spécimens de *Chalmasia*, d'*Elygmus* et d'autres formes voisines, nous avons acquis la conviction qu'ils sont bien à leur place dans le genre *Nayadina*.

Il ne nous paraît pas impossible que le *N. Gaudryi* soit la même espèce que Seguenza a déjà nommée *Vulsella læviuscula*. Mais cette Vulselle (?) du Cénomanien de l'Italie n'est connue que par un exemplaire unique et trop mal conservé pour que nous puissions en discerner les caractères propres. Nous estimons seulement qu'elle paraît plus lisse que notre Nayadine, moins foliacée et présentant un bâillement plissé sous le crochet. Elle est du reste, comme plusieurs de nos exemplaires, défigurée par les perforations des *Cliona*.

Il nous a paru utile, en raison des variations de la forme du *Nayadina Gaudryi*, d'en faire dessiner plusieurs spécimens représentant les principales variétés.

Cette nouvelle espèce est dédiée à M. le professeur Albert Gaudry, membre de l'Institut.

Tunisie : Djebel Taferma (Kef Nador); El-Aïeïcha; Djebel Ceket. — Étage cénomanien.

Nayadina aff. **Gaudryi** Thomas et Peron.

Nous attribuons ce nom provisoire à un exemplaire bivalve, insuffisant pour

---

[1] Note sur les *Vulsellidæ* in *Bull. Soc. Linn. Normandie*, VIII, 15, t. 1, fig. 1 [1863].

une détermination bien précise, qui provient de la zone à *Roudaireia*, ou étage danien, de la région des grands Chotts tunisiens.

DIMENSIONS.

Longueur, 30 millimètres; largeur, 28 millimètres; épaisseur, 10 millimètres.

Coquille ostréiforme, déprimée, un peu oblique et transverse, équivalve, inéquilatérale. Côté anal un peu incomplet, plus allongé et plus acuminé que l'autre. Côté buccal arrondi, court.

Valves garnies de lamelles d'accroissement et de petits plis concentriques irréguliers, serrés et nombreux, sans traces de côtes ou de stries longitudinales.

Les valves sont un peu déviées de leur position respective normale et laissent voir une fossette ligamentaire peu développée et peu profonde. L'une d'elles montre en outre, sur le côté du crochet, une saillie du test, au milieu de laquelle se trouve une fossette assez profonde dans laquelle devait se loger une protubérance dentiforme de l'autre valve.

Crochets courts, peu saillants, émoussés.

La surface externe est parsemée de petits oscules ronds ou allongés, provenant des perforations des *Cliona*.

L'intérieur des valves n'est pas visible.

Cette coquille ne peut être assimilée au *Chalmasia Turonensis* de l'étage santonien. Elle est moins plate, plus ostréiforme, et ne montre ni les crochets infléchis ni les grosses rides concentriques qui caractérisent ce *Chalmasia*.

Elle semble, par sa structure externe, simplement feuilletée, et par sa forme générale, se rapprocher beaucoup de notre *Nayadina Gaudryi*. Évidemment, si elle eût été rencontrée dans la même localité et au même horizon stratigraphique, nous n'aurions pas hésité à l'y réunir. Mais elle provient, comme nous l'avons dit, de l'étage danien, alors que le *N. Gaudryi* a été rencontré exclusivement dans le Cénomanien. Une semblable discordance impose de la réserve, d'autant plus qu'elle coïncide avec quelques différences dans les caractères. Ainsi, notre coquille danienne est plus plate, plus régulière; sa surface porte de petits plis que l'autre ne possède pas; sa fossette ligamentaire semble beaucoup plus petite, et enfin les valves ne présentent aucun bâillement.

Dans ces conditions, il est convenable d'attendre des matériaux plus complets. Nous ne sommes même pas bien convaincu que notre coquille soit bien à sa place dans le genre *Nayadina*. Cependant sa structure feuilletée, son aspect, l'existence d'une fossette dentaire au crochet, nous semblent la rapprocher de ce genre plus que des *Ostrea* ou des *Chalmasia*.

Tunisie : Bir Khenafès (zone à *Roudaireia Auressensis*). — Étage danien.

SPONDYLIDÆ.

Genre PLICATULA Lamarck [1801].

Plicatula Fourneli Coquand *Géol. et pal. rég. sud prov. Constantine*, 220, t. 16, fig. 5 et 6 [1862]; Brossard in *Mém. Soc. géol. France*, sér. 2, VIII, 227 [1867]; Ville *Explor. Hodna*, 89 [1868]; L. Lartet *Géol. Palestine*, 58, t. 12, fig. 15 [1872]; Seguenza *Studi geol. e pal. sul cret. medio*, 171 [1878]; Léon Dru in *Extr. Miss. Roudaire*, 53 [1881]; Zittel *Libysch. Wüste*, 28-79 [1883].

Les types du *Plicatula Fourneli* proviennent de l'étage cénomanien de Batna et de Tenoukla. Cette jolie coquille est l'une des mieux caractérisées et des plus faciles à déterminer; aussi a-t-elle été citée par de nombreux auteurs. Coquand l'a bien figurée et suffisamment décrite. Cependant nous avons quelques détails à modifier ou à ajouter à sa description.

La dimension de la coquille est, d'après le descripteur, de 35 millimètres. Ce n'est là qu'une taille moyenne. Nous avons des exemplaires de la Tunisie qui dépassent 40 millimètres de longueur.

Contrairement à ce qu'a dit Coquand, la valve supérieure est rarement concave. Le plus souvent elle est plane ou même légèrement convexe.

Le nombre des grosses côtes épineuses est assez variable. Il s'en faut de beaucoup que les sillons qui les séparent soient toujours de même largeur que les côtes elles-mêmes. Ils sont parfois beaucoup plus larges et le nombre des costules intermédiaires varie en proportion. Coquand désigne ces costules sous le nom de «stries». L'expression est impropre. Ce ne sont pas des stries, mais bien de véritables petites côtes, très fines, mais sensiblement saillantes, qui remplissent les intervalles entre les grosses côtes épineuses.

Ces petites costules, d'ailleurs, grossissent à mesure que grandit la coquille et se transforment même en grosses côtes épineuses, semblables aux premières.

Nous avons des exemplaires de la Tunisie où le nombre des côtes épineuses varie depuis neuf jusqu'à vingt. Dans les premières, on peut compter jusqu'à cinq costules intermédiaires. Dans les dernières, il n'en existe que trois, deux ou même une, suivant la largeur des intervalles.

Il existe dans les *Plicatula Fourneli* une variété que nous retrouvons en Tunisie après l'avoir observée dans les individus de Batna, de Bou-Saada et d'autres localités algériennes. Ce sont des individus où les stades d'accroissement sont fortement indiqués. Les lamelles concentriques y sont saillantes et débordantes, ainsi qu'on le voit sur la valve inférieure de certains Spondyles. Parfois aussi elles forment un ressaut très accentué. Ce caractère, d'ailleurs, ne modifie pas le système des côtes et n'a pas d'influence sensible sur la taille et le développement de la coquille. Ce n'est qu'une variation individuelle et non un caractère spécifique.

Il arrive aussi fort souvent que la coquille est assez largement fixée aux corps sous-marins. La valve inférieure montre alors une surface d'adhérence plus ou moins grande.

Coquand a décrit, en 1879, sous le nom de *P. ventilabrum*, une autre Plicatule de la craie supérieure qui présente très sensiblement le même système de doubles côtes que le *P. Fourneli*. Toutefois le *P. ventilabrum* atteint généralement une taille tout à fait inconnue dans l'espèce cénomanienne. Nous ferons connaître, du reste, que cette nouvelle Plicatule ne peut être conservée dans la nomenclature et qu'elle doit être réunie au *P. hirsuta*.

Le niveau stratigraphique du *P. Fourneli* en Algérie est l'étage cénomanien, mais plus particulièrement les couches supérieures de cet horizon. Il en est de même en Tunisie, où M. Thomas en a recueilli d'excellents spécimens dans plusieurs localités.

Algérie : Batna; Tenoukla; Bou-Saada; Djebel Bou-Thaleb; Djebel Guessa.
Tunisie : Djebel Semama (marnes supérieures); Djebel Meghila (Foum-el-Guelta); Djebel Cehela. — Étage cénomanien.

Plicatula Auressensis Coquand *Géol. et pal. rég. sud prov. Constantine*, 222, t. 16, fig. 14-16 [1862]; Brossard in *Mém. Soc. géol. France*, sér. 2, VIII, 227 [1867]; Ville *Explor. Hodna*, 88 [1868]; Hardouin in *Bull. Soc. géol. France*, sér. 2, XV, 340 [1868]; Nicaise *Catal. anim. foss. prov. Alger*, 62 [1870]; Cotteau, Peron et Gauthier *Descr. Échin. foss. Algérie*, Ét. cénomanien, 27-34 [1878]; Seguenza *Studi geol. e pal. sul cret. medio*, 171 [1878]; Rolland in *Bull. Soc. géol. France*, sér. 3, IX, 528 [1881]; Peron *Essai descr. géol. Algérie*, 88-94 [1883]; Zittel *Libysch. Wüste*, 16 [1883].

Cette espèce est, comme la précédente, abondante dans les couches cénomaniennes des hauts-plateaux tunisiens et algériens. Ses côtes rares, élevées, non bifurquées, à épines espacées, la distinguent assez facilement des autres. Cependant quelques individus possèdent des côtes plus nombreuses qui montrent une tendance à la dichotomisation. D'après Coquand, la valve supérieure serait légèrement concave. Ce cas est loin d'être général. Dans la plupart des individus, elle est plutôt plane. On en rencontre même beaucoup où elle est convexe, au même degré que la grande valve.

Un caractère assez important, que Coquand n'a pas signalé, est à noter ici. Cette coquille est presque toujours solidement fixée sur des corps étrangers et sa valve inférieure conserve une large trace d'adhérence.

Tunisie : Djebel Meghila (Foum-el-Guelta); Djebel Cehela; El-Aïeïcha (rare, variété petite). — Étage cénomanien.

Plicatula Reynesi Coquand *Géol. et pal. rég. sud prov. Constantine*, 222, t. 17, fig. 1 et 2 [1862].

Ce nom a été appliqué à une petite Plicatule du Cénomanien de Batna, dont les caractères principaux résident dans sa valve supérieure légèrement concave et dans le mode de division de ses côtes qui se bifurquent aux deux cinquièmes de leur longueur. Ce sont là des caractères bien vagues et bien instables. Aussi le *Plicatula Reynesi* n'est-il pas toujours facile à distinguer de certains de ses congénères, comme les *P. Batnensis* et *P. Auressensis*.

Nous avons pu recueillir, à Batna, dans les mêmes assises qui ont fourni à Coquand le type de son espèce, de nombreux spécimens que nous devons rapporter au *P. Reynesi*, et leur examen nous a démontré qu'il est nécessaire d'apporter des modifications à la diagnose de cette espèce.

Cette diagnose, du reste, est en contradiction sensible sur quelques points avec la figure du fossile.

En ce qui concerne le mode de bifurcation des côtes rayonnantes, par exemple, on voit sur le dessin que cette bifurcation, loin de se produire régulièrement aux deux cinquièmes de leur longueur, se produit à des distances très variables du sommet. Abstraction faite de sa forme plus arrondie, l'exemplaire du *P. Reynesi* qui a été figuré par Coquand paraît bien voisin de ceux qui, depuis, ont été décrits sous le nom de *P. Batnensis*.

Quoi qu'il en soit, nous avons trouvé parmi les Plicatules recueillies par M. Thomas de nombreux exemplaires bien semblables à ceux de Batna qui ont servi de type au *P. Reynesi*.

Tunisie : Djebel Cehela; Djebel Taferma (versant sud); Djebel Nouba (zone supérieure). — Étage cénomanien.

Plicatula Batnensis Coquand *Études suppl.*, 162 [1879]; Nob., pl. XXVI, fig. 16.

Nous ne sommes pas entièrement convaincu de la valeur de cette nouvelle espèce de Coquand. Si l'on compare sa description avec celle du *Plicatula Reynesi*, on peut remarquer qu'elle diffère de ce dernier par sa taille plus grande, par sa forme plus ovale, par sa valve supérieure légèrement convexe et enfin par ses côtes plus ou moins bifurquées. Mais, dans le *P. Reynesi*, la forme concave de la petite valve est loin d'être constante et, d'autre part, ainsi que nous l'avons dit, les bifurcations des côtes s'y produisent irrégulièrement et à des distances très variables du sommet. Les autres différences, de forme et de taille, sont d'ordre secondaire et peuvent s'expliquer par une différence d'âge.

Le type du *P. Batnensis* provient, comme celui du *P. Reynesi*, des marnes cénomaniennes de Batna. Il a été recueilli par M. Papier, qui a eu l'heureuse idée d'en faire photographier un exemplaire.

Grâce à cette circonstance, nous avons pu reconnaître que les caractères distinctifs propres de cette espèce, c'est-à-dire sa forme ovale et les dichotomies successives de ses côtes, sont beaucoup moins accentués qu'on ne pourrait le supposer d'après la description. Aussi, malgré toute notre attention, nous ne sommes pas parvenu à séparer nettement, parmi nos nombreuses Plicatules de Batna, celles qui doivent être des *P. Batnensis* des individus qui appartiennent au *P. Reynesi*.

Cependant, à Bou-Saada, dans le même horizon, nous avons retrouvé, assez fréquente et assez constante, une Plicatule ovale et de taille assez grande, à laquelle la diagnose du *P. Batnensis* s'applique convenablement. Il en est de même de certains exemplaires assez nombreux que M. Thomas a rencontrés en Tunisie. Nous avons donc cru devoir, sous les réserves qui précèdent et en attendant des matériaux plus probants, attribuer à ces exemplaires le nom de *P. Batnensis*. Nous en avons fait dessiner un, pour mieux faire connaître cette coquille qui n'a jamais été figurée.

Nous devons noter que ce spécimen, contrairement aux autres, a la valve supérieure légèrement concave.

Algérie : Batna; Bou-Saada.

Tunisie : Djebel Meghila (Foum-el-Guelta); Djebel Semama; Djebel Ceket. — Étage cénomanien.

Plicatula Numidica Coquand *Études suppl.*, 161 [1879]; Nob., pl. XXVI, fig. 17.

Cette Plicatule, décrite par Coquand en 1879, mais non figurée, aurait pu rester toujours douteuse, si MM. Papier et Heinz, qui ont fourni à l'auteur les types décrits dans ses *Études supplémentaires*, n'avaient eu la précaution d'en faire photographier un exemplaire.

Grâce à cette figure, nous avons pu reconnaître dans cette espèce une grande Plicatule, très foliacée, que nous avons rencontrée assez fréquemment dans les assises cénomaniennes de Bou-Saada.

La forme de cette Plicatule est assez variable. Elle n'a pas, en général, la régularité des *Plicatula Fourneli*, *P. Auressensis* et *P. Ferryi*. Souvent elle est contournée et à surface gauchie. Les côtes radiantes varient aussi beaucoup en nombre et en grosseur. Ce sont surtout les lamelles foliacées, onduleuses et rugueuses, qui donnent à cette coquille un caractère un peu spécial. Les individus sont, en outre, souvent fixés par la plus grande partie de la valve inférieure.

Il ne semble pas impossible que les individus que nous attribuons au *P. Numidica* ne soient qu'une variété, de grande taille et rendue irrégulière par son mode d'adhérence, d'une autre espèce, le *P. Batnensis*, qui habite le même niveau géologique. Nous ne connaissons, en effet, aucun exemplaire jeune du *P. Numidica*, ou du moins aucun exemplaire de petite taille, montrant cependant bien le même facies et les mêmes caractères spécifiques.

C'est là toutefois une question que nos matériaux ne nous permettent pas de résoudre sûrement et qu'il convient, en conséquence, de réserver pour l'avenir.

Quoi qu'il en soit, cette même forme particulière à laquelle le nom de *P. Numidica* a été donné se retrouve bien semblable en Tunisie, où elle est même représentée par de bons exemplaires. Nous en avons fait dessiner un, de taille médiocre, mais qui donne néanmoins une idée assez exacte de l'espèce.

Algérie : Batna; Bou-Saada; Bordj-Messaoud (au sud de Sétif).

Tunisie : El-Aïeïcha (zone inférieure); Djebel Oum-Ali (versant nord). — Étage cénomanien.

Plicatula Ferryi Coquand *Géol. et pal. rég. sud prov. Constantine*, 221, t. 16, fig. 7-9 [1862]; Nob., pl. XXVI, fig. 18 et 19. — *P. Desjardinsi* Coquand l. cit., 222, t. 17, fig. 3-4 [1862]. — *P. Ferryi* Brossard in *Mém. Soc. géol. France*, sér. 2, VIII, 237 [1867]; Ville *Expl. Beni Mzab*, 173 [1872]; Tissot *Texte explic. Carte géol. prov. Constantine*, 67 [1881]; Cotteau, Peron et Gauthier *Descr. Échin. foss. Algérie*, Ét. sénonien, 17 [1881]; Peron *Essai descr. géol. Algérie*, 128 [1883].

Cette Plicatule est la plus commune dans l'étage sénonien du nord de l'Afrique. Très variable, comme ses congénères, en ce qui concerne l'ornementation, elle se distingue cependant assez nettement par sa forme régulière, assez épaisse, uniformément convexe sur les deux valves, par la grande taille à laquelle elle parvient généralement, par ses côtes assez petites, nombreuses, presque égales entre elles et coupées par des lames d'accroissement qui les rendent écailleuses.

Coquand a fait remarquer avec raison que cette Plicatule est fort voisine du *Plicatula aspera* Sowerby. Ce rapprochement peut sembler singulier si l'on se borne à comparer nos exemplaires de l'Algérie au spécimen de *P. aspera* que d'Orbigny a décrit et figuré [1]. Mais ce dernier ne semble guère correspondre au type réel de l'espèce de Sowerby, et, en tous cas, il diffère beaucoup des spécimens de la craie de Gosau que M. Zittel a décrits [2].

Nous avons pu, en outre, comparer nos *P. Ferryi* avec de bons exemplaires du *P. aspera* que nous devons à la libéralité de M. Zittel et nous avons reconnu que les deux espèces sont réellement fort semblables.

---

[1] *Pal. franç.*, Terr. crét., Lamellibranches, 686, t. 463, fig. 11 et 12.

[2] *Die Bivalv. der Gosaugebilde*, 44, t. 19, fig. 1.

Néanmoins il existe entre elles quelques différences bien constantes qui peuvent motiver leur séparation. Ainsi, tandis que le *P. Ferryi* a les deux valves régulièrement et constamment convexes, le *P. aspera* a sa valve supérieure toujours plane ou même légèrement concave. Nous avons bien remarqué que, dans plusieurs autres espèces, cette forme de la valve supérieure variait singulièrement, mais il n'en est pas de même dans celles dont nous nous occupons.

Coquand a désigné sous le nom de *P. Desjardinsi* une autre grande coquille qui ne diffère du *P. Ferryi* que par une épaisseur plus grande. Nous ne saurions considérer ce caractère comme suffisamment distinctif. Cette même forme renflée se rencontre à peu près partout où l'on trouve le *P. Ferryi* et elle nous paraît n'en être qu'une variété très adulte. A un certain âge, l'accroissement de la coquille en longueur et en largeur s'arrête, les lamelles successives d'accroissement, au lieu de s'étaler et de déborder sur les précédentes, se superposent simplement et la coquille devient de plus en plus épaisse.

Nous devons signaler cependant que, dans l'un des gisements tunisiens explorés par M. Thomas, le Bir Tamarouzit, les exemplaires nombreux et en bon état de *P. Ferryi* qui s'y trouvent affectent tous la forme renflée et épaisse des *P. Desjardinsi.* Cette localisation de la variété nous a fait hésiter à la réunir au type du *P. Ferryi*, mais nous avons considéré qu'abstraction faite de leur forme plus épaissie, les individus du Bir Tamarouzit étaient entièrement identiques aux spécimens les mieux caractérisés du *P. Ferryi* et nous nous sommes décidé à les y réunir.

L'existence du *P. Ferryi* en dehors du nord de l'Afrique n'est pas encore démontrée. Cependant nous-même avons rapporté à cette espèce une coquille que nous avons recueillie dans les marnes à Échinides de Rennes-les-Bains (Aude)[1]. Cette coquille, en effet, présente bien le même système de côtes assez petites et écailleuses et la même forme convexe que le *P. Ferryi*. Mais notre exemplaire est unique et de taille assez petite, et quoiqu'il soit accompagné à Rennes-les-Bains de plusieurs espèces qui, en Algérie, se retrouvent aussi avec le *P. Ferryi*, nous ne saurions encore affirmer l'exactitude de notre détermination.

Coquand assigne l'étage santonien comme horizon géologique au *P. Ferryi*. C'est en effet à ce niveau qu'il est le plus abondant. Cependant nous en avons encore rencontré des exemplaires bien typiques jusque dans la craie supérieure et nous sommes convaincu que l'espèce a subsisté pendant tout le Crétacé supérieur.

---

[1] *Bull. Soc. géol. France*, sér. 3, V, 513 [1877].

Nous en avons fait dessiner un exemplaire de l'étage turonien et un autre représentant la variété *Desjardinsi.*

Tunisie : Bir Tamarouzit; Djebel Bou-Driès (très grands exemplaires); Djebel Sidi-bou-Ghanem; Djebel Dernaïa (versant nord); Kef-el-Hammam (niveau phosphaté); Djebel Dagla (individus jeunes et un peu douteux); Khanget Goubel; Khanget Safsaf; Khanget Oguef; Djebel Aïdoudi (base nord). — Étages turonien, santonien et campanien.

Plicatula Flattersi Coquand *Géol. et pal. rég. sud prov. Constantine,* 221, t. 16, fig. 10-13 [1862]; Nob., pl. XXVI, fig. 20-24; L. Lartet *Géol. Palestine,* 58 [1872] (?); Cotteau, Peron et Gauthier *Descr. Échin. foss. Algérie,* Ét. sénonien, 17 [1881]; Tissot *Texte explic. Carte géol. prov. Constantine,* 67 [1881]; Peron *Essai descr. géol. Algérie,* 130 [1883].

Coquand a établi cette espèce sur un individu de très grande taille qui constitue certainement une exception, car nous n'en avons jamais rencontré d'identique dans les localités mêmes où ce type a été recueilli. Cette taille «gigantesque» suffit, d'après le descripteur, pour distinguer très nettement le *Plicatula Flattersi* de tous ses congénères. Nous devons déclarer cependant que ce caractère est loin de nous suffire.

Avant de parvenir à la taille extraordinaire du type figuré, les individus passent naturellement par des tailles et des états successifs dont le descripteur n'a pas parlé et qu'il serait utile de connaître.

En nous aidant de quelques individus de grande taille qui nous ont paru représenter le type de Coquand, nous avons été amené à attribuer le nom de *P. Flattersi* à une coquille, abondante dans les marnes campaniennes de la subdivision de Sétif et du sud de Batna et se montrant aussi dans le Santonien et même dans le Danien. En général, cette coquille atteint une assez grande taille. Sous ce rapport, elle est assez semblable au *P. Ferryi,* mais elle a des côtes plus grosses et moins nombreuses. Ces côtes sont à peu près toutes égales entre elles, peu bifurquées et d'autant plus épineuses que l'individu est plus jeune. Quand il est très grand, les épines s'émoussent et la surface des valves prend un aspect simplement écailleux, par le croisement de nombreuses lamelles concentriques sur les côtes rayonnantes. Ces côtes, en outre, s'élargissent au lieu de se multiplier par dichotomisation.

Coquand a signalé le *P. Flattersi* comme ayant la valve supérieure légèrement concave. Nous n'avons constaté cette forme que rarement et principalement sur de jeunes exemplaires; aussi, si nous avons bien interprété l'espèce, il convient de ne considérer ce caractère que comme tout à fait secondaire.

L'incertitude dans laquelle nous nous trouvions pour déterminer nos *P. Flattersi* algériens s'est fait sentir plus vivement encore pour les nombreux spécimens de la Tunisie qui s'en rapprochent.

L'un d'eux, qui provient de Sidi-bou-Ghanem, présente, par sa grande taille et par ses côtes à nombreuses écailles serrées et peu saillantes, la plus grande analogie avec le type représenté par Coquand (t. 16, fig. 11). Il a été trouvé dans les marnes santoniennes, avec d'autres individus plus jeunes qui nous paraissent appartenir au même type spécifique.

D'autres exemplaires, également assez jeunes, ont été recueillis au Khanget Oguef. Quoiqu'ils proviennent de l'étage santonien, ils sont bien semblables aux exemplaires du Campanien du Djebel Mzeïta que nous attribuons au *P. Flattersi.* Il en est de même encore de ceux du Khanget Safsaf.

Nous appliquons encore, après quelques hésitations, le même nom à une série de plus de vingt-cinq exemplaires, tous de taille médiocre, qui ont été recueillis dans les marnes campaniennes de la base nord du Djebel Aïdoudi. Dans ceux-là, les côtes sont peu nombreuses et très épineuses, mais on peut voir que dans les individus qui vieillissent elles prennent l'aspect simplement squameux de celles du *P. Flattersi.*

Ces individus du Djebel Aïdoudi ressemblent beaucoup à certaines variétés du *Plicatula instabilis* Stoliczka, de la craie de l'Inde[1]. Ils se rapprochent beaucoup aussi d'une Plicatule du Turonien de San Giorgio, dans l'Italie méridionale, que Seguenza a nommée *Plicatula paucicosta*[2]. Toutefois, dans ce dernier, les côtes sont tout à fait simples, non bifurquées et peu épineuses. Il se pourrait que cette espèce de Seguenza ne fût qu'une variété du *P. Auressensis*, qu'on trouve aussi dans la même localité.

Le *P. Flattersi* Coquand a été cité par M. L. Lartet parmi les fossiles rapportés par lui de la Palestine[3]. Il est à remarquer, toutefois, que la figure que ce savant en a donnée ne rappelle que bien vaguement notre *P. Flattersi* de l'Algérie. Cette détermination, d'après un individu unique et d'une conservation médiocre, est d'autant plus incertaine que le niveau stratigraphique de cet exemplaire ne semble pas correspondre à celui de notre espèce.

Le *P. Flattersi* étant une espèce mal connue, nous avons jugé utile d'en faire dessiner quelques exemplaires pour en montrer les différents âges.

Algérie : Refana (Coquand); Nza-ben-Messaï; Djebel Mzeïta; Medjèz-el-Foukani.

Tunisie : Djebel Sidi-bou-Ghanem; Khanget Oguef; Khanget Safsaf; Djebel Aïdoudi (base nord). — Étages santonien et campanien.

---

(1) *Cretaceous Fauna of Southern India*, Pélécypodes, 445, t. 34, fig. 3-14 et 19.

(2) *Studi geol. e pal. sul cret. medio dell' Italia merid.*, 170, t. 15, fig. 7.

(3) *Ann. sc. géol.*, III, 58, t. 12, fig. 14 [1872].

Plicatula hirsuta Coquand *Études suppl.*, 165 [1879]; Nob., pl. XXVI, fig. 25-27. — (?) *P. pectinoides* Bayle in Fournel *Rich. minér. Algérie*, I, 368, t. 18, fig. 28 et 29 [1849]. — (?) *P. decipiens* Coquand *Géol. et pal. rég. sud prov. Constantine*, 223, t. 17, fig. 5 et 6 [1862]. — *P. ventilabrum* Coquand *Études suppl.*, 164 [1879]. — (?) *P. Haydeni* Coquand, l. cit., 164 [1879]. — *P. ventilabrum* Cotteau, Peron et Gauthier *Descr. Échin. foss. Algérie*, Ét. sénonien, 14 [1881].

Nous réunissons sous le nom de *Plicatula hirsuta* tout un groupe d'espèces de Coquand qui, considérées isolément par leurs formes extrêmes, semblent assez distinctes, mais qui se relient entre elles si intimement qu'il ne nous est pas possible de les séparer.

Le caractère commun de ces diverses Plicatules est d'avoir une grande taille, une forme à peu près ronde et des valves légèrement convexes, couvertes d'un très grand nombre de fines costules rayonnantes, serrées, bifurquées et finement épineuses. Dans le *P. hirsuta*, type de Coquand, ce système de petites côtes est unique et sans mélange de grosses côtes, mais c'est là une variété relativement rare. Le plus souvent il existe, sur la surface des valves, quelques grosses côtes, en nombre très variable, écailleuses comme les autres et se bifurquant également quelquefois, mais tranchant beaucoup sur l'ensemble par leur grosseur. Indépendamment des individus simplement couverts de fines côtes, nous en possédons qui montrent une seule grosse côte, dont la situation sur la surface des valves est très variable. D'autres en montrent deux, trois et jusqu'à un nombre assez considérable. Toujours, dans l'intervalle de ces grosses côtes, on retrouve les mêmes fines costules épineuses, dont le nombre est alors plus ou moins réduit suivant que les intervalles sont plus ou moins étroits.

Quand le nombre des fortes côtes devient assez élevé, on se trouve en présence du *P. ventilabrum* de Coquand. S'il est, au contraire, réduit à cinq ou six, on a le *P. Haydeni*, du moins autant que nous pouvons en juger d'après la description de cette espèce, qui paraît n'être basée que sur un jeune individu.

Il est plus que probable, en outre, que le fossile que M. Bayle avait rapporté dans l'origine au *P. pectinoides* et que Coquand a nommé depuis *P. decipiens* n'est qu'un individu un peu fruste et à surface usée de notre espèce. Nous avons pu faire des recherches assez approfondies dans les localités mêmes où Henri Fournel a recueilli ce fossile et nous n'y avons vu que des *P. hirsuta*. La forme un peu oblique et la petite inégalité des valves, qui ont été signalées par Coquand, ne nous paraissent pas suffisantes pour faire distinguer le *P. decipiens*, surtout quand il s'agit d'un spécimen unique et aussi manifestement usé que le type original recueilli par Fournel.

Nous devons faire remarquer, toutefois, que c'est seulement d'après l'examen des figures que nous croyons pouvoir réunir le *P. decipiens* au *P. hirsuta*. La description du premier, en effet, qui ne comporte que deux ou trois lignes, ne fait aucune mention des petites côtes intermédiaires, et cependant, sur le dessin de ce fossile, elles sont assez faciles à distinguer.

En raison de cette description incomplète et en raison aussi de l'état fruste du type du *P. decipiens*, l'identité réelle de cette espèce avec le *P. hirsuta* est impossible à établir rigoureusement. S'il en eût été autrement, le nom de *P. decipiens* étant le plus ancien aurait dû être appliqué à tout le groupe des *P. hirsuta*, *ventilabrum* et *Haydeni*. Dans le doute, nous avons dû adopter l'un de ces derniers noms, et parmi eux, celui de *P. hirsuta* nous a paru devoir être préféré. La raison en est que M. Papier, le président de l'Académie d'Hippone, qui a communiqué à Coquand l'original du *P. hirsuta* décrit par cet auteur, en a fait faire des photographies, et par conséquent cette espèce nous est actuellement mieux connue que les deux autres.

Pour achever de la faire connaître, nous en avons fait dessiner plusieurs spécimens montrant les variétés les plus importantes.

Algérie : Djelfa; Bordj-bou-Areridj; Medjèz-el-Foukani; Kef-Matrek; Djebel Mzeïta; Nza-ben-Messaï; El-Kantara; Khenchela; Refana.

Tunisie : Khanget Mezouna; Khanget Oguef; Djebel Aïdoudi (versant sud); Bir Oum-el-Djof; Chebika (versant sud du Djebel Blidji). — Étages santonien, campanien et danien.

Plicatula Locardi Thomas et Peron, pl. XXVI, fig. 28-30.

Nous avons déjà mentionné ci-dessus huit espèces de Plicatules dans la craie du Sud tunisien. Il en existe encore en Algérie plusieurs autres, décrites par Coquand, et cependant nous ne pouvons faire entrer dans le cadre d'aucune d'elles une série de petits exemplaires recueillis par M. Thomas dans la craie la plus élevée des hauts-plateaux de la Régence.

Quel que soit donc notre regret de charger encore le catalogue, déjà si embrouillé, des Plicatules africaines, nous ne pouvons passer sous silence ces nombreux et bons spécimens, et nous sommes obligé d'en faire une espèce nouvelle.

DIMENSIONS.

Longueur, 25 millimètres; largeur, 23 millimètres.

Espèce de taille constamment assez petite, équivalve, inéquilatérale, un peu oblique, très déprimée et presque plate. Les deux valves sont semblables, très légèrement convexes, garnies sur toute leur surface de côtes petites, subégales entre elles, serrées, parfois un peu flexueuses, se bifurquant deux fois et à des distances variables avant d'arriver à la périphérie. Ces côtes sont toujours épineuses ou au moins écailleuses sur toute leur longueur.

Parmi les espèces décrites par Coquand, il en est une qui semble voisine de celle qui nous occupe. C'est le *Plicatula modesta.*

Autant qu'on en peut juger par la description seule, cette Plicatule aurait sensiblement les mêmes dimensions que la nôtre et la même forme déprimée et légèrement convexe. Elle a, en outre, des côtes analogues, mais elles sont moins nombreuses et plus espacées. D'après le descripteur, le *P. modesta* se distinguerait du *P. Ferryi* par le plus grand espacement de ses côtes. Or, dans notre *P. Locardi*, elles sont au contraire plus fines et plus serrées que dans le *P. Ferryi.* Il importe, en outre, de remarquer que le niveau géologique du *P. modesta* est la partie inférieure de l'étage provencien, tandis que nous connaissons seulement le *P. Locardi* dans le Crétacé le plus élevé, c'est-à-dire dans l'étage danien à *Hemipneustes.* Un pareil écart d'horizon ne permet d'assimiler des espèces que dans le cas d'une identité absolue et incontestable.

Le *P. Reynesi* du Cénomanien de Batna est encore voisin de notre espèce par sa taille et sa forme générale, mais il est moins déprimé, bien plus inéquivalve et ses côtes sont moins nombreuses, plus saillantes et rarement bifurquées.

Comparée au *P. hirsuta*, notre espèce est beaucoup moins grande, plus oblique, bien plus déprimée et à côtes moins nombreuses et plus égales entre elles.

Le *P. Locardi* est dédié à notre éminent collaborateur M. Locard.

Tunisie : Bir Oum-el-Djof; Chebika; Bir Khenafès; Djebel Aïdoudi (versant nord). — Étage danien.

GENRE **SPONDYLUS** Linné [1758].

Spondylus hystrix Goldfuss *Petref. Germ.*, II, 91, t. 105, fig. 8 [1832]; Coquand *Géol. et pal. rég. sud prov. Constantine*, 292 [1862]; Brossard in *Mém. Soc. géol. France*, sér. 2, VII, 227 [1867].

Nous déterminons ainsi un exemplaire unique, mais bien conservé, dont le gisement exact n'est pas connu. D'après les notes de M. Thomas, il doit avoir été recueilli au Djebel Roumana ou au Djebel Oum-Ali. C'est une coquille jeune, dont la valve supérieure mesure 30 millimètres de longueur sur 25 millimètres de largeur. La forme en est sensiblement arrondie, un peu oblique, convexe et peu renflée. La valve inférieure est presque complètement plate et déformée par une large adhérence. Les caractères ornementaux n'y sont pas visibles.

La valve supérieure est garnie de nombreuses petites côtes simples, arrondies, un peu inégales, non épineuses, séparées par des sillons de même largeur.

Il existe six ou sept côtes sensiblement plus grosses que les autres, assez également espacées, sur lesquelles on distingue des traces d'épines peu nombreuses, qui ont en grande partie disparu.

Ce petit fossile semble réunir tous les caractères du *Spondylus hystrix* Goldfuss, des grès verts de Westphalie. Il est assez différent, au contraire, de ceux que d'Orbigny a décrits sous ce même nom et surtout du plus grand individu figuré [1]; mais il est plus que douteux, selon nous, que ce dernier individu soit réellement un *S. hystrix.*

Nous avons découvert en Algérie, dans l'étage cénomanien du sud de Sétif, des Spondyles bien identiques à celui de la Tunisie qui nous occupe. Coquand a, du reste, signalé déjà l'existence du *S. hystrix* à Batna et à Tebessa.

Tunisie : Djebel Oum-Ali (?). — Étage cénomanien (?).

Spondylus cf. **Baylei** Coquand. — *Spondylus hystrix* Bayle in Fournel *Rich. minér. Algérie*, I, 368, t. 18, fig. 26 et 27 [1849] (non Goldfuss). — *S. Baylei* Coquand *Géol. et pal. rég. sud prov. Constantine*, 220, t. 6, fig. 23 et 24 [1862]; Peron in *Bull. Soc. géol. France*, sér. 3, V, 510 [1877].

Nous rapprochons du *Spondylus Baylei* un fragment de valve supérieure qui provient de la craie supérieure du Djebel Cherb occidental. Cette valve est ornée de côtes fines et peu épineuses. On en compte une dizaine un peu plus grosses que les autres, entre lesquelles il existe de deux à quatre côtes plus petites.

Cette ornementation est semblable à celle du *S. Baylei* de la craie supérieure de l'Algérie. Toutefois, comme le caractère tiré du nombre des côtes principales est fort variable chez les Spondyles et que, d'autre part, nous n'avons pas d'autre moyen de comparaison pour notre exemplaire qui est très incomplet, sa détermination ne peut qu'être fort douteuse.

Il ne semble pas impossible notamment que notre fragment ait appartenu à un *Spondylus Jegoui* Munier-Chalmas, dont le type provient précisément aussi de la craie supérieure du Sud tunisien. Cependant, dans cette dernière coquille, les côtes semblent plus égales entre elles. C'est seulement sur le côté gauche que le descripteur a signalé l'intercalation de quelques côtes moins fortes parmi les autres. Il est à remarquer, au surplus, que le *S. Jegoui* n'est connu que par un seul exemplaire. Des matériaux plus abondants auraient permis d'apprécier les variations de cette coquille et peut-être de la rapprocher du *S. Baylei.*

Cette dernière espèce n'a été établie elle-même que sur des matériaux trop pauvres. Son prototype a été recueilli par Fournel aux environs d'El-

---

[1] *Pal. franç.*, Terr. crét., Lamellibranches, t. 454, fig. 1 et 2.

Outaya et rapporté par M. Bayle au *S. hystrix* Goldfuss. Plus tard, Coquand, n'ayant pas accepté cette assimilation, a donné à cette coquille le nom de *S. Baylei*. Ce savant a négligé de faire connaître les motifs de ce changement de détermination, mais on peut présumer que le principal motif résidait dans ce fait que le type du *S. hystrix* Goldfuss est de l'époque cénomanienne, tandis que la coquille recueillie par Fournel est de la craie supérieure.

Nous avons déjà, en 1877, discuté cette question des rapports entre le *S. hystrix* et le *S. Baylei*. Il est d'autant moins utile d'y revenir ici que nous ne sommes en possession d'aucun renseignement nouveau à ce sujet. Pour des mollusques aussi variables dans leur forme et leur ornementation, on ne peut établir une bonne détermination qu'avec des exemplaires assez nombreux et en assez bon état.

Tunisie : Bir Magueur (zone à *Hemipneustes*). — Étage danien.

LIMIDÆ.

Genre **LIMA** Bruguière [1792].

Lima cf. **Cenomanensis** d'Orbigny *Pal. franç.*, Terr. crét., Lamellibranches, 552, t. 421, fig. 11-15 [1847].

Nous rapprochons de cette espèce avec quelque doute un exemplaire unique, incomplet et un peu fruste dans la partie médiane, que M. Thomas a rencontré dans les couches cénomaniennes du Djebel Chambi. Il a bien la taille du type de d'Orbigny, la même forme subarrondie et renflée et le même système de côtes granuleuses, séparées par des sillons étroits, dans lesquels on distingue une autre série de granulations. Cependant cette autre série de granules est beaucoup moins régulière et moins accentuée que celle qui existe sur chaque flanc des côtes dans l'espèce de d'Orbigny. En outre, dans notre exemplaire, les flancs des grosses côtes sont sillonnés de légères costules transversales. Ces quelques différences nous semblent pouvoir être attribuées à l'état d'usure de la coquille. Nous avons en effet remarqué des variations fort analogues sur de bons individus de *Lima Cenomanensis* qui proviennent des marnes cénomaniennes du Port-des-Barques.

Ces petites costules transverses, que nous signalons sur notre Lime tunisienne et qui semblent être le résultat d'un élargissement des granules latéraux, se reproduisent fort semblables dans une espèce du Cénomanien de l'Italie méridionale que Seguenza a décrite sous le nom de *L. alternicosta* [1]. D'autre part, cette Lime d'Italie a une forme générale très sem-

---

[1] *Studi geol. e pal. sul cret. medio*, 167, t. 15, fig. 3.

blable à celle de la nôtre. Aussi nous n'aurions pas hésité à réunir ces espèces, si, dans celle de Seguenza, il n'existait pas, dans chaque intervalle des grosses côtes granuleuses, une autre côte, également granuleuse mais beaucoup plus petite, qui a fait donner à l'espèce le nom d'*alternicosta*.

Tunisie : Djebel Chambi. — Étage cénomanien.

Lima Grenieri Coquand *Géol. et pal. rég. sud prov. Constantine*, 214, t. 14, fig. 7 et 8 [1862]; Nob., pl. XXVII, fig. 1.

Cette espèce, que Coquand a décrite sur des individus des environs de Tebessa, est assez abondamment représentée dans le sud de la Régence. La description qui en a été donnée est extrêmement sommaire. Cependant les caractères de l'espèce sont tels que cette courte diagnose suffit parfaitement, avec l'aide de la figure, pour permettre de la reconnaître. Nous possédons, d'ailleurs, plusieurs spécimens provenant les uns de Tebessa, comme le type original, les autres de Djelfa et de Bordj-bou-Areridj, et nous avons pu ainsi constater facilement l'identité des exemplaires tunisiens avec l'espèce algérienne.

Le *Lima Grenieri* est une grande coquille, arrondie au pourtour, très plate, entièrement lisse et moins inéquilatérale qu'on ne pourrait le supposer d'après le dessin du type. Coquand, dans la description, n'a fait aucune mention de très légères stries radiantes qui existent habituellement sur les valves, mais cependant le dessin en montre quelques traces. Ces stries, à la vérité, sont loin d'être constantes et régulières. Quelques-uns de nos individus semblent en être complètement dépourvus.

Le test de cette Lime est extrêmement mince. Le bord buccal est excavé et subcaréné. Les oreillettes sont très petites, surtout celles du côté buccal. Sur quelques spécimens qui proviennent d'Aïn Settara, on distingue, à la surface des deux valves, des flammules blanchâtres disposées en zones concentriques et formant des lignes anguleuses, très irrégulières et parfois en zigzag. Cette ornementation, assez analogue à celle de certaines Cythérées actuelles, semble extraordinaire pour une Lime. Cependant nos coquilles présentent bien les caractères de ce dernier genre. Nous avons fait dessiner un de ces spécimens curieux.

Coquand a placé le *L. Grenieri* dans son étage mornasien. Nous avons fait observer déjà que cet étage du savant professeur était factice et composé de couches diverses empruntées aux étages cénomanien, turonien et santonien.

C'est, à ce qu'il nous semble, au Turonien que doivent appartenir nos exemplaires tunisiens du *L. Grenieri*. Ils ont été recueillis dans les calcaires à Ammonites qui surmontent le Cénomanien supérieur et qui nous paraissent analogues à ceux des environs de Laghouat.

Tunisie : Djebel Meghila (sommet, zone supérieure); Aïn Settara (Khanget-es-Slougui); Djebel Bou-Driès. — Étage turonien.

Lima Numidica Thomas et Peron, pl. XXVII, fig. 2.

DIMENSIONS DU PLUS GRAND EXEMPLAIRE.

Longueur mesurée de l'extrémité des crochets au bord palléal, 30 millimètres; largeur d'un côté à l'autre, 20 millimètres.

Deux échantillons pourvus de leur test.

Coquille oblique, transverse, renflée, inéquilatérale; côté anal court et arrondi; côté buccal long, droit, tronqué et un peu excavé.

Oreillettes courtes et à peu près égales.

Valves garnies de 24 à 28 côtes simples, droites, égales, triangulaires, aiguës et légèrement crénelées sur les flancs de la coquille, lisses et sensiblement rondes au milieu de la valve.

Sillons intercostaux étroits, égaux entre eux, lisses et assez profonds.

Cette coquille, par ses côtes simples et anguleuses, se rapproche du *Lima parallela* de l'étage albien, mais elle s'en sépare par son côté anal plus long, sa forme moins transverse et moins oblique et par l'absence de stries entre les côtes.

Elle a également des rapports avec le *Lima Cenomanensis* d'Orbigny, mais elle est bien moins arrondie et ses côtes ne portent pas, comme celles de ce dernier, deux rangées latérales de granulations dans les sillons. En outre, ses côtes sont moins grosses et plus nombreuses.

Les exemplaires de la Tunisie que nous venons de décrire sont bien identiques à quelques autres que nous avons recueillis dans le Cénomanien de Bou-Saada et que depuis longtemps nous avions désignés dans notre collection sous le nom de *Lima Numidica.*

Algérie : Bou-Saada.

Tunisie : Djebel Nouba (zone supérieure). — Étage cénomanien.

Lima oblique-costata Thomas et Peron, pl. XXVII, fig. 3 et 4.

DIMENSIONS.

Longueur, 10 millimètres; largeur, 7 millimètres.

Coquille de petite taille, inéquilatérale, plus longue que large, très oblique, peu renflée; région cardinale acuminée, pourvue de deux oreillettes lisses, très petites et sensiblement égales; côté buccal très légèrement convexe, court; côté anal largement arrondi.

Surface des valves ornée, dans la partie la plus renflée, de 10 côtes rayonnantes, simples, étroites, triangulaires, tranchantes, séparées par des sillons plus larges qu'elles. Ces côtes s'atténuent et disparaissent même complètement sur chacun des côtés de la coquille. Dans la partie qui confine au bord anal, elles sont remplacées par de fines stries rayonnantes, à peine visibles. L'ensemble des côtes médianes est beaucoup plus rapproché du bord buccal que du bord anal.

Voisine, par son ornementation, des *Lima semisulcata* Goldfuss, *Dupini* d'Orbigny et *persimilis* Stoliczka, notre nouvelle espèce s'en sépare nettement par sa forme beaucoup plus inéquilatérale, plus oblique et moins renflée.

En outre, le faisceau des côtes médianes est situé près du bord buccal, tandis qu'il occupe la partie centrale de la valve dans les diverses Limes que nous venons de citer.

Tunisie : Djebel Taferma. — Étage cénomanien.

Lima (?) sulcato-crenulata Thomas et Peron, pl. XXVII, fig. 5 et 6.

Exemplaire unique et incomplet, ne comprenant qu'une portion du test dans la partie médiane de la valve. Ce fragment peut appartenir à une coquille du genre *Chlamys* ou du genre *Lima*, mais plus probablement de ce dernier. On remarque, en effet, dans la partie du moule interne qui subsiste, que l'un des côtés est droit et même légèrement excavé, tandis que l'autre, très incomplet, semble s'arrondir.

La forme générale de la coquille reste indéterminée. On voit seulement qu'elle est assez allongée et médiocrement renflée.

La surface de la valve est ornée de côtes simples, larges, serrées, séparées par des sillons étroits et profonds, au nombre de 25 environ. Ces côtes sont déprimées, lisses en dessus et simplement striées finement en travers, mais leurs flancs sont garnis d'une série de petites dents épineuses, droites, peu saillantes, que l'on distingue dans les sillons intercostaux.

Il n'existe, à notre connaissance, aucun fossile des genres *Lima* ou *Chlamys* qui possède une semblable ornementation. Quelques espèces, dans le terrain jurassique, possèdent bien des côtes à épines latérales, notamment les *Pecten erinaceus* Buvignier et *suberinaceus*, mais l'analogie cesse dans la forme des côtes et dans la disposition des épines.

L'espèce la plus voisine de la nôtre semble être cette petite coquille de la craie glauconieuse du bassin de Paris que nous avons décrite sous le nom de *Lima Gauthieri* [1]. Cependant cette Lime est facile à distinguer de notre fossile. Elle ne montre pas d'épines sur le flanc des côtes, mais seulement des stries lamelleuses qui occupent tout l'intervalle d'une côte à l'autre. En outre, ses côtes sont moins larges et plus arrondies que celles du *L. sulcato-crenulata*.

Tunisie : Djebel Taferma (Kef Nador). — Étage cénomanien.

---

[1] *Notes hist. terr. de craie*, 144, t. 1, fig. 16 [1887].

Lima subsimplex Thomas et Peron, pl. XXVII, fig. 7-10.

DIMENSIONS DU PLUS GRAND EXEMPLAIRE.

Longueur, 80 millimètres; largeur, 60 millimètres.

Coquille d'assez grande taille, triangulaire, transverse, très déprimée, équivalve, très inéquilatérale. Côté buccal non renflé, long, droit, caréné sur les bords de la région cardinale qui est excavée; côté anal droit ou légèrement arrondi, plus court que l'autre côté, se reliant au bord palléal par une courbe arrondie.

Sommet assez aminci; ses deux côtés font entre eux un angle de 90 degrés environ.

Oreillettes courtes, un peu inégales, d'apparence lisse.

Surface des valves ornée de légères côtes rayonnantes, étroites, assez espacées, rugueuses et même subépineuses. Ces côtes, assez minces sur les flancs de la coquille, s'élargissent à mesure qu'elles approchent du milieu de la valve où elles deviennent très plates, larges et séparées seulement par un sillon étroit et peu profond. Sur certains individus et plus particulièrement sur ceux qui sont âgés, les côtes disparaissent même complètement dans la partie médiane de la valve. Nous en possédons un, en très bon état de conservation, où l'une des valves est complètement garnie de côtes, tandis que l'autre est entièrement lisse au milieu.

Les côtes rayonnantes des valves, limitées ou non aux deux flancs, sont croisées par des stries et des plis concentriques assez régulièrement espacés. Au croisement de ces plis, elles sont habituellement un peu déviées et elles affectent alors une allure subonduleuse.

Les coquilles que nous venons de décrire ont incontestablement une très grande analogie avec le *Lima simplex* d'Orbigny, de l'étage cénomanien de la Sarthe et des Charentes. Nous avions même pris d'abord le parti de les assimiler à cette espèce. Mais nous avons pu nous procurer quelques bons spécimens du *L. simplex* et nous avons reconnu qu'ils étaient de plus grande taille, plus épais, plus convexes que les nôtres. Leur côté buccal, bien plus renflé, est arrondi sur le bord et non caréné. La surface de leurs deux valves est garnie de plis concentriques plus serrés, plus saillants. Enfin les côtes radiantes n'occupent, sur chaque côté, qu'une partie bien plus restreinte de la valve.

Ces différences sensibles nous paraissent d'autant plus à prendre en considération que le *L. simplex* habite un niveau géologique inférieur à celui de notre espèce. Il est propre, d'après Guéranger, à quelques zones de l'étage cénomanien, tandis que nos *L. subsimplex* proviennent les uns de l'étage turonien et les autres du Santonien.

Parmi les fossiles algériens, il en est un qui semble avoir d'assez grands rapports avec le nôtre. C'est celui du Santonien de la subdivision de Sétif que Coquand a nommé *L. Augeraudi*[1]. Ce fossile est peu connu et n'a pas été figuré. Nous pensons que si l'on pouvait en étudier une série d'individus, on reconnaîtrait peut-être qu'ils se relient aux nôtres. Mais, dans l'état actuel des choses, leur réunion serait tout à fait arbitraire. Le *L. Augeraudi* est de taille moitié moindre que le *L. subsimplex*. Ses côtes recouvrent la surface entière de la coquille; elles sont simples et séparées par des sillons un peu plus espacés qu'elles. Rien ne dit, dans la description, que ces côtes s'élargissent sur le milieu de la coquille et qu'elles disparaissent quelquefois. Dans ces conditions, l'assimilation n'est pas possible.

Tunisie : Djebel Meghila (sommet, zone supérieure); Aïn Settara (Khanget-es-Slougui). Étage turonien. — Djebel Sidi-bou-Ghanem; Djebel Bou-Driès; Djebel Taferma (versant nord), exemplaires frustes et un peu douteux. Étage santonien.

Lima Bleicheri Thomas et Peron, pl. XXVII, fig. 11 et 12.

DIMENSIONS.

Longueur, 18 millimètres; largeur, 13 millimètres.

Espèce de petite taille, renflée, transverse et un peu oblique, légèrement inéquilatérale.

Région cardinale assez large; côté anal arrondi; côté buccal rectiligne.

Valves ornées de 25 à 30 côtes égales, arrondies dans le jeune âge, subanguleuses sur la région anale.

Entre les côtes principales, au milieu du sillon, il existe régulièrement une costule très petite, peu visible à l'œil nu, mais continue et constante. Dans le jeune âge des coquilles, toutes les côtes sont simples et lisses. Il en est de même de celles qui, dans les adultes, sont situées sur le milieu des valves; mais sur les deux côtés et parfois même vers l'extrémité palléale, les côtes des deux systèmes sont ornées de petites perles peu saillantes et régulièrement espacées. En outre, vers le pourtour, on remarque quelquefois un fin quadrillage dans les intervalles des côtes.

Sur les deux flancs, à proximité des oreillettes, les côtes rayonnantes s'espacent et s'atténuent sans cependant disparaître jamais complètement.

Oreillettes sensiblement égales, courtes, mais bien distinctes et bordées à la partie antérieure par un léger bourrelet. Elles sont sillonnées de costules légères, surtout sur le côté buccal.

---

[1] *Études suppl.*, p. 142.

Notre *Lima Bleicheri* fait partie du groupe des *duplicata* et présente des analogies avec plusieurs espèces connues des genres *Lima* et *Limea*. Peut-être appartient-il à ce dernier genre? Mais aucun de nos exemplaires ne montre la charnière et nous n'avons pu voir si elle était pourvue des rangées obliques de denticules qui caractérisent les *Limea*.

Voisine du *Lima carinata* Goldfuss, notre espèce s'en distingue par ses côtes principales moins espacées, moins aiguës et surtout par ses petites côtes intermédiaires beaucoup moins accentuées et ornées de petits tubercules en forme de perles qui n'existent pas dans l'espèce de Goldfuss.

Ce dernier caractère distingue également notre Lime de celle des grès du Mans que M. Guéranger a appelée *Lima Sarthensis* et qu'il signale aussi comme voisine du *L. carinata* Goldfuss. Le *L. Sarthensis* est, en outre, plus allongé et plus inéquilatéral.

Nous avons recueilli en Algérie, dans le Cénomanien des environs de Bou-Saada, une petite Lime qui a de grands rapports avec notre *L. Bleicheri*. Cependant nous y remarquons quelques différences de détail assez constantes, et, comme elles coïncident avec une différence de niveau géologique assez considérable, nous devons en tenir compte. Cette Lime de Bou-Saada est, plus encore que la nôtre, voisine du *L. Sarthensis* et nous serions disposé à l'y assimiler, car elles sont exactement l'une et l'autre de la même époque géologique.

Parmi les espèces analogues à la nôtre, nous devons citer encore le *L. alternicosta* Seguenza, du Cénomanien de l'Italie. Toutefois notre espèce s'en distingue assez facilement par sa forme plus transverse et plus oblique, par sa région cardinale plus longue et plus droite, par la petite côte intermédiaire un peu moins prononcée et moins granuleuse, et enfin par l'absence de stries transverses sur les flancs des grosses côtes.

Coquand a décrit[1], sous le nom de *L. Catonis*, une petite coquille du Santonien de Tebessa qui semble aussi avoir des rapports avec le *L. Bleicheri*. Cependant la description indique que la coquille est aussi large que haute, et il n'en est pas ainsi dans notre espèce. En outre, cette description ne fait pas mention de petites côtes intermédiaires. En conséquence, malgré l'identité des niveaux géologiques, on doit renoncer à assimiler notre espèce au *L. Catonis*.

Tunisie : Thala; Djebel Sidi-bou-Ghanem; Djebel Dagla? (moules imparfaits); Khanget Goubel; Djebel Aïdoudi (versant nord). — Étage santonien.

---

[1] *Études suppl.*, p. 144.

PECTINIDÆ.

Genre **PECTEN** P. Belon [1553].

Vola Klein [1753]; *Janira* Schumacher [1817]; *Neithea* Drouet [1824].

M. Fischer, dans son *Manuel de conchyliologie* (1), et M. Locard, dans sa *Monographie du genre Pecten* (2), ont montré que le nom générique de *Pecten* avait été pour la première fois appliqué à une coquille inéquivalve qui est devenue le *P. Jacobæus* Linné et le *Janira Jacobæa* des auteurs. En conséquence, ces savants spécialistes ont jugé qu'il était nécessaire de rétablir le genre *Pecten* dans les limites qui lui ont été primitivement assignées et d'y faire rentrer les coquilles à valves inégales qui ont formé depuis les genres *Vola*, *Janira* ou *Neithea*. Nous ne pouvons mieux faire que de suivre cet exemple. Le trouble qui en résultera dans nos habitudes sera considérable; nous rencontrerons même parfois quelques difficultés dans l'exécution de cette mesure, mais ce sont là des conséquences inévitables de la mise en pratique de la loi de priorité, à laquelle nous nous conformons toujours scrupuleusement.

Nous réserverons donc, dans le présent travail, le nom générique de *Pecten* à nos anciennes Janires. Les *Pecten* équivalves des auteurs deviendront des *Chlamys* ou des *Amussium*, suivant les caractères.

Les terrains crétacés du nord de l'Afrique sont très riches en fossiles du genre *Pecten*. Dans quelques localités, surtout dans le terrain crétacé moyen, les individus abondent et sont d'une belle conservation. Nous avons eu à étudier huit espèces bien distinctes parmi les fossiles de ce genre recueillis en Tunisie, et ce nombre s'augmentera évidemment encore dans l'avenir. Il existe, en effet, en Algérie, plusieurs *Pecten* assez répandus qui n'ont pas encore été retrouvés dans la Régence. Parmi eux, nous citerons seulement le *P. Dutrugei*, espèce assez répandue, compagnon habituel des *P. Coquandi*, *Ostrea Olisiponensis* et *Heterodiadema Libycum*. Nous avons été d'autant plus surpris de ne pas le retrouver dans la Régence que son existence a été constatée sur plusieurs autres points de la région circumméditerranéenne, notamment en Palestine et en Provence, où nous l'avons rencontré avec le même cortège de fossiles africains.

A part quelques exceptions que nous avons signalées, nos espèces de *Pecten* sont en général cantonnées dans un même horizon géologique. Quatre sont propres aux couches cénomaniennes et les quatre autres à l'étage sénonien.

---

(1) 946.

(2) 8, 9-20 et suiv.

Pecten alpinus d'Orbigny (sub *Janira alpina*) *Pal. franç.*, Terr. crét., Lamellibranches, 343, t. 546, fig. 4-8 [1847]. — *Janira tricostata* (*ex parte*) Cotteau, Peron et Gauthier *Descr. Échin. foss. Algérie*, Ét. cénomanien, 56 [1878]. — *Vola Peroni* Coquand *Études suppl.*, 154 [1879]. — *V. alpina* Coquand, l. cit., 391 [1879].

Les fossiles que nous rapportons à cette espèce sont d'assez grande taille, fort bien conservés et assez nombreux. Ils répondent aussi complètement que possible à la description et aux figures du *Janira alpina* que d'Orbigny a données dans la *Paléontologie française*. Leur identité avec ce dernier fossile ne fait pour nous l'objet d'aucun doute.

Cette espèce paraît rare en France. D'Orbigny l'a signalée seulement dans la craie cénomanienne de la Provence, à Escragnolles et à la Malle (Var), où elle se trouve en compagnie d'autres fossiles africains.

En Algérie, elle est plus répandue, quoique les premiers travaux de Coquand n'en fassent pas mention. Nous l'avons recueillie dans le Cénomanien inférieur, à Bou-Saada et également à Batna. Nicaise l'a recueillie entre Aumale et Bou-Saada; enfin M. Welsch nous en a communiqué de bons spécimens qu'il a rencontrés aux environs de Tiaret, également dans le Cénomanien inférieur.

Il est à remarquer que l'un des premiers fossiles recueillis en Algérie, le *Pecten tricostatus* Bayle, a été considéré par son descripteur comme identique au *Janira alpina* d'Orbigny. Nous avons fait observer déjà [1] que, dans ces conditions, M. Bayle n'était pas en droit de donner à cette espèce un nouveau nom et qu'il aurait dû reprendre le nom proposé par d'Orbigny; mais nous avons ajouté en même temps que cette identité n'était pas réelle. Le *Pecten tricostatus* Bayle, de la craie supérieure de l'Algérie, quoique voisin du *P. alpinus* par le nombre de ses côtes, s'en distingue cependant nettement. Les grosses côtes, en effet, y sont striées longitudinalement et, en outre, toute la valve est garnie de stries transversales.

Nous-même, dans nos premiers travaux sur l'Algérie, sommes tombé dans une erreur inverse. En effet, c'est au *P. tricostatus* que nous avons rapporté des exemplaires du Cénomanien inférieur de Bou-Saada qui sont bien de véritables *P. alpinus*.

Ceux que Nicaise avait recueillis au sud d'Aumale ont servi de type à une nouvelle espèce, le *Vola Peroni* Coquand, que son auteur a lui-même fait passer, peu de temps après, en synonymie du *V. alpina* d'Orbigny.

Nous avons reconnu depuis longtemps l'exactitude de cette détermination, et l'examen des bons exemplaires rencontrés par M. Thomas en Tunisie, exactement au même niveau géologique, a complètement confirmé notre manière de voir.

---

[1] *Bull. Soc. géol. France*, sér. 3, V, 503 [1877].

Algérie : Batna; Bou-Saada; sud d'Aumale; Tiaret.

Tunisie : Djebel Semama (versant ouest); Djebel Nouba. — Étage cénomanien inférieur (zone à *Ostrea conica*).

Pecten phaseolus Lamarck *Anim. sans vert.*, VI, 181 [1819]. — *Janira phaseola* d'Orbigny *Pal. franç.*, Terr. crét., Lamellibranches, 635, t. 444, fig. 6-10 [1843]; Cotteau, Peron et Gauthier *Descr. Échin. foss. Algérie*, Ét. cénomanien, 28 [1878]; Peron *Essai descr. géol. Algérie*, 88 [1883].

Nous avons signalé pour la première fois, en 1878, l'existence de cette espèce dans le nord de l'Afrique. Coquand ni aucun autre explorateur ne l'avaient rencontrée. C'est dans le seul gisement du Bordj-Messaoud, au sud de Sétif, que nous en avons trouvé des exemplaires. Ils y sont assez nombreux et parfaitement conservés. Leur identité avec le *Pecten phaseolus* de la Sarthe ne fait l'objet d'aucun doute. Ils sont bien de la même taille, convexes, lisses avec de très fines stries rayonnantes, et ils possèdent une valve supérieure plane ou un peu concave. Il était d'autant plus intéressant de rencontrer cette espèce dans le Cénomanien du sud de Sétif qu'elle y est accompagnée de plusieurs autres espèces également propres aux grès de la Sarthe, mais très rares en Algérie, comme les *Codiopsis doma*, *Archiacia sandalina*, etc.

Un échantillon de *Pecten phaseolus*, absolument identique à ceux du sud de Sétif, a été rencontré en Tunisie par M. Thomas. Il provient très probablement du Cénomanien du Djebel Taferma, mais, par suite de la perte de l'étiquette, cette provenance ne peut être affirmée.

Pecten Coquandi Peron (sub *Janira*) in *Bull. Soc. géol. France*, sér. 3, V, 504, t. 7, fig. 2 [1877]. — *Janira tricostata* Coquand *Géol. et pal. rég. sud prov. Constantine*, 219, t. 13, fig. 3 et 4 [1862] (non *Pecten tricostatus* Bayle [1849]); Brossard in *Mém. Soc. géol. France*, sér. 2, VIII, 227 [1867]; Ville *Explor. Hodna*, 89 [1868]. — *Pecten tricostatus* Hardouin in *Bull. Soc. géol. France*, sér. 2, XV, 339 [1868] (non Bayle [1849]). — *Janira tricostata* Nicaise *Catal. anim. foss. prov. Alger*, 62 [1870]; L. Lartet *Géol. Palestine* in *Annales sc. géol.*, III, 57 [1872]. — *J. quadricostata* Seguenza *Studi geol. e pal. sul cret. medio*, 169 [1878]. — *J. Coquandi* Cotteau, Peron et Gauthier *Descr. Échin. foss. Algérie*, Ét. cénomanien, 27 [1878]; Peron *Essai descr. géol. Algérie*, 94 [1883]. — *Vola Coquandi* Coquand *Études suppl.*, 155 [1879]. — *V. quadricostata* Coquand, l. cit., 390 [1879].

Nous avons, en 1877, donné le nom de *Janira Coquandi* à un fossile abondant dans les assises cénomaniennes du Sud algérien. Ce fossile était déjà connu; il avait même été fort bien figuré par Coquand, mais ce savant l'avait à tort assimilé à une autre espèce de la craie supérieure, le *Pecten tricostatus* Bayle, qui s'en distingue bien nettement.

Coquand a d'ailleurs reconnu le bien fondé de cette rectification et, dans ses *Études supplémentaires*, il a remplacé le nom de *Janira tricostata* par celui de *Vola Coquandi*. Dans le supplément à cet ouvrage, cependant, Coquand a encore modifié sa manière de voir et, se ralliant à l'opinion de MM. Briart et Cornet [1], il a attribué le nom de *Vola quadricostata* Sowerby au *Pecten* à trois côtes intermédiaires du Cénomanien, à l'exclusion de l'espèce du Sénonien si connue sous ce nom.

Nous sommes, en ce qui concerne la séparation des deux *Pecten* du Cénomanien et du Sénonien, parfaitement disposé à adopter la manière de voir de Coquand et de MM. Briart et Cornet. Nous avons même déjà fait longuement ressortir les différences qui séparent ces fossiles [2]; mais c'est au *Janira Faucignyana* Pictet et Roux, de l'étage vraconnien, que nous avions assimilé les *Pecten* à trois côtes du Cénomanien inférieur de Bracquegnies, de Salazac (Gard), etc. Reconnaissant volontiers que le nom de *Pecten quadricostatus* a pu être appliqué par Sowerby à cette espèce du Cénomanien et non pas, comme l'a cru d'Orbigny, à celle de la craie supérieure, nous abandonnons le nom de *Janira Faucignyana*, qui est le moins ancien, et le remplaçons par celui de *Pecten quadricostatus*. Comme conséquence, nous reprendrons, pour l'espèce de la craie blanche, le nom de *P. regularis* Schlotheim, au lieu de celui de *P. quadricostatus*.

Mais, cette question étant ainsi résolue, il reste à examiner si notre espèce du Cénomanien supérieur de l'Algérie, c'est-à-dire notre *P. Coquandi*, est réellement, comme l'a prétendu Coquand, la même que celle de la Meule de Bracquegnies, du Green-Sand d'Horningsham, des grès à *Ammonites inflatus* de Salazac et de l'étage vraconnien de la Suisse. Sur ce point, nous sommes obligé d'abandonner la manière de voir de Coquand. Certes, il y a entre ces deux coquilles des caractères communs. Elles ont l'une et l'autre trois petites côtes intermédiaires aux grosses et ces petites côtes sont pareillement inégales et un peu irrégulières. Mais, à côté de ces analogies, il y a des différences très sensibles. L'espèce d'Angleterre et de Bracquegnies a des oreillettes énormes, qui dépassent même la largeur de la coquille, tandis que notre *Pecten Coquandi* a des oreillettes très courtes, même dans les exemplaires très bien conservés.

En outre, ce dernier est très uniformément de taille médiocre. Les *P. quadricostatus* de Suisse, aussi bien que ceux de Salazac, sont, au contraire, d'une taille relativement très grande. Ils sont plus arrondis, plus larges; leur valve inférieure est bien plus renflée et profonde; leur sommet est plus épais et leur crochet plus contourné.

Toutes ces différences nous ont paru d'autant plus suffisantes pour

---

(1) *Descr. pal. Meule de Bracquegnies*, 48 [1864].
(2) *Bull. Soc. géol. France*, sér. 3, V, 508 [1877].

maintenir la séparation des deux espèces, que le niveau stratigraphique qu'elles occupent très constamment est sensiblement différent.

Le *Pecten Coquandi*, parfaitement identique au type de Batna, n'est pas rare dans le Sud tunisien. On l'y trouve au même niveau géologique qu'en Algérie et également en très bon état de conservation.

Indépendamment de ces exemplaires du Cénomanien, M. Thomas nous a communiqué un individu qui, d'après son étiquette, proviendrait de Sidi-bou-Ghanem. Or ce gisement, d'après les nombreux fossiles qu'il renferme, appartient sûrement à un niveau bien supérieur au Cénomanien.

C'est là un fait très exceptionnel, car jamais nous n'avons rencontré le *P. Coquandi* en dehors de ce dernier horizon. Aussi nous serions assez disposé à admettre quelque mélange ou quelque confusion d'étiquette. Il est possible encore que le fossile ne fût pas complètement en place, car il est visiblement usé par le frottement.

Tunisie : Djebel Semama; Djebel Meghila (sommet, zone inférieure et zone moyenne); Djebel Meghila (Foum-el-Guelta); Djebel Madjoura (niveau supérieur). Étage cénomanien. — Djebel Sidi-bou-Ghanem. Étage santonien (?).

Pecten Coquandi Peron, var. *atropha*.

Nous possédons, provenant de la Tunisie, une série de bons exemplaires d'un *Pecten* dont nous ne jugeons pas devoir faire une espèce nouvelle, mais que cependant il est utile de mentionner séparément.

Ces fossiles proviennent du Cénomanien du Djebel Meghila. Ils s'y trouvent avec le *P. Coquandi* et paraissent devoir être rattachés à cette espèce; mais ils présentent une particularité que nous n'avons observée aussi accentuée dans aucun de nos nombreux exemplaires de *P. Coquandi* de l'Algérie ou de la Tunisie.

Dans ces exemplaires, fort bien conservés, les trois côtes intermédiaires sont inégales. Celle qui, sur les deux flancs, est la plus rapprochée du centre de la coquille devient extrêmement petite et tend même, sur les grands individus, à s'atrophier complètement, laissant à sa place un espace nu et vide qui donne à la côte principale voisine une saillie en apparence plus prononcée. Les deux autres côtes secondaires sont, en outre, fort inégales, la médiane restant la plus grosse et tendant même à devenir presque aussi grosse que les côtes du premier ordre.

Si nous n'avions eu à étudier que certains de ces *Pecten* chez lesquels ces caractères sont exagérés à l'extrême, nous n'aurions pas hésité à les décrire comme espèce nouvelle; mais d'autres individus montrent ces caractères beaucoup moins accentués et établissent la transition complète avec le *P. Coquandi* à trois côtes intermédiaires constantes et égales entre elles. Nous ne devons donc considérer ces exemplaires que comme une variété intéressante de ce dernier.

Cette variété est toute locale et propre jusqu'ici au Djebel Meghila. Cependant un examen minutieux de nombreux spécimens du *P. Coquandi* de Batna nous a montré que, dans quelques-uns, fort rares, il se manifeste aussi une certaine tendance à l'atrophie d'une des côtes.

Tunisie : Djebel Meghila (sommet, zone inférieure). — Étage cénomanien.

Pecten quinquecostatus Sowerby *Miner. Conch.*, 121, t. 54, fig. 48 [1817] — *Janira quinquecostata* Coquand *Géol. et pal. rég. sud prov. Constantine*, 392 [1862]; Hardouin in *Bull. Soc. géol. France*, sér. 2, XV, 340 [1868]; Cotteau, Peron et Gauthier *Descr. Échin. foss. Algérie*, Ét. cénomanien, 56 [1878]. — *Vola quinquecostata* Coquand *Études suppl.*, 391 [1879]. — *Janira quinquecostata* Peron *Essai descr. géol. Algérie*, 96 [1883].

Le *Pecten quinquecostatus*, de même que le *P. quadricostatus*, a donné lieu à de fréquentes confusions. La difficulté provient de ce que Sowerby a compris sous cette dénomination deux espèces distinctes qui provenaient l'une des grès verts cénomaniens et l'autre de la craie blanche. L'erreur s'est reproduite dans les autres auteurs anglais, notamment dans Mantell [1], et s'est continuée jusqu'à l'époque actuelle. Cependant d'Orbigny, dans la *Paléontologie française* [2], a séparé l'espèce de la craie blanche sous le nom de *Janira Dutemplei;* mais, comme il n'a pas fait ressortir que ce nom devait être appliqué à l'un des types de *Pecten quinquecostatus* de Sowerby, la confusion a persisté. Nous avons, dans nos travaux sur le terrain de craie [3], mis ces faits en évidence, et il n'est pas nécessaire de reproduire ici des détails déjà donnés. Il nous suffit donc de faire connaître que nous réservons le nom de *P. quinquecostatus* à cette coquille à quatre petites côtes intermédiaires dont les exemplaires types se trouvent principalement dans la craie glauconieuse des Vaches-Noires (Calvados), dans les grès cénomaniens de la Sarthe, etc. C'est une espèce de taille assez grande, caractérisée par ses quatre petites côtes intermédiaires égales et situées dans le même plan.

C'est par application de cette règle que nous attribuons la même détermination à quelques individus rencontrés en Tunisie, au Djebel Cehela. Ils sont très médiocrement conservés et de taille relativement grande. Cette détermination serait donc assez douteuse, si nous n'avions pu comparer ces exemplaires à d'autres mieux conservés et bien semblables que nous avons recueillis au même niveau géologique dans les environs de Bou-Saada.

---

(1) *Géol. Sussex*, t. 15, fig. 10, et t. 25, fig. 14-20.
(2) Terr. crét., Lamellibranches, 646, t. 447, fig. 8-11.
(3) *Notes hist. terr. de craie*, 164 [1887].

Il ne semble pas impossible, au surplus, que ces *Pecten* de Tunisie appartiennent à la même espèce que Sharpe a décrite parmi les fossiles du Portugal sous le nom de *Janira inconstans* [1]. Nous avons reçu de M. Choffat un bon exemplaire de cette grande coquille et nous remarquons qu'il se rapproche singulièrement des grands individus du Djebel Cehela.

Nous rapportons encore au *Pecten quinquecostatus* quelques individus, également mal conservés, mais bien typiques, qui ont été recueillis dans l'étage cénomanien d'El-Aïeïcha.

Indépendamment de ces exemplaires du Cénomanien, nous devons en mentionner deux autres qui proviennent de la craie supérieure et se trouvent, par conséquent, bien en dehors du niveau habituel de l'espèce. L'un, en très bon état de conservation, a été recueilli à Chebika. Il est de petite taille, mais il présente bien les caractères spécifiques du type. L'autre provient du versant nord du Djebel Blidji. Il est également de petite taille, un peu incomplet et comme roulé et remanié. Il ressemble beaucoup à celui de Chebika.

Ces deux exemplaires ne diffèrent en réalité du *P. quinquecostatus* du Cénomanien que par leur taille plus petite. Nous ne saurions les rapporter à aucune autre espèce et notamment au *P. Dutemplei* de la craie supérieure, avec lequel ils ont de l'analogie, mais dont ils diffèrent par leurs quatre côtes intermédiaires égales, régulièrement espacées et situées dans un même plan.

Coquand a signalé, depuis longtemps, l'existence du *Pecten quinquecostatus* en Algérie. Nous en avons nous-même recueilli de nombreux spécimens dans le Cénomanien de Bou-Saada.

Algérie : Bou-Saada; Khenchela; Tebessa. — Étage cénomanien.

Tunisie : Djebel Cehela; El-Aïeïcha; Djebel Taferma (Kef Nador). Étage cénomanien. — Chebika; Djebel Blidji. Étage danien.

Pecten aff. **cometa** d'Orbigny *Pal. franç.*, Terr. crét., Lamellibranches, 640, t. 445, fig. 15-19 [1847].

Nous rapprochons du *Janira cometa* d'Orbigny trois exemplaires petits et incomplets qui ont été rencontrés en Tunisie. Ces exemplaires, dans les parties qu'on en peut étudier, présentent complètement les caractères de l'espèce de d'Orbigny. Ils sont de la même taille et possèdent, comme elle, cinq grosses côtes très saillantes, séparées par des sillons profonds et arrondis dans lesquels on ne distingue pas de côtes secondaires, mais

---

[1] *Second. rocks Portugal*, 188, t. 24, fig. 4.

seulement des stries fines rayonnantes qui, par leur croisement avec les stries transversales d'accroissement, deviennent finement écailleuses.

Malheureusement, aucun de nos individus ne possède ni les oreillettes, qui sont très caractéristiques dans le *Janira cometa*, ni la valve supérieure, ni même les deux flancs. Il n'est donc pas possible d'affirmer leur complète identité avec le type.

S'ils avaient été recueillis dans le terrain cénomanien, qui est jusqu'ici le seul niveau stratigraphique connu du *J. cometa*, nous n'aurions pas hésité à les assimiler à cette espèce, tant l'analogie est frappante. Mais c'est dans la craie la plus récente, dans l'étage danien de Chebika, que M. Thomas nous a dit les avoir rencontrés. Dans ces conditions, une réserve s'impose et nous devons attendre des matériaux et des renseignements plus complets.

Tunisie : Chebika. — Étage danien.

Pecten tricostatus Bayle in Fournel *Rich. minér. Algérie,* I, 369, t. 18, fig. 30 [1849]. — *Janira tricostata* Peron in *Bull. Soc. géol. France*, sér. 3, V, t. 17, fig. 5 [1877] (non Coquand 1862, nec Brossard, Ville, Nicaise, Hardouin). — *Vola tricostata* Coquand *Études suppl.,* 393 [1879]. — *Janira tricostata* Cotteau, Peron et Gauthier *Descr. Échin. foss. Algérie,* Ét. sénonien, 19 [1881]; Peron *Essai descr. géol. Algérie,* 130 [1883].

M. Bayle, en 1849, a donné le nom nouveau de *Pecten tricostatus* à une coquille recueillie par H. Fournel dans la craie supérieure d'El-Outaïa au sud de Constantine. En adoptant ce nom, le savant professeur faisait connaître cependant que son fossile était identique à celui des environs d'Escragnolles que d'Orbigny avait déjà nommé *Janira alpina* et il plaçait ce dernier nom en synonymie. Cette manière de faire est contraire aux règles adoptées dans la science. Le fait de ne pas admettre le genre *Janira* et d'avoir replacé l'espèce dans les *Pecten* ne donnait pas à M. Bayle le droit de supprimer le nom spécifique attribué plus anciennement au même fossile.

Nous n'aurions donc pas hésité nous-même à reprendre, pour ce fossile, le nom de *Janira alpina*, si nous avions reconnu son identité réelle avec l'espèce de d'Orbigny. Mais il n'en est pas ainsi. Nous avons précédemment déjà décrit un autre fossile du Cénomanien auquel doit revenir plus justement le nom de *J. alpina* et ce fossile diffère très sensiblement du *Pecten tricostatus* de M. Bayle. Les deux espèces ont bien pour caractère commun de posséder deux petites côtes intermédiaires entre les côtes principales; mais, dans le *P. tricostatus*, ces côtes principales sont entamées par deux légers sillons qui les divisent en trois parties inégales. Celle du milieu reste beaucoup plus grosse que les parties latérales, qui forment seulement deux fines côtes accessoires sur les flancs de la principale. M. Bayle ne mentionne pas précisément cette particularité, mais il signale cependant l'existence de stries longitudinales et rayonnantes profondes sur les côtes.

Une autre différence que nous avons pu constater entre le *Janira alpina* et le *Pecten tricostatus*, d'après de bons spécimens de ce dernier recueillis, comme le type, dans la craie supérieure de l'Algérie, c'est que les côtes principales du *P. tricostatus* sont dans leur ensemble plus larges et plus saillantes et ses côtes intermédiaires plus déprimées et plus plates que celles de l'autre espèce.

Pour nous, nous serions beaucoup plus disposé à rapprocher le *P. tricostatus* Bayle, du *Janira substriatocostata* d'Orbigny, avec lequel il a d'incontestables affinités. Ce rapprochement, en outre, n'aurait pas eu l'inconvénient d'assimiler deux fossiles de niveaux stratigraphiques fort éloignés. Mais les quelques exemplaires de *Pecten tricostatus* que nous possédons sont trop insuffisants pour que nous puissions les réunir en parfaite connaissance de cause au *Janira substriatocostata* de notre craie du Sud-Ouest ou de la Touraine. Il est donc préférable pour le moment de continuer à considérer l'espèce africaine comme distincte.

En Tunisie, le *Pecten tricostatus* ne paraît pas être plus abondant qu'en Algérie. Un seul exemplaire a été recueilli et il provient, comme le type de M. Bayle et comme ceux que nous avons nous-même rencontrés, de la craie supérieure à *Hemipneustes.*

Algérie : El-Outaïa; Kef-Matrek.

Tunisie : Bir Magueur. — Étage danien.

Pecten regularis Schlotheim (sub *Pectinites*) *Jahrb.*, VII, 112 [1813]. — *Pecten quadricostatus* Goldfuss *Petr. Germ.*, II, 51, t. 92, fig. 7 [1834] (non Sowerby 1817). — *Janira quadricostata* d'Orbigny *Pal. franç.*, Terr. crét., Lamellibranches, 644, t. 447, fig. 1-7 [1843]; Coquand *Géol. et pal. rég. sud prov. Constantine*, 303 [1862]; (?) Nicaise *Catal. anim. foss. prov. Alger*, 74 [1870]; Cotteau, Peron et Gauthier *Descr. Échin. foss. Algérie*, Ét. sénonien, 44 [1881]; Peron *Essai descr. géol. Algérie*, 149 [1883]. — *Vola regularis* Coquand *Études suppl.*, 392 [1879].

Le fossile que nous désignons sous ce nom est beaucoup plus généralement connu sous celui de *Pecten quadricostatus*. Aussi n'est-ce pas sans regret que nous avons suivi l'exemple de Coquand et repris pour ce fossile le nom très oublié de *P. regularis*. Il faut reconnaître cependant que c'est avec raison que Coquand a repris ce nom. Celui de *P. quadricostatus* doit être réservé, comme nous l'avons dit plus haut[1], à une espèce de l'étage vraconnien, confondue à tort jusqu'ici avec la forme similaire qu'on rencontre dans le Sénonien.

---

[1] Voir la discussion du *Pecten Coquandi* (*supra*, p. 224).

Goldfuss d'abord, puis d'Orbigny, Bronn, d'Archiac, Geinitz, etc., avaient appliqué à cette dernière le nom de *Pecten quadricostatus* et donné ainsi à cette confusion l'appui de leur grande autorité.

C'est à MM. Briart et Cornet [1] que l'on doit d'avoir rétabli les choses dans leur état véritable et réservé le nom de *P. quadricostatus* exclusivement à l'espèce réellement visée par Sowerby.

Ces géologues, toutefois, n'avaient pas affecté de nouveau nom à l'espèce de la craie supérieure. C'est à Coquand que revient le mérite d'avoir fait à ce sujet les recherches nécessaires et d'avoir retrouvé le nom de *P. regularis*, sous lequel Schlotheim l'a désignée dès l'année 1813.

Il ne nous semble pas impossible, au surplus, que, même dans ce groupe des *Pecten* de la craie supérieure, à grosse côte de quatre en quatre, c'est-à-dire à trois côtes intermédiaires, il n'y ait quelques distinctions à faire. L'espèce de taille moyenne, si connue dans l'étage sénonien inférieur de la Touraine, nous paraît difficile à assimiler complètement à l'espèce constamment petite, plus étroite et moins acuminée, que l'on rencontre dans la craie supérieure des Charentes et de la Dordogne, et aussi dans la craie à Hippurites supérieure de la Provence.

D'Orbigny avait déjà, dans son Prodrome de paléontologie, affecté le nom de *Janira Geinitzi* à la petite espèce de la Provence; mais le caractère distinctif qu'il lui attribuait est sans valeur. Il admettait que, dans cette Janire, les trois petites côtes intermédiaires sont toujours inégales. Or il n'en est pas toujours ainsi. Pour nous, cette coquille de la Provence, que d'Orbigny classait à tort dans l'étage turonien, est bien identique à la petite Janire de la craie de Royan, d'Aubeterre et de tant d'autres localités du sud-ouest de la France.

Il est intéressant de faire remarquer ici que les coquilles de la craie africaine, auxquelles nous réservons le nom de *Pecten regularis*, sont tout à fait semblables à celles de la craie des Charentes. Elles sont toutes de petite taille, étroites, régulières, à côtes principales peu saillantes, à côtes intermédiaires égales entre elles, situées sur le même plan et peu différentes des côtes principales elles-mêmes.

La plupart d'entre elles habitent la craie campanienne, ou même la craie danienne; mais cependant quelques individus bien semblables ont été aussi rencontrés dans le Santonien.

Algérie : Nza-ben-Messaï; El-Kantara.

Tunisie : Thala; Khanget Mezouna; Khanget Safsaf; Chebika; Bir Oum-el-Djof; Bir Magueur; Bir Khenafès. — Étage sénonien.

---

[1] *Descr. pal. Meule de Bracquegnies*, 48.

Pecten Dutemplei d'Orbigny. — *P. quinquecostatus* (*ex parte*) Sowerby *Miner. Conch.*, 121, t. 54, fig. 48 [1817]; Mantell *Géol. Sussex*, 201, t. 25, fig. 10, et t. 26, fig. 14-20 [1822]. — *Janira Dutemplei* d'Orbigny *Pal. franç.*, Terr. crét., Lamellibranches, 646, t. 447, fig. 8-11 [1847] (non *Pecten Dutemplei* d'Orbigny, l. cit., 596, t. 433, fig. 10-13). — *J. Dutemplei* Peron in *Bull. Soc. géol. France*, sér. 3, V, 506, t. 7, fig. 4 [1877]; Peron *Notes hist. terr. de craie*, 164 [1887].

Nous désignons sous ce nom quelques petits fossiles, de conservation assez médiocre, que M. Thomas a rencontrés dans les calcaires crétacés à Inocérames et à Foraminifères de Guelaat-es-Snam. Ce sont de petits *Pecten* du groupe des Janires, à côtes principales très saillantes, à espaces intercostaux évidés et assez profonds, à petites côtes intermédiaires inégales et en nombre assez variable. Ces fossiles nous paraissent tout à fait semblables à ceux de la craie blanche du bassin de Paris qui ont servi de type au *Janira Dutemplei* d'Orbigny et également à ceux de la craie glauconieuse de l'Yonne, que nous avons nous-même décrits et fait figurer.

Nous avons exposé en détail, à une autre place [1], l'historique de cette espèce et nous prions le lecteur de vouloir bien s'y reporter.

Il suffit de rappeler ici que cette espèce a été confondue très généralement, par les auteurs anglais d'abord, et ensuite par la plupart des géologues français et étrangers, avec le *Pecten quinquecostatus* de la craie moyenne. D'Orbigny le premier l'a séparée; mais comme il n'a appliqué le nom de *Janira Dutemplei* qu'aux individus de la craie à Bélemnitelles, la confusion a persisté pour ceux bien plus nombreux qu'on rencontre dans la craie glauconieuse et dans les horizons superposés.

Le *Pecten* (*Janira*) *Dutemplei*, en effet, est un fossile qui se retrouve dans le bassin de Paris à plusieurs niveaux successifs de la craie, en même temps que les *Spondylus Dutemplei*, *Terebratulina chrysalis*, *Bourgueticrinus ellipticus*, *Pollicipes glabra*, etc. Il est assez remarquable de retrouver ce fossile en Tunisie avec le même cortège d'espèces et dans un calcaire marneux rempli d'Inocérames et de Foraminifères, tout à fait analogue à la craie du bassin de Paris.

Nous devons faire observer ici que, par suite de la réintégration dans le genre *Pecten* des fossiles du groupe des *Janira* ou *Vola*, le nom de *Pecten Dutemplei* que nous employons ici se trouve faire double emploi.

D'Orbigny, en effet, a déjà donné ce même nom à un autre fossile de l'étage albien des Ardennes et de la Marne. Toutefois, ce double emploi disparaîtra si, comme le réclament beaucoup de naturalistes et notamment MM. Fischer, Locard, etc., les anciens *Pecten* des auteurs, à valves égales

---

(1) *Notes hist. terr. de craie*, 164 [1887].

et garnies de stries ou de côtes radiantes, sont replacés dans le genre *Chlamys* Bolten. Dans ce cas, le *Pecten Dutemplei* d'Orbigny, du Gault, deviendra le *Chlamys Dutemplei* d'Orbigny.

Le *Pecten Dutemplei* n'a pas été encore signalé dans le Nord africain. Cependant nous avons rencontré dans le Cénomanien supérieur de Batna un petit individu qu'il est bien difficile d'en séparer. L'espèce aurait donc vécu aussi en Afrique pendant une longue partie de la période crétacée supérieure.

En Tunisie, indépendamment des spécimens de Guelaat-es-Snam que nous avons cités, nous pensons qu'il y a lieu de rapporter au *Pecten Dutemplei* quelques individus du Khanget Mezouna, dans lesquels les intervalles intercostaux sont plus profonds que dans le *P. quadricostatus*, et garnis de côtes intermédiaires en nombre variable.

Tunisie : Guelaat-es-Snam; Khanget Mezouna. — Étage santonien.

Genre **CHLAMYS** Bolten [1798].

Chlamys subacutus Lamarck (sub *Pecten*) *Anim. sans vert.*, VI, 181 [1819]; d'Orbigny *Pal. franç.*, Terr. crét., Lamellibranches, 605, t. 435, fig. 5-10 [1847]; Coquand *Études suppl.*, 151 [1879].

Nous n'avons, pour déterminer cette espèce, que deux exemplaires en médiocre état et assez incomplets. Nous pensons néanmoins que notre détermination est bien exacte. Nos exemplaires ont bien la forme allongée et acuminée, les côtes égales, peu nombreuses, subarrondies, écailleuses et régulièrement espacées qui caractérisent le *Pecten subacutus*, tel que l'ont décrit Lamarck et d'Orbigny.

Nous avons, du reste, recueilli dans le Sud algérien, à Bou-Saada, au même niveau géologique, d'autres spécimens de cette même coquille qui nous permettent de mieux constater encore l'identité des individus africains avec le *P. subacutus* de la Sarthe.

Coquand, en outre, a signalé l'existence du *P. subacutus* à Batna, où MM. Heinz et Papier l'ont rencontré dans les couches cénomaniennes.

Algérie : Batna; Bou-Saada.

Tunisie : El-Aïeïcha; Djebel Nouba (niveau supérieur). — Étage cénomanien.

Chlamys Desvauxi Coquand (sub *Pecten*) *Géol. et pal. rég. sud prov. Constantine*, 218, t. 12, fig. 1 et 2 [1862]; Brossard in *Mém. Soc. géol. France*, sér. 2, VIII, 227 [1867]; Ville *Explor. Hodna*, 88 [1868]; Seguenza *Studi geol. e pal. sul cret. medio*, 169 [1878].

Le type du *Chlamys* (*Pecten*) *Desvauxi* Coquand, est une coquille de grande taille rappelant le *Pecten æquivalvis* du Lias. Les exemplaires de la Tunisie que nous assimilons à ce type sont beaucoup moins grands. Cependant leur forme générale, le nombre et la disposition de leurs côtes radiantes, leurs stries longitudinales intercostales, etc., sont bien les mêmes que dans le type et nous ne pouvons considérer nos exemplaires que comme des jeunes ou une variété de petite taille du *Chlamys Desvauxi.*

Dans sa description de ce fossile, Coquand ne fait mention que de la valve supérieure. Cependant, à en juger d'après la figure, son exemplaire type devait posséder les deux valves. Cette omission du descripteur n'a pas, en l'espèce, d'importance particulière, car, contrairement à ce qui se présente très fréquemment, dans le *C. Desvauxi* les deux valves sont égales et pareillement ornées. L'un de nos exemplaires seulement montre une valve inférieure un peu plus renflée que l'autre.

Sur les petites côtes externes, on distingue quelques écailles épineuses, rares et espacées.

Les types de l'espèce proviennent de l'étage cénomanien de Batna et de Tebessa. C'est dans le même horizon que nos exemplaires ont été recueillis en Tunisie, le plus grand au Djebel Nouba, trois autres plus petits au Djebel Taferma.

Tunisie : Djebel Taferma (versant sud, Kef Nador); Djebel Nouba (niveau supérieur). — Étage cénomanien.

Chlamys sulcato-costatus Thomas et Peron, pl. XXVII, fig. 13.

DIMENSIONS DU PLUS GRAND EXEMPLAIRE.

Longueur, 35 millimètres; largeur, 28 millimètres.

Coquille de taille moyenne, équivalve, déprimée, équilatérale.

Surface des valves ornée de seize à dix-huit côtes rayonnantes principales, arrondies, peu saillantes, moins larges que les sillons qui les séparent, lisses, sans aucune trace d'écailles ni de tubercules, mais très finement striées en travers. Ces côtes sont parcourues dans leur longueur par un petit sillon latéral qui les divise en deux parties inégales. Dans la partie droite de la valve, ce petit sillon est situé sur le flanc gauche de la côte, tandis que dans l'autre moitié de la valve il est situé sur le flanc droit. Le sillon ne remonte pas jusqu'au sommet de la coquille. Il ne commence habituellement que vers le quart antérieur de la longueur des côtes.

Outre ces côtes principales, on distingue parfois, dans les intervalles, une petite côte supplémentaire, peu élevée, irrégulièrement placée.

Sur quelques exemplaires et en particulier sur celui que nous avons fait dessiner, le système d'ornementation que nous venons d'indiquer est bien constant et régulier. Sur d'autres, il y a quelques variations. Les côtes sont plus inégales; quelques-unes ne présentent pas de sillon; elles se maintiennent simples et non dédoublées.

Ces derniers exemplaires se rapprochent beaucoup de ceux que nous avons rapportés au *Chlamys Desvauxi* Coquand. Si l'on considère que ce dernier se rencontre dans le même gisement, on pourrait peut-être en déduire que notre espèce n'en est qu'une variété.

Cependant le *C. Desvauxi* se distingue par sa taille plus grande et par ses côtes toujours simples, non dédoublées et souvent ornées de rares lamelles écailleuses, saillantes sur les côtés et près du sommet.

Nous ne connaissons, dans les terrains crétacés africains, aucune autre espèce qui puisse être confondue avec notre *C. sulcato-costatus.*

Tunisie : Djebel Taferma (versant sud, Kef Nador); Djebel Semama. — Étage cénomanien.

Chlamys Dujardini Rœmer (sub *Pecten*); Nob., pl. XXVII, fig. 14. — *Pecten septemplicatus* Dujardin in *Mém. Soc. géol. France,* sér. 1, II, 227, t. 16, fig. 11 [1837] (non Nilsson 1827). — *P. Dujardini* Rœmer *Verst. nordd. Kreidegeb.*, 53, n° 22 [1841]; Reuss *Verst. bömisch. Kreidegeb.*, II, 30, t. 39, fig. 17 [1845]; d'Orbigny *Pal. franç.*, Terr. crét., Lamellibranches, 615, t. 439, fig. 5-11 [1847]; Cotteau, Peron et Gauthier *Descr. Échin. foss. Algérie,* Ét. sénonien, 25 [1881]. — *P. carduus* Coquand *Études suppl.*, 153 [1879].

Coquand a donné le nom de *Pecten carduus* à un fossile recueilli par M. Brossard dans l'étage danien du nord du Hodna. Cette espèce nouvelle n'a pas été figurée, mais, comme nous en avons pu recueillir plusieurs exemplaires dans les mêmes gisements, nous sommes bien fixé sur son identité. D'après le descripteur, qui n'a eu à sa disposition qu'une seule valve incomplète, ce *P. carduus* diffère du *P. Dujardini* par ses côtes moins abondantes et moins saillantes. Il n'en possède que sept, tandis que le *P. Dujardini* en a de neuf à onze. La disposition de ces côtes et la forme générale de la coquille sont du reste semblables dans les deux espèces.

Dans ces conditions, on ne s'explique pas bien pourquoi Coquand n'a pas assimilé son fossile au *P. septemplicatus* Nilsson, ou au *P. ptychodes* Goldfuss. Ces deux espèces en effet, qui sont réunies par tous les auteurs, ne diffèrent précisément du *P. Dujardini* qu'en ce qu'elles n'ont que sept grosses côtes, au lieu de dix. Cette assimilation était d'autant plus logique et facile que les *P. septemplicatus* et *ptychodes*, qui proviennent tous deux de Maëstricht, sont exactement du même âge géologique que le *P. carduus.*

Cependant ce n'est pas non plus cette détermination que nous avons cru nous-même devoir adopter. Coquand n'a eu, pour établir son *P. carduus* et en étudier les caractères, que des matériaux trop imparfaits. Avec de meilleurs exemplaires, il aurait pu voir que la coquille avait des côtes plus nombreuses qu'il ne l'a pensé. Nous en possédons notamment une, d'assez grande taille, sur laquelle nous pouvons compter jusqu'à douze côtes principales bien visibles. Ces côtes principales sont toutes divisées en trois ou quatre parties par des sillons peu profonds. Les intervalles entre les grosses côtes sont larges, médiocrement déprimés et ornés eux-mêmes de costules secondaires. Ces costules sont fines, étroites et peu saillantes. On en compte ordinairement deux dans chaque intervalle; dans les grands individus, ce nombre s'élève à trois.

Sur la plupart de nos exemplaires, toutes ces côtes et costules semblent lisses et dépourvues d'écailles épineuses; mais ce n'est là qu'une apparence qui résulte de l'état un peu usé des coquilles. En effet, dans un jeune spécimen de Chebika (Tunisie), dont l'état de conservation est meilleur, on peut constater qu'il existe, sur les côtes, des écailles nombreuses et assez accentuées. D'ailleurs, Coquand lui-même a mentionné l'existence de ces écailles imbriquées, serrées, sur son type de *Pecten carduus.* Toutes les côtes, dans le jeune individu dont nous parlons, ne sont pas également garnies d'écailles. C'est seulement sur la costule médiane qu'on en voit. Les deux costules latérales sont seulement naissantes et à peine visibles.

Les caractères de notre fossile africain étant ainsi mieux définis, nous avons pu le comparer plus avantageusement aux espèces similaires connues. C'est ainsi que nous avons pu reconnaître son identité avec un bivalve de la craie de la Touraine bien connu sous le nom de *P. Dujardini* Rœmer.

Ce fossile de la Touraine avait été dans le principe assimilé par Dujardin au *P. septemplicatus* Nilsson, dont nous venons de parler. Rœmer l'a retrouvé en Allemagne, dans le *Planerkalk* de Weinbohle, et, ayant remarqué qu'il différait de l'espèce de Nilsson, il en a fait une espèce nouvelle sous le nom de *P. Dujardini.* Ce démembrement a été accepté par tous les auteurs. Reuss, qui a également retrouvé la coquille de la Touraine en Bohême, dans le *Plænersandstein* de Trziblitz, a adopté le nom de Rœmer et a fait dessiner un très bon exemplaire du fossile. Il en a été de même d'Alcide d'Orbigny et des autres auteurs français.

Nous avons pu, dans la craie de Touraine et des Charentes, recueillir nous-même quelques bons exemplaires du *P. Dujardini.* Nous en avons encore rencontré dans la craie à Hippurites des Corbières et nous sommes parfaitement convaincu de leur identité spécifique avec le fossile d'Afrique qui nous occupe.

En ce qui concerne les rapports entre le *P. Dujardini* et les *P. septemplicatus* et *ptychodes,* nous ne pouvons nous prononcer en parfaite connaissance de cause. Nous ne possédons aucun spécimen de ces deux derniers fossiles et nous ne les connaissons que par les descriptions qui en ont été données. Il nous paraît cependant que ces rapports sont fort étroits.

La seule différence sensible réside dans le nombre des côtes principales. Or nous avons pu constater que, dans le *P. Dujardini*, ce nombre était assez variable. Il semble en être de même dans les deux autres espèces, car Goldfuss, qui n'a eu du reste qu'un spécimen unique et incomplet de son *P. ptychodes*, n'y a trouvé que six grosses côtes.

Un des motifs principaux qui ont conduit les auteurs à distinguer le *P. Dujardini* semble être que le niveau géologique de ce fossile est considéré comme inférieur à celui des deux autres. C'est là un fait inexact. Le *P. Dujardini* se retrouve dans plusieurs niveaux successifs du Crétacé supérieur. Nous l'avons rencontré non seulement dans le Santonien de la Touraine, mais aussi dans les calcaires jaunes daniens de Neuvic (Dordogne) et de Royan (Charente-Inférieure). Dans le Limbourg, il existe non seulement dans le système hervien, mais dans le tuffeau de Maëstricht, avec le *P. septemplicatus*.

En Algérie et en Tunisie, c'est seulement dans le Crétacé le plus élevé que nous connaissons le *P. Dujardini*. Nous en avons fait dessiner un exemplaire provenant de Bir Magueur.

Algérie : El-Alleg; Kef Matrek.

Tunisie : Chebika; Chaab-el-Guetof (à l'ouest du Djebel Blidji); Bir Magueur. — Étage danien.

AVICULIDÆ.

Genre **AVICULA** Klein [1753].

Le genre *Avicula* est largement représenté dans le terrain crétacé du nord de l'Afrique. Coquand n'en a pas mentionné moins de treize espèces dans les étages cénomanien et sénonien, et il existe encore, à notre connaissance, plusieurs formes non décrites qui pourraient être ajoutées à sa liste. Nous sommes loin d'ailleurs d'avoir retrouvé toutes ces espèces en Tunisie. Nos matériaux en fossiles de ce genre sont même assez pauvres. Trois espèces seulement y sont représentées, et encore l'une d'elles l'est-elle si médiocrement que sa détermination reste très douteuse.

Parmi les Avicules algériennes non encore rencontrées dans la Régence, il en est au sujet desquelles nous avons d'importantes rectifications à signaler. Ces rectifications nous paraissent pouvoir trouver utilement leur place ici.

Avicula Raulini, A. Serresi, A. Saadensis. — Coquand a fait figurer dans son Atlas[1], sous le nom d'*Avicula Raulini*, un fossile des environs

---

[1] *Géol. et pal. rég. sud prov. Constantine*, t. 13, fig. 14-16.

de Bou-Saada qui lui avait été communiqué. Ayant sans doute reconnu ultérieurement que ce nom avait déjà été attribué par d'Orbigny à un autre fossile du Gault des Ardennes, il l'a remplacé, dans le texte descriptif, par celui d'*A. Serresi*, mais sans faire la correction sur l'Atlas et sans même la signaler dans le texte ou dans les *Errata.*

De plus, cette Avicule est indiquée comme provenant de l'étage campanien, tandis qu'elle appartient aux assises cénomaniennes les mieux caractérisées. Nous avons eu l'occasion, dans les communications que nous avons faites à Coquand, de lui signaler l'inexactitude de cette indication stratigraphique. Aussi, en 1879, dans ses *Études supplémentaires*[1], il a modifié le gisement de son *A. Raulini* et l'a fait passer dans l'étage rhotomagien de Bou-Saada; mais, par une inadvertance assez singulière, oubliant sans doute que dans son texte il avait déjà changé le nom d'*A. Raulini* en celui d'*A. Serresi*, il a attribué à ce fossile encore un nouveau nom, celui d'*A. Saadensis.*

Ainsi donc, cette Avicule du Cénomanien de Bou-Saada est pourvue de trois noms. Elle s'appelle *A. Raulini* dans l'Atlas, *A. Serresi* dans le texte et *A. Saadensis* dans les *Études supplémentaires.* C'est le nom d'*A. Serresi* qui doit être adopté.

Avicula anomala. — C'est sous ce nom que Coquand a cité une belle coquille qu'on trouve assez abondamment et en bon état de conservation dans les marnes cénomaniennes des environs de Tebessa, et qu'il est étonnant de ne pas retrouver en Tunisie, au moins dans les gisements voisins de la frontière algérienne.

L'identité de cette coquille avec celle que Sowerby[2] a nommée *Avicula anomala* est contestable, mais cependant elle nous paraît admissible. Toutefois son déclassement générique s'impose. Parmi les très bons exemplaires que nous possédons il en est qui montrent bien nettement, sur leur area cardinale, les fossettes ligamentaires multiples qui caractérisent les Pernes et les Gervilies.

Ce changement de genre, néanmoins, ne nous semble pas devoir entraîner le rejet de l'assimilation adoptée par Coquand. Il est évident, en effet, que les caractères génériques de l'*A. anomala* sont mal connus. Sowerby, qui l'a décrit le premier, estime que c'est une Avicule, mais il déclare que dans son exemplaire la charnière n'est pas visible.

D'Orbigny a assimilé à l'espèce de Sowerby une coquille assez fré-

---

[1] P. 144.

[2] In Fitton, *On the strata below the chalk in the south-east of England*, 342, t. 17, fig. 18 [1836].

quente dans les grès de la Sarthe et il en a figuré un bon spécimen, mais au sujet de la structure de la facette articulaire, il n'a pu donner aucun renseignement complémentaire.

M. Guéranger, dans son *Album photographique des fossiles de la Sarthe*[1], a reproduit plusieurs exemplaires de cette même coquille. Ces exemplaires ne nous apprennent rien de plus que celui de d'Orbigny, mais, dans le texte explicatif des planches, l'auteur annonce qu'on a trouvé des moules intérieurs de la coquille sur lesquels sont imprimées quelques fossettes cardinales qui suffiraient à la faire déclasser et à la faire placer dans le genre *Gervilia*.

Enfin Seguenza a rencontré, dans le Crétacé moyen de l'Italie, un fossile qui est incontestablement identique à celui de Tebessa et qui, comme nos exemplaires, montre des fossettes ligamentaires multiples. Ce géologue, ne connaissant sans doute ni le fossile africain ni celui de la Sarthe, a décrit son espèce sous le nom nouveau de *Gervilia bicostata*.

Tous ces faits viennent à l'appui de notre supposition que l'*Avicula anomala* de Sowerby et de d'Orbigny était réellement pourvu d'un ligament multiple, et qu'en conséquence il doit cesser d'être classé dans les Avicules.

En raison de sa forme beaucoup moins étroite et moins oblique que celle des *Gervilia*, en raison de l'extension de ses oreillettes et en raison enfin de sa parfaite analogie avec certains *Perna* bien connus, comme le *Perna Mulleti* du Néocomien, nous estimons que c'est dans ce dernier genre que l'ancien *Avicula anomala* doit prendre place.

Il reste maintenant à examiner si notre Perne africaine doit être assimilée spécifiquement au *Perna anomala* de l'Angleterre et de la Sarthe. Nous le pensons, mais nous devons cependant faire observer que sa forme est beaucoup plus étroite, plus oblique et plus épaisse, surtout si on la compare à celle du type de *P. anomala* figuré par d'Orbigny. En outre, ses deux grandes côtes longitudinales sont moins larges, plus saillantes et plus rapprochées l'une de l'autre.

Toutefois ces différences ne nous semblent pas bien décisives. Il en existe d'assez analogues, quoique moins prononcées, entre le type figuré par Sowerby et ceux représentés par d'Orbigny et par M. Guéranger. Si nous considérons en outre que l'ornementation, composée de costules rayonnantes squameuses, est bien semblable dans toutes ces coquilles et dans la nôtre, nous sommes amené à reconnaître que la détermination spécifique de Coquand peut être admise et que la coquille de Tebessa peut prendre place dans nos catalogues sous le nom de *P. anomala*.

---

[1] T. 22, fig. 9 et 10, et t. 25, fig. 10.

Celui de *Gervilia bicostata*, employé par Seguenza, doit donc passer en synonymie.

Avicula cf. **Tenouklensis** Coquand *Géol. et pal. rég. sud prov. Constantine*, 217 [1862].

Espèce représentée seulement par deux exemplaires incomplets et mal conservés. La coquille est de taille médiocre, très aplatie; la valve supérieure est seulement un peu plus convexe que l'autre. L'expansion anale est peu prolongée et peu oblique; le pourtour palléal semble être arrondi. La surface des valves est simplement garnie de lamelles imbriquées, très inégalement espacées.

Ces caractères, et particulièrement la grande compression de la coquille et son mode d'ornementation, sont bien ceux indiqués par Coquand pour son *Avicula Tenouklensis*. Cette dernière espèce, toutefois, est si peu connue que, surtout en l'état de nos exemplaires, nous ne pouvons aller au delà d'un simple rapprochement. L'*A. Tenouklensis*, en effet, n'a pu être figuré, comme le dit l'auteur, en raison du mauvais état de conservation de l'original.

D'ailleurs, ce type a 96 millimètres de longueur, tandis que les nôtres ne devaient guère dépasser 40 millimètres. Dans ces conditions, l'identité reste douteuse. L'horizon géologique est le même.

Tunisie : El-Aïeïcha; Djebel Oum-Ali. — Étage cénomanien.

Avicula atra Coquand *Géol. et pal. rég. sud prov. Constantine*, 217, t. 14, fig. 5 et 6 [1862].

Une Avicule recueillie au Foum-Tamesmida se rapporte assez bien à l'*Avicula atra* Coquand.

Notre unique exemplaire ne possède plus qu'une portion de son test et son état de conservation laisse beaucoup à désirer. La direction de la facette articulaire est un peu moins oblique, par rapport à l'axe longitudinal de la coquille, que dans le type figuré par Coquand; mais c'est là un caractère qui varie dans une certaine mesure et cette petite différence ne nous paraît pas de nature à infirmer notre détermination.

Le type de l'*A. atra* provient du Santonien des environs de Tebessa. Nous ne saurions dire si l'âge géologique du gisement du Foum-Tamesmida est bien exactement le même. Tous les fossiles rapportés de cette localité sont en si mauvais état et si peu probants que leur niveau stratigraphique ne peut être déterminé avec certitude.

Tunisie : Foum-Tamesmida. — Étage turonien (?).

Avicula gravida Coquand *Géol. et pal. rég. sud prov. Constantine*, 216, t. 13, fig. 17 et 18 [1862].

Cette belle coquille, fréquente dans le Santonien de l'Algérie, se retrouve au même niveau en Tunisie. M. Thomas en a rencontré plusieurs exemplaires. L'un d'eux, qui provient du niveau phosphaté du Djebel Feriana, est en bon état et absolument typique. Un autre spécimen, recueilli au Djebel Aneza, est plus grand et plus renflé que le type de Coquand; mais cette seule différence, qui résulte de l'âge de ce spécimen, ne saurait suffire pour le distinguer. La forme générale, la disposition de la ligne cardinale, la structure du test en lames minces assez espacées, sont bien celles de l'*Avicula gravida.*

Coquand n'a indiqué comme gisement de cette espèce que l'étage mornasien de Tebessa. Nous avons déjà signalé l'inexactitude de cette indication. C'est dans les couches à *Buchiceras* et à *Hemiaster Fourneli*, de la base du Sénonien, que nous avons partout rencontré l'*Avicula gravida.*

Algérie : Bordj-bou-Areridj; Medjèz-el-Foukani; Nza-ben-Messaï; Djelfa; Refana.

Tunisie : Djebel Feriana; Djebel Aneza. — Étage santonien.

GENRE **INOCERAMUS** Sowerby [1819].

Inoceramus labiatus Schlotheim *Miner. Taschenb.*, VII, 93 [1813] (sub *Ostracites*). — *I. problematicus* d'Orbigny *Pal. franç.*, Terr. crét., Lamellibranches, 510, t. 406 [1847]; Coquand *Géol. et pal. rég. sud prov. Constantine*, 295 [1862]. — *I. labiatus* Coquand *Études suppl.*, 146 [1879].

Plusieurs exemplaires d'Inocérames, généralement en médiocre état de conservation, nous semblent devoir être rapportés à l'*Inoceramus labiatus* Schlotheim, si caractéristique de l'étage turonien inférieur ou étage ligérien de Coquand.

Le meilleur exemplaire a été recueilli au Bir Tamarouzit. Il possède une valve bien complète et une petite partie de la seconde. Il est en outre partiellement pourvu de son test. Cet exemplaire présente parfaitement la forme ovale et allongée, la ligne cardinale très oblique, les plis concentriques peu accentués, couverts de stries et formant une courbe ellipsoïdale, qui caractérisent les types de l'*I. labiatus*. Nous ne conservons pas de doute sur son identité spécifique avec ces types.

Il n'en est pas complètement de même d'autres individus recueillis à Aïn Settara et au Djebel Bou-Driès. Ces autres exemplaires sont très incomplets et nous ne saurions affirmer l'exactitude de leur détermination. Cependant ils ont bien aussi la forme étroite et lancéolée et l'ornementation en rides régulières, très courbées, de l'*I. labiatus*. Les deux localités que nous venons de citer semblent posséder du reste l'étage turonien, en même temps qu'une partie du Sénonien.

Coquand, en 1862, avait mentionné l'existence de l'*I. problematicus* (*I. labiatus*) à Aïn-Tenoukla, au rocher de Constantine et au Fedj-el-Drias, en le classant à tort dans l'étage carentonien. Depuis, cet auteur a rectifié ce classement et mis l'espèce dans l'étage ligérien. Les deux dernières localités indiquées ci-dessus ont disparu dans la nomenclature des gisements signalés en 1879.

Tunisie : Bir Tamarouzit; Aïn Settara (Khanget-es-Slougui); Djebel Bou-Driès (versant nord). — Étage turonien.

Inoceramus Cripsii Mantell *Géol. Sussex*, 133, t. 27, fig. 11 [1822]; Bayle in Fournel *Rich. minér. Algérie*, I, 270, t. 18, fig. 31 et 32 [1849]. — *I. Goldfussi* Coquand *Géol. et pal. rég. sud prov. Constantine*, 306 [1862]; Peron in *Bull. Soc. géol. France*, sér. 2, XXIII, 706 [1866]. — *I. regularis* Brossard in *Mém. Soc. géol. France*, sér. 2, VIII, 237 [1867]. — *I. Cripsii* et *I. regularis* Hardouin in *Bull. Soc. géol. France*, sér. 2, XXV, 338 [1868]. — *I. regularis* Ville *Explor. Hodna*, 166 [1868]; Nicaise *Catal. anim. foss. prov. Alger*, 73 [1870]. — *I. Goldfussi* Cotteau, Peron et Gauthier *Descr. Échin. foss. Algérie*, Ét. sénonien, 24 [1881]. — *I. regularis* Léon Dru in *Extr. Mission Roudaire*, 52 [1881]. — *I. Cripsii* Zittel *Libysch. Wüste*, 65 [1883]. — *I. Goldfussi* Peron *Essai descr. géol. Algérie*, 133-143 [1883]. — *I. Cripsii* Ficheur in *Bull. Soc. géol. France*, sér. 3, XVII, 247 [1887].

Cette espèce, qui abonde dans certains bancs calcaires du Crétacé supérieur de la province de Constantine, paraît être également assez répandue dans le sud de la Tunisie. Cependant, à l'exception de quelques individus du Bir Magueur, les nombreux exemplaires qui ont été recueillis par M. Thomas sont tous assez frustes, à l'état de moules internes seulement, et toujours fort incomplets. Malgré ces mauvaises conditions, nous les considérons comme suffisamment caractérisés par leur taille, leur forme très élargie, leurs gros plis concentriques très saillants, plus ou moins nombreux, mais très régulièrement espacés. C'est avec confiance que nous les rapportons à l'*Inoceramus Cripsii*, tel que l'ont défini Mantell en 1822, et plus récemment MM. Zittel et Schlüter.

Quelques exemplaires du Bir Magueur nous ont beaucoup aidé à la détermination des autres. Ils sont dans un état relativement bon, pourvus en partie des deux valves et d'importantes portions du test. Ces exemplaires, par leur forme transverse, équivalve, régulière, par leurs plis concentriques et la longueur de leur ligne cardinale, sont tout à fait typiques et ressemblent parfaitement aux *I. Cripsii* de la craie de Gosau que M. Zittel a figurés [1].

---

[1] *Die Bivalven der Gosaugebilde*, 95, t. 14 et 15.

Les autres exemplaires sont, comme nous l'avons dit, beaucoup moins bons. Il en a été trouvé dans de nombreux gisements assez différents comme nature pétrologique et comme horizon stratigraphique. Aussi, pour beaucoup d'entre ces exemplaires, notre détermination est-elle simplement approximative.

L'*I. Cripsii* a été rencontré dès les premières explorations faites dans la province de Constantine, et M. Bayle l'a parfaitement reconnu et déterminé. Coquand, se conformant aux idées de d'Orbigny, a mentionné la même espèce sous les noms d'*I. regularis* et d'*I. Goldfussi*, ne citant l'*I. Cripsii* qu'en synonymie de ce dernier. C'est également sous l'un ou l'autre de ces deux noms que, depuis, tous les auteurs africains ont fait mention du fossile qui nous occupe. C'est seulement en 1879, dans ses *Études supplémentaires*, que Coquand a modifié, avec raison, ses anciennes déterminations et a remplacé les noms d'*I. regularis* et d'*I. Goldfussi* par celui d'*I. Cripsii.*

Les Inocérames, dont la coquille est mince et fragile, sont des mollusques qui habitaient de préférence les eaux calmes et profondes et les fonds vaseux à sédiments fins. Aussi les rencontrons-nous surtout, en Algérie aussi bien qu'en Tunisie, dans les dépôts formés assez loin des rivages, dans les calcaires crayeux à foraminifères, dans les calcaires fins en grands bancs, dans les calcaires lithographiques et dans les dolomies.

Tunisie : Khanget Mezouna; Djebel Bou-Gafer; Khanget Safsaf; Djebel Goubel (dolomies du sommet); Chaab-el-Guetof (individus grands et larges, à double expansion); Chebika; Khanget Tefel (?); Bir Oum el-Djof; Bir Magueur (exemplaires bien typiques); Djebel Aïdoudi (versant sud et versant nord). — Étages santonien, campanien et danien.

Inoceramus sp.

Nous mentionnons ici, sans pouvoir lui attribuer une détermination, un moule incomplet recueilli dans les calcaires marneux santoniens de Thala. Sa forme est très déprimée, assez étroite et acuminée au sommet. Les plis et stries concentriques qui garnissent la surface sont assez fins, rapprochés, irréguliers et sans grosses ondulations.

Ce moule, par la forme de ses plis concentriques, pourrait être rapproché de l'*Inoceramus striatus* Mantell, mais il est beaucoup moins renflé et moins épais que ce dernier. Son état ne nous permet aucune comparaison plus approfondie.

Tunisie : Thala. — Étage santonien.

Genre **PINNA** Linné [1758].

Pinna aff. **Renauxiana** d'Orbigny *Pal. franç.*, Terr. crét., Lamellibranches, 252, t. 330, fig. 4-6 [1841].

Le genre *Pinna* n'est représenté, dans la collection des fossiles rapportés de la Tunisie par M. Thomas, que par un fragment court et un peu déformé qui provient du Cénomanien d'El-Aïeïcha. Ce fragment a une section quadrangulaire et l'angle que forment entre eux les deux côtés de la valve est presque droit. Nous ne saurions d'ailleurs affirmer que cette forme très anguleuse des valves en leur milieu ne provient pas d'une compression subie par la coquille.

La surface des valves est ornée, sur le côté ligamentaire, de petites côtes longitudinales nombreuses et fines, et, sur le côté externe, de rides et de stries concentriques très obliques.

Cette forme rhomboédrique et ce mode d'ornementation se retrouvent dans un grand nombre d'espèces de *Pinna*. Les *P. Renauxiana* d'Orbigny, *P. cretacea* Schlotheim, *P. quadrangularis* Goldfuss, *P. bicarinata* Matheron, *P. Brossardi* Coquand, etc., montrent la même forme et le même système de côtes longitudinales et de rides transverses.

Dans ces conditions et en raison de l'impossibilité où nous sommes d'évaluer les dimensions de notre coquille, son angle apical et ses autres caractères spécifiques, nous ne pouvons que la signaler comme voisine du *P. Renauxiana*.

Des fragments fort analogues à celui d'El-Aïeïcha ont été recueillis par nous, en Algérie, dans les marnes cénomaniennes de Bou-Saada. Évidemment ils appartiennent à la même espèce; mais, comme ils sont exactement dans le même état et tout aussi insuffisants, ils n'ont pu nous aider pour la détermination de cette espèce.

Parmi les *Pinna* que nous avons cités ci-dessus, le *P. Brossardi* Coquand réclame une mention particulière. Il provient de la craie de l'Algérie et son ornementation est voisine de celle de nos fragments. Il ne nous paraît pas cependant que ces fragments puissent être rapportés à cette espèce. Le *P. Brossardi* a été décrit d'après un spécimen recueilli par M. Brossard dans le Santonien de Bordj-bou-Areridj. La description est assez complète, mais elle n'est pas appuyée de figures et il peut rester quelques doutes sur la forme réelle de la coquille. Cependant, comme nous avons pu en recueillir, à Bordj-bou-Areridj même, plusieurs exemplaires en bon état, nous sommes en mesure de la bien connaître, et nous remarquons que cette coquille, quoique sensiblement quadrangulaire, est beaucoup moins anguleuse et moins carénée au milieu des valves que nos fragments du terrain cénomanien. En outre, le *P. Brossardi* est de très grande taille et son angle apical est assez ouvert.

Tunisie : El-Aïeïcha. — Étage cénomanien.

GENRE **MODIOLA** Lamarck [1801].

Modiola alternata d'Orbigny; Nob., pl. XXVII, fig. 15 et 16. — *Mytilus alternatus* d'Orbigny *Pal. franç.*, Terr. crét., Lamellibranches, 284, t. 342, fig. 13-15 [1844].

DIMENSION.

Longueur, 13 millimètres.

Cette Modiole, dont le type provient des grès cénomaniens de la Sarthe, est représentée dans les fossiles de la Tunisie par un excellent échantillon que M. Thomas a rencontré au Djebel Taferma, dans les assises cénomaniennes du versant sud.

La coquille est courte, épaisse, renflée, presque aussi large à l'extrémité buccale qu'à l'autre extrémité. Les crochets sont saillants, recourbés sur la ligne cardinale, assez rapprochés du bord buccal. Le milieu des valves est occupé par une zone déprimée, nettement délimitée, lisse et seulement garnie transversalement de stries concentriques très fines.

Les deux côtés de chaque valve sont au contraire ornés de costules radiantes assez accentuées.

Cet échantillon est absolument conforme au type du *Mytilus alternatus* décrit par d'Orbigny. Il est en meilleur état que ceux représentés, sous ce même nom, dans l'Album photographique des fossiles de la Sarthe de M. Guéranger; aussi avons-nous jugé utile de le faire dessiner.

Le *Modiola alternata* fait partie de ce groupe des Mytilidées pour lequel a été institué le genre *Modiolaria* Beck.

Tunisie : Djebel Taferma (Kef Nador). — Étage cénomanien.

Modiola ornatissima d'Orbigny; Nob., pl. XXVII, fig. 17. — *Mytilus ornatus* d'Orbigny *Pal. franç.*, Terr. crét., Lamellibranches, 283, t. 342, fig. 10-12 [1841] (non Rœmer). — *M. ornatissimus* d'Orbigny, l. cit., 767, et *Prodr.*, II, 138 [1847].

Nous assimilons au *Modiola ornatissima* d'Orbigny, des grès de la Sarthe, une petite coquille assez fréquente dans certains gisements cénomaniens de l'Algérie et de la Tunisie. Tous les exemplaires sont de très petite taille. Le plus grand de ceux de la Régence n'a que 13 millimètres de longueur, mais nous en possédons un de l'Algérie qui atteint 22 millimètres.

La coquille est oblongue, renflée, un peu gibbeuse dans la partie médiane. Le côté buccal est très court et ne déborde pas beaucoup les crochets. Le côté anal est long, élargi et arrondi à son extrémité. Un pli parfois subcaréné, partant des crochets pour aboutir à l'extrémité anale, divise les valves en deux parties équivalentes. La surface des valves est ornée de petites côtes rayonnantes bien marquées, continues, simples sur la région palléale et dichotomisées sur la région cardinale. Aux approches du bord buccal, ces côtes s'atténuent et sont remplacées, chez certains individus, par de simples stries radiantes très fines; mais elles s'accentuent de nouveau à l'extrémité buccale.

Les crochets sont peu saillants, contigus, non terminaux, mais situés assez près de l'extrémité buccale.

Il existe dans les terrains crétacés de nombreuses espèces avec lesquelles nos Modioles peuvent être comparées. Le *Mytilus alternatus* d'Orbigny, dont nous avons également signalé l'existence en Tunisie, a une ornementation assez analogue, mais l'interruption des côtes rayonnantes sur le milieu des valves y est bien plus nette et l'emplacement de la partie lisse y est situé différemment. D'ailleurs sa forme générale est beaucoup plus courte, plus large et plus carrée.

Le *Mytilus striatocostatus* d'Orbigny [1] montre, indépendamment des côtes radiantes, de nombreuses stries concentriques, très apparentes, qui coupent les côtes radiantes et donnent à la surface un aspect treillissé.

Une autre espèce de la craie du Texas, dans l'Amérique du Nord, le *Modiola pedernalis* Rœmer [2], est plus voisine encore de la nôtre. La forme en est bien semblable et les stries rayonnantes très analogues, quoique paraissant égales sur toute la surface de la valve. Peut-être cette espèce de l'Amérique devrait-elle être réunie au *Modiola ornatissima*, qui est plus anciennement connu.

Coquand a décrit [3], sous les noms de *Mytilus Papieri* et de *M. sycophanta*, deux coquilles, l'une du Cénomanien de l'Aurès et l'autre du Santonien de Djelfa, qui semblent avoir aussi des rapports avec nos Modioles. Ces deux espèces n'ayant pas été figurées, il nous est difficile d'en apprécier les caractères différentiels. La première est de taille beaucoup plus grande que le *Modiola ornatissima*. Quant à la seconde, sa taille est mieux en concordance avec celle de ce dernier et l'absence signalée par Coquand des stries rayonnantes dans la partie médiane de la région palléale est encore un caractère qui, selon l'étendue et la disposition de cette lacune, peut rapprocher le *Mytilus sycophanta* de notre *Modiola ornatissima*.

Il est à remarquer du reste que, d'après nos observations, ce dernier, qui a son niveau principal dans le Cénomanien, a néanmoins persisté

---

[1] *Pal. franç.*, Terr. crét., Lamellibranches, 281, t. 342, fig. 4-6.
[2] *Die Kreidebildungen von Texas*, 53, t. 7, fig. 11.
[3] *Études suppl.*, 137.

dans le Santonien. Nous en avons des exemplaires recueillis en Algérie, dans les environs de Bordj-bou-Areridj, et en Tunisie, au Khanget Goubel, dans des assises santoniennes bien caractérisées et qui cependant présentent tous les caractères de ceux du Cénomanien.

Nous avons fait dessiner un spécimen de cette jolie petite coquille, qui est assez peu connue.

Algérie : Bou-Saada; Batna. Étage cénomanien. — Bordj-bou-Areridj. Étage santonien.

Tunisie : Djebel Cebela; Dejbel Taferma (Kef Nador). Étage cénomanien. — Khanget Goubel. Étage santonien.

Modiola Roquei Thomas et Peron, pl. XXVII, fig. 18.

DIMENSIONS.

Longueur, 46 millimètres; largeur, 19 millimètres; épaisseur, 17 millimètres.

Coquille de taille médiocre, allongée, étroite, peu courbée; côté buccal court, un peu rétréci, débordant les crochets; côté anal prolongé, se déprimant beaucoup à l'extrémité, où il devient mince et tranchant. Crochets courts, obtus, incurvés sur la ligne cardinale et assez rapprochés de l'extrémité anale, sans cependant l'atteindre. Surface des valves rendue sinueuse par un gros pli renflé, qui va en s'atténuant des crochets à la région anale où il s'élargit en s'abaissant. Ce pli, qui rend la coquille sensiblement gibbeuse, est suivi d'une dépression canaliculée plus ou moins accentuée.

La surface de la coquille est ornée de stries concentriques, prononcées surtout vers les extrémités. En outre, le milieu de chaque valve, entre le pli longitudinal et la dépression qui le suit, est orné de huit à dix costules rayonnantes très fines qui vont en divergeant depuis les crochets jusqu'au bord palléal. Ces costules ou stries forment, vers ce bord palléal, en se croisant avec les stries d'accroissement, une petite région finement treillissée. Le reste des valves, aussi bien dans la région anale que dans la région buccale, est entièrement lisse.

Notre *Modiola Roquei* est très voisin, par ses ornements, du *Mytilus Fittoni* d'Orbigny, de l'étage néocomien. Il s'en distingue par son pli médian moins accentué et moins caréné, par ses crochets plus rapprochés de l'extrémité buccale, et enfin par ses costules médianes moins nombreuses.

Une autre espèce, voisine de la nôtre, est le *Modiola reversa* Fitton (*Mytilus subradiatus* d'Orbigny) des grès verts de Blackdown et de l'étage cénomanien de la Sarthe; mais dans cette espèce, les stries radiantes garnissent toute la région buccale au lieu de n'occuper qu'une zone étroite au milieu de la valve.

Nous devons encore citer, comme fort analogue au nôtre, le *Modiola typica* Stoliczka du Trichinopoly group (étage turonien) de l'Inde, qui possède aussi sur la partie centrale un petit faisceau de stries radiantes; mais cette coquille est de taille bien plus grande, plus élargie à la région anale, et sa surface est garnie de plis concentriques plus prononcés.

Enfin le *Mytilus indifferens* Coquand, de l'étage turonien (?) des environs de Tebessa, qui présente une forme générale très semblable à celle de notre espèce, s'en distingue par l'absence complète de costules rayonnantes.

Notre *Modiola Roquei* est assez fréquent, mais rarement en bon état, dans les marnes cénomaniennes du Djebel Taferma. Nous l'avions déjà recueilli au même horizon géologique, dans les environs de Bou-Saada où il n'est pas en meilleur état.

Cependant le spécimen que nous avons fait dessiner et qui provient du Djebel Taferma est parfaitement conservé.

Nous dédions cette espèce nouvelle à M. le général de la Roque, commandant à Gabès.

Algérie : Bou-Saada.

Tunisie : Djebel Taferma (Kef Nador); Djebel Ceket. — Étage cénomanien.

Modiola Flichei Thomas et Peron, pl. XXVII, fig. 19 et 20.

DIMENSIONS ÉVALUÉES D'APRÈS UN GRAND INDIVIDU INCOMPLET.

Longueur, 70 millimètres; largeur, 19 millimètres.

Un autre fragment indique des dimensions plus considérables encore.

Coquille d'assez grande taille, allongée, et relativement peu large à la région anale.

Valves divisées dans leur longueur par un pli oblique, très prononcé, qui part des crochets et se prolonge en ligne droite jusqu'à l'extrémité palléo-anale. Le long de ce pli, règne, du côté buccal, une forte dépression sinueuse.

Toute la surface des valves est garnie de rides concentriques serrées, grosses, régulières, qui, partant du bord cardinal, s'infléchissent en courbe régulière sur la région cardinale, traversent le gros pli oblique, se prolongent parallèlement au bord palléal de la coquille et viennent se terminer au bord buccal par une courbe plus ou moins grande, suivant qu'elles sont plus ou moins éloignées des crochets.

Crochets assez aigus, saillants, recourbés et fortement débordés par la ligne cardinale et l'extrémité buccale.

Nous connaissons, dans le terrain crétacé, bien peu de Modioles qui puissent être rapprochées de notre *Modiola Flichei*. Une espèce du Texas, le *M. concentrice-costata* Rœmer, en est assez voisine, mais sa taille est bien moindre, le pli médian oblique est moins accentué et les rides concentriques se transforment, à l'avant de la coquille, en lignes irrégulières. Il est à remarquer que, quand on compare au *M. concentrice-costata* des exemplaires tunisiens de même taille, les différences que nous signalons s'atténuent sensiblement, surtout pour la saillie du pli médian. Aussi aurions-nous sans doute adopté cette détermination, malgré ces différences, si un écart assez considérable dans l'horizon géologique ne nous imposait pas une grande prudence.

Une autre espèce de la craie à Hippurites de Gosau (cercle de Salzbourg), le *M. flagellifera* Forbes, que M. Stoliczka a retrouvée dans le Crétacé supérieur de l'Inde, a également des analogies avec notre *M. Flichei.* Cependant ses dimensions sont différentes et sa largeur est moindre relativement à sa longueur; en outre, les plis concentriques y sont groupés et fasciculés d'une façon toute spéciale.

Nous mentionnerons rapidement plusieurs espèces jurassiques, *Mytilus perplicatus* Etallon, *M. Sowerbyanus* d'Orbigny, *M. medus*, etc., qui offrent plus ou moins d'analogies avec la nôtre, pour nous arrêter un peu plus longuement sur une espèce de la Sarthe, le *M. semiornatus* d'Orbigny, dont le niveau géologique est le même que celui du *Modiola Flichei.*

Ce *Mytilus semiornatus* est une espèce rare et peu connue. Nous n'en possédons aucun exemplaire et nous ne pouvons en conséquence nous baser que sur le type décrit par d'Orbigny. La forme et le système ornemental de ce type sont sensiblement ceux de notre espèce, mais les rides concentriques y sont strictement limitées à la région ligamentaire et le reste de la coquille reste lisse. De là vient évidemment le nom spécifique adopté par d'Orbigny et qui semble indiquer un caractère constant. Dans ces conditions, il convient de nous abstenir d'une assimilation aussi douteuse et nous préférons attribuer un nom nouveau au fossile tunisien.

Le *Modiola Flichei* est assez répandu en Tunisie. Les exemplaires les plus typiques proviennent de l'étage cénomanien, mais nous en avons, provenant du Turonien et même du Santonien, qui, quoique de taille plus petite, nous semblent devoir être rapportés à la même espèce.

Nous dédions cette nouvelle espèce à M. Fliche, le professeur distingué de l'École forestière de Nancy.

Algérie : Bou-Saada. Étage cénomanien. — Medjèz-el-Foukani. Étage santonien.

Tunisie : Djebel Cebela; Djebel Ceket; Djebel Semama. Étage cénomanien. — Bir Tamarouzit. Étage turonien. — Djebel Sidi-bou-Ghanem. Étage santonien.

Genre **MYTILUS** Linné [1758].

Mytilus Charmesi Thomas et Peron, pl. XXVII, fig. 21-23.

DIMENSIONS DU PLUS GRAND EXEMPLAIRE.

Longueur, 13 millimètres; largeur, 6 millimètres; épaisseur, 5 millimètres.

Coquille de très petite taille, oblongue, triangulaire, cunéiforme, très acuminée à l'extrémité buccale, s'élargissant rapidement vers la région anale. Région cardinale étroite, plane, déprimée sous les crochets, limitée par une carène anguleuse très prononcée, surtout dans le voisinage des crochets; la commissure des valves forme une ligne droite au milieu de la région cardinale. Côté externe aminci, tranchant, décrivant une large courbe depuis les crochets jusqu'à l'extrémité palléale.

Crochets aigus, contigus, très peu infléchis, situés tout à fait à l'extrémité de la coquille. Surface des valves ornée de costules rayonnantes, simples et droites sur le milieu des valves, divergentes et dichotomées sur la région palléale.

Dans la région cardinale, les costules divergentes se détachent toutes d'une même costule longitudinale correspondant à la carène, de manière à former une bivirgation très remarquable.

Notre *Mytilus Charmesi* a de grands rapports avec deux espèces de la craie à Hippurites de la vallée de Gosau (Autriche), les *M. striatissimus* Reuss et *M. anthrakophilus* Zittel [1]. Sa forme est pour ainsi dire intermédiaire entre celles de ces deux espèces. Il est plus acuminé que le premier, plus déprimé et plus plan sur la région cardinale, et il a des costules plus divergentes. Il se rapproche peut-être davantage, par son aspect cunéiforme et ses crochets aigus, du *M. anthrakophilus*, mais celui-ci s'élargit immédiatement au-dessus des crochets et prend une forme rectangulaire que n'a pas au même degré notre *M. Charmesi*. En outre, dans le *M. anthrakophilus*, la ligne cardinale est courbe et concave, tandis qu'elle est droite dans le nôtre; enfin la coquille est amincie aux deux extrémités et présente un renflement très accentué un peu en arrière de son milieu, tandis que ce renflement n'existe pas dans notre *M. Charmesi;* la plus grande épaisseur se trouve près des crochets et la coquille va constamment en s'amincissant depuis ce point jusqu'à l'extrémité palléale.

Notre nouvelle espèce est dédiée à M. Xavier Charmes, directeur au ministère de l'instruction publique, membre de l'Institut.

Tunisie : Khanget Mezouna. — Étage santonien.

---

(1) Zittel, *Die Bivalven der Gosaugebilde*, II, 9, t. 12, fig. 8, et t. 12, fig. 9.

Genre **LITHODOMUS** Cuvier [1817].

M. Thomas a rencontré, dans les calcaires cénomaniens du Djebel Taferma et du Djebel Cehela, un assez grand nombre de ces corps ovoïdes et claviformes qui ne sont que le moulage des galeries de certaines coquilles lithophages. Les plus grands atteignent 45 millimètres de longueur sur 20 millimètres de largeur. Aucun d'eux ne nous a montré quelques restes de la coquille. En l'absence de tout caractère distinctif, nous ne saurions même dire si ces moulages représentent des traces de *Lithodomus* plutôt que de *Pholas*. Quoi qu'il en soit, il est utile de les mentionner ici, car ces restes sont d'un grand secours pour la détermination des rivages et la délimitation des anciennes mers.

D'autres moulages claviformes assez frustes ont été également rencontrés dans les couches santoniennes du Khanget Goubel. Ceux-là présentent l'empreinte de la bordure des valves, et il semble en résulter assez clairement que ces valves étaient bâillantes. Il est fort probable que ces empreintes doivent être attribuées à des Pholades.

ARCIDÆ.

Genre **ARCA** Linné [1758].

Nous croyons devoir réunir dans le seul genre *Arca* ces Pélécypodes divers de la famille des Arcidées qui ont été diversement répartis par les auteurs entre des genres et des sous-genres fort nombreux, dont les plus importants et les plus répandus dans les terrains crétacés sont, outre les *Arca* (*sensu stricto*), les *Trigonoarca*, les *Cucullæa*, les *Isoarca*, etc.

Il est bien difficile, en effet, sur de simples moules souvent frustes, qui sont presque toujours les seuls restes de ces fossiles que nous ayons pu étudier, de distinguer les caractères respectifs de chacun de ces genres. La structure de la charnière, qui est le plus important de ces caractères, est fort rarement visible. C'est à peine si, sur quelques rares spécimens, nous avons pu reconnaître l'empreinte d'une partie des dents. Ce n'est guère que dans l'existence ou l'absence du sillon anal représentant l'empreinte de la lame septiforme qui servait de point d'attache au muscle adducteur postérieur, qu'on trouve d'une façon un peu régulière un moyen de classification. Encore ce moyen diagnostique est-il insuffisant, puisque les *Trigonoarca* et les *Cucullæa* sont également pourvus de cette lame septiforme.

Cette absence très générale de la coquille elle-même et le défaut de tout caractère bien saillant rendent extrêmement difficile l'étude taxonomique de nos fossiles de ce groupe. Il en est de même d'ailleurs pour ceux du genre *Venus*, qui sont dans les mêmes conditions.

Cette difficulté est en outre singulièrement aggravée par la multiplicité extrême des espèces qui ont été créées sur ces simples moules.

Dans le seul terrain crétacé supérieur, en effet, Coquand n'a pas mentionné en Algérie moins de 23 espèces d'*Arca* dont 16 nouvelles; Seguenza, dans le Crétacé moyen de l'Italie, si analogue à celui de l'Algérie, en a trouvé 15 espèces, dont 6 seulement déjà signalées en Algérie et 9 nouvelles; Conrad, dans son *Étude sur les fossiles de la Palestine*, en a décrit 10 espèces, qui toutes sont nouvelles. Si à ces chiffres nous ajoutons les nombreux moules d'*Arca* décrits par Matheron en Provence, par Sharp en Portugal, par d'Orbigny en France, etc., nous arrivons à un total considérable.

Évidemment, parmi ces espèces si multipliées, il en est beaucoup qui font double emploi. En présence de matériaux si insuffisants, les paléontologues sont embarrassés et préfèrent assez naturellement adopter un nom nouveau plutôt que de risquer une détermination hasardée.

L'identité certaine de pareils fossiles est bien difficile à prouver. On ne peut guère, à ce sujet, que signaler des probabilités, et c'est ce que nous avons fait au cours de nos descriptions.

Parmi les espèces africaines, il en est certainement plusieurs qui devront disparaître. Nous ne sommes cependant pas encore en mesure de les indiquer avec une certitude suffisante. Nous nous bornerons, pour le moment, à signaler l'*Arca cuneus* Coquand, du Cénomanien de Batna, comme devant changer de nom. Il existe en effet, déjà depuis longtemps, un *A. cuneus* Conrad, du Cénomanien de la Palestine, qui n'est pas le même que celui de l'Algérie. Nous nous abstiendrons du reste de proposer un nom nouveau pour cette dernière espèce, qui ne nous paraît pas facile à distinguer de plusieurs autres. C'est d'après ce même principe que nous avons agi pour tous nos matériaux. En raison de cette surabondance des types spécifiques, nous nous sommes rigoureusement abstenu d'introduire dans la nomenclature aucune espèce nouvelle du genre *Arca*, et nous nous sommes efforcé de faire rentrer tous nos moules dans des cadres déjà connus.

En appliquant ce principe et en tenant compte soigneusement des variations que l'âge entraîne dans la forme générale des *Arca*, nous avons pu réduire à 9 le nombre des espèces rencontrées en Tunisie. Sur ce nombre, 8 avaient déjà été signalées en Algérie, en Italie et en Palestine, et 2 seulement paraissent exister en France.

Arca aff. **trigona** Seguenza *Studi geol. e pal. sul cret. medio*, 160, t. 12, fig. 6 [1878].

Nous désignons provisoirement sous ce nom deux moules en médiocre état qui proviennent de l'Albien supérieur du Djebel Roumana. Ils sont assez nettement distincts de tous ceux que nous connaissons dans l'Afrique du Nord. Voisins de l'*Arca parallela* Coquand, ils en diffèrent par leur côté buccal arrondi et non tronqué et par leurs crochets moins élevés et moins saillants. Ils rappellent aussi la forme de l'*A. Hiempsalis* Coquand, mais ils sont de taille bien moindre. Comme nous ne connaissons pas le moule de cette dernière coquille et que, en outre, l'*A. Hiempsalis* est d'un âge géologique bien plus récent, la différence des tailles nous paraît suffisante pour nous interdire une assimilation aussi peu certaine.

En l'état imparfait de ces moules nous devons, d'ailleurs, nous abstenir de toute détermination précise, et nous nous bornons à les signaler comme assez semblables au moule, du Cénomanien de l'Italie méridionale, que Seguenza a nommé *A. trigona*.

Tunisie : Djebel Roumana. — Étage albien supérieur (?).

Arca Galliennei d'Orbigny *Pal. franç.*, Terr. crét., Lamellibranches, 218, t. 314 [1844]; Coquand *Géol. et pal. rég. sud prov. Constantine*, 337 [1862].

C'est un moule unique et un peu fruste que nous assimilons à l'*Arca Galliennei* du Cénomanien de la Sarthe; aussi notre détermination n'est-elle pas d'une certitude absolue. Ce moule présente exactement la forme oblongue, trapézoïdale et déprimée du type; ses crochets courts sont très peu saillants et fortement infléchis vers l'extrémité buccale; son bord palléal est un peu sinueux et presque parallèle à la ligne cardinale.

Le milieu de la valve est largement déprimé et l'extrémité palléale est amincie et tranchante. La surface du moule montre encore les traces des stries radiantes fines qui ornaient la coquille.

Nous retrouvons donc dans ce moule tous les caractères de celui de l'*A. Galliennei*, et notre détermination est d'autant plus fondée que le gisement où M. Thomas l'a rencontré renferme une faune tout à fait semblable à celle des grès de la Sarthe. Coquand a du reste signalé déjà l'existence de l'*A. Galliennei* dans le Cénomanien des environs de Tebessa.

Tunisie : Djebel Taferma (Kef Nador). — Étage cénomanien.

Arca aff. **Requieniana** Matheron (sub *Cucullæa*) *Catal. anim. foss. Bouches-du-Rhône*, 162, t. 20, fig. 6-8 [1835].

Nous rapprochons de cette coquille de la Provence un moule en médiocre état recueilli dans les couches de l'Albien supérieur du Djebel Cherb. Il a bien la forme élargie, déprimée et subsinueuse au bord palléal, qui caractérise l'*Arca Requieniana* Matheron, des grès turoniens d'Uchaux; mais il est moins transverse et moins inéquilatéral. La surface porte encore des traces de stries rayonnantes serrées. Le côté anal est pourvu d'un sillon dans la partie voisine du sommet, ce qui indique que la coquille fait partie du groupe des Cucullées, comme celle de M. Matheron.

Notre moule présente aussi une assez grande analogie avec celui du Cénomanien du Djebel Taferma que nous avons rapporté à l'*A. Galliennei.* Cependant ses crochets sont beaucoup moins excentriques.

Tunisie : Djebel Oum-Ali (niveau à Trigonies). — Étage albien supérieur.

Arca Trigeri Coquand *Géol. et pal. rég. sud prov. Constantine*, 212, t. 15, fig. 7 et 8 [1862]; Ville *Explor. Hodna*, 89 [1868].

Deux exemplaires de cette espèce ont été recueillis par M. Thomas dans les marnes cénomaniennes du Djebel Cehela. Ils sont absolument conformes aux moules d'*Arca Trigeri* qu'on rencontre communément à Batna. Leur gangue même est semblable à ce point qu'on pourrait confondre les exemplaires des deux localités.

Coquand a fait dessiner l'*A. Trigeri* avec son test. La comparaison de moules internes avec cette coquille n'est donc pas sans présenter quelques difficultés. Néanmoins la forme de cet *Arca* est telle qu'il ne peut guère subsister de doutes sur l'attribution qui lui est faite des moules qu'on rencontre dans le même gisement.

L'*A. Trigeri* rappelle, selon Coquand, l'*A. Vindinensis* d'Orbigny. Il nous semble que, sous le rapport de la forme générale et de l'ornementation, il est plus voisin encore de l'*A. Tailburgensis* d'Orbigny, du Cénomanien. Le type de l'*A. Trigeri* dessiné par Coquand ne montre pas cette dépression centrale qui, dans l'*A. Tailburgensis*, donne à la région palléale un aspect sinueux, mais cette dépression existe bien cependant sur presque tous nos moules d'*A. Trigeri.* Ceux-ci présentent, en outre, avec l'*A. Tailburgensis*, ces caractères communs, de ne pas être pourvus d'un sillon anal et d'être marqués, sur la région palléale, d'impressions rayonnantes assez prononcées.

Malgré ces analogies, il ne nous paraît pas possible de réunir les deux espèces. Les moules très nombreux d'*A. Trigeri* que nous possédons sont tous incomparablement plus petits que ceux de l'*A. Tailburgensis.* En outre, ils sont sensiblement plus déprimés et aussi un peu plus longs relativement à la largeur.

Tunisie : Djebel Cehela (Khanget Houara). — Étage cénomanien.

Arca Delettrei Coquand *Géol. et pal. rég. sud prov. Constantine*, 211, t. 15, fig. 5 et 6 [1862]; Ville *Explor. Hodna*, 88 [1868]; Seguenza *Studi geol. e pal. sul cret. medio*, 157 [1878]; Cotteau, Peron et Gauthier *Descr. Échin. foss. Algérie*, Ét. cénomanien, 48 [1878].

Nous avons hésité à rapporter à l'*Arca Delettrei*, plutôt qu'à l'*A. Favrei*, un exemplaire unique recueilli dans le Cénomanien du Djebel Semama. Ces deux espèces ont été décrites par Coquand d'après des individus pourvus de leur coquille. Elles ont une forme très analogue et ne diffèrent guère entre elles que par l'existence, sur la surface de l'une d'elles, de stries radiantes qui n'existent pas sur l'autre. Dans ces conditions, il est vraisemblable que leurs moulages internes sont identiques. Cependant nous croyons remarquer que, dans l'*A. Delettrei*, le côté anal est un peu plus oblique, et, comme cette même obliquité se retrouve dans notre moule tunisien, c'est cette détermination que nons avons adoptée.

Il y a lieu de faire observer ici que notre moule est également très voisin de celui que Seguenza[1] a fait figurer sous le nom d'*A. Moutoniana* d'Orbigny. Mais la détermination adoptée par le géologue italien nous paraît un peu douteuse. Son exemplaire, qui est de très grande taille et qu'il signale en conséquence comme une variété grande, a le côté externe moins prolongé et moins anguleux que l'espèce de d'Orbigny. Pour nous, cette variété de grande taille doit être encore rapportée à l'*A. Delettrei* Coquand. Cette manière de voir est d'autant plus plausible que l'*A. Delettrei* est très répandu dans ce même gisement italien où l'unique spécimen d'*A. Moutoniana* a été recueilli.

Tunisie : Djebel Semama. — Étage cénomanien.

Arca Moutoniana d'Orbigny *Pal. franç.*, Terr. crét., Lamellibranches, 234, t. 321 [1844]; Coquand *Études suppl.*, 129 [1879].

Nous attribuons cette détermination à un moule intérieur assez fréquent dans l'étage cénomanien du Nord africain, aussi bien en Tunisie qu'en Algérie. C'est un moule très oblique, très étroit et prolongé du côté anal, qui est anguleux et caréné.

L'area anale est large et profondément entaillée par deux sillons profonds qui s'étendent des crochets à l'angle palléal. Les crochets sont épais, recourbés sur eux-mêmes et assez distants l'un de l'autre.

La forme de ces moules correspond très exactement à celle de l'*Arca Moutoniana* d'Orbigny. Aussi nous croyons pouvoir adopter pour eux cette détermination, mais en faisant observer que la comparaison d'un moule avec une coquille ne peut toujours donner que des résultats un peu incertains.

Coquand a signalé l'existence de l'*A. Moutoniana* dans le Rhotomagien de l'Aurès. Nous avons nous-même rencontré à Batna des moules auxquels nous avons appliqué la même détermination et qui sont bien semblables à ceux de la Tunisie dont nous nous occupons.

Une discordance se produit cependant entre l'interprétation de Coquand

---

(1) *Studi geol. e pal. sul cret. medio*, t. 13, fig. 1.

et la nôtre. Cet auteur, en effet, admet que la coquille de l'*A. Moutoniana* n'avait pas de lame interne.

Nous ne savons pas sur quoi l'auteur se base pour affirmer ce fait. La description de d'Orbigny n'en fait aucune mention, et, d'autre part, les caractères de cette espèce sont si analogues à ceux des *A. Matheroni*, *Ligeriensis* et autres coquilles voisines, lesquelles sont bien pourvues d'une lame myophore, qu'il nous paraît plus que probable qu'il en est de même de l'*A. Moutoniana*. En tout cas, les moules africains que nous attribuons à cette espèce indiquent certainement, par l'existence d'un profond sillon sur la région anale, la présence d'une lame très développée sur la face interne de chaque valve. Il n'est donc pas douteux que la coquille qu'ils représentent appartient au groupe des Cucullées.

Il a été créé tant d'espèces d'*Arca* sur de simples moules intérieurs que nous sommes fort embarrassé pour faire ressortir les caractères propres des nôtres. L'*A. diceras* Seguenza est une de celles qui s'en rapprochent le plus. Cependant cette espèce du Cénomanien de l'Italie a les crochets plus proéminents et plus acuminés. Il semble en être de même de l'*A. cuneus* Coquand, espèce non figurée, qu'il est bien difficile de distinguer des formes voisines, l'auteur ayant négligé d'en faire ressortir les caractères différentiels. Nous devons encore citer l'*A. dilatata* Coquand, de l'étage aptien (?) de l'Espagne, dont la forme est bien semblable à celle de nos *A. Moutoniana*, mais dont nous ne connaissons pas le moule interne.

Algérie : Batna; Bou-Saada.

Tunisie : Djebel Cehela (zone à *Ostrea Syphax* et zone à Rudistes); Djebel Meghila (sommet, zone inférieure); Djebel Meghila (Foum-el-Guelta); Djebel Nouba (zone supérieure). — Étage cénomanien.

Arca parallela Coquand *Géol. et pal. rég. sud prov. Constantine*, 213, t. 16, fig. 3 et 4 [1862]; Hardouin in *Bull. Soc. géol. France*, sér. 2, XV, 341 [1868]; L. Lartet *Géol. Palestine* in *Annales sc. géol.*, III, 55 [1872]; Seguenza *Studi geol. e pal. sul cret. medio*, 159 [1878].

Un seul individu nous paraît représenter, dans la faune tunisienne, cette espèce assez fréquente pourtant dans les environs de Tebessa. Cet individu, à l'état de moule intérieur, reproduit bien les caractères de l'*Arca parallela*. Son côté anal prolongé, large, coupé obliquement et anguleux à ses deux extrémités, la carène oblique qui limite la région anale, enfin le parallélisme très sensible qui existe entre la ligne cardinale et le bord palléal, sont des caractères qui permettent de le déterminer assez sûrement.

Plusieurs autres espèces, parmi celles décrites par Seguenza, sont également bien voisines de notre spécimen. Telles sont notamment les *A. trapezoides*, *obliquissima*, etc. Il faut croire cependant que ces espèces sont réellement distinctes de l'*A. parallela* puisque le géologue italien mentionne en outre cette dernière en compagnie des précédentes [1].

L'*A. Olisiponensis* Sharpe, de l'étage cénomanien supérieur du Portugal [2], est également un moule assez semblable au nôtre. Cependant il se sépare assez franchement de l'*A. parallela* par son extrémité anale plus large, ses sommets moins saillants et son bord buccal plus arrondi.

Tunisie : Djebel Meghila (sommet, zone inférieure). — Étage cénomanien.

Arca Thevestensis [3] Coquand *Géol. et pal. rég. sud prov. Constantine*, 212, t. 15, fig. 9 et 10 [1862]; Segueuza *Studi geol. e pal. sul cret. medio*, 158 [1878].

Cette espèce, remarquable par sa forme nettement triangulaire et très anguleuse sur la région anale, par sa facette ligamentaire étroite et ses crochets saillants et acuminés, nous paraît représentée par deux exemplaires seulement dans la collection rapportée de Tunisie. Tous deux proviennent de l'étage cénomanien, mais de localités différentes. Ces exemplaires, à l'état de moulages internes, ont le côté anal légèrement plus large et plus débordant que le type dessiné par Coquand. Sous ce rapport, ils se rapprochent de l'*Arca Hiempsalis* du même auteur; mais, d'autre part, ils ont le bord buccal moins arrondi et tronqué plus carrément. Leur forme aussi est bien plus déprimée. Nous préférons la détermination ci-dessus.

D'après Seguenza, l'*A. Thevestensis* est un des fossiles les plus abondants du Crétacé moyen de l'Italie méridionale.

Tunisie : Djebel Nouba (zone supérieure); Djebel Semama. — Étage cénomanien.

Arca Maresi Coquand *Études suppl.*, 130 [1879]; Nob., pl. XXVII, fig. 24 et 25.

C'est là une des espèces décrites par Coquand, mais non figurées. Au milieu des Arches si nombreuses et si semblables qui ont été décrites sur de simples moules, il nous eût été bien difficile de reconnaître l'*Arca Maresi*, si nous n'avions eu en notre possession de bons spécimens de plusieurs Arches recueillis dans le gisement même de cette espèce, c'est-à-dire dans les marnes santoniennes du Djebel Senalba, près Djelfa.

Nous avons pu ainsi mieux appliquer et interpréter la description de Coquand et nous avons pu constater que son *A. Maresi* est un fossile assez répandu dans l'étage santonien de l'Algérie et de la Tunisie.

---

(1) *Studi geol. e pal. sul cret. medio dell' Italia merid.*, 160.

(2) *On the second. rocks of Portugal*, 176, t. 14, fig. 1.

(3) Nous rappelons l'observation que nous avons déjà faite au sujet de l'orthographe défectueuse adoptée par l'auteur pour le mot *Tevesthensis*, qui doit être écrit *Thevestensis*.

IMPRIMERIE NATIONALE.

C'est une espèce du groupe des Cucullées, dont nous ne connaissons que le moule intérieur et une simple portion de test qui est visible sur un exemplaire du Djebel Bou-Driès. Ce moule est voisin par sa forme de l'*A. Hiempsalis* du Santonien de Tebessa. Il est d'ailleurs très variable suivant l'âge; quelques individus rappellent les moules de l'*A. Ligeriensis*, si communs dans la craie tuffeau de la Touraine. Cependant les crochets, sans être plus saillants, sont plus aigus, et le côté anal est plus large, plus débordant, moins abrupt. On remarque dans nos moules les mêmes variations que dans l'*A. Ligeriensis*, dont les individus âgés prennent une forme plus renflée et même gibbeuse, des crochets plus épais, plus recourbés, et enfin des sillons plus larges et plus profonds sur la région anale, ce qui indique seulement l'accroissement en longueur et en épaisseur de la lame myophore interne de la coquille.

Il est à remarquer que ces différences, qui existent entre les vieux individus et les jeunes, dans les *A. Ligeriensis*, semblent correspoudre exactement à celles qui séparent l'*A. Teutobochus* Coquand, de son *A. Maresi*. Ces deux Arches se trouvant au même niveau géologique, il nous paraît possible qu'elles ne soient que deux variétés d'âge de la même espèce.

Un exemplaire de l'*A. Maresi* du Djebel Bou-Driès est encore pourvu de notables portions de la coquille sur la région palléale. On peut voir ainsi que cette coquille était ornée de stries rayonnantes, très fines et très nombreuses, qui se croisent avec des stries concentriques, également très fines. Cette ornementation rappelle absolument celle du *Trigonoarca Trichinopolitensis* Stoliczka, du Crétacé de l'Inde.

L'*Arca Maresi* paraît être le fossile de ce genre le plus commun dans le Sénonien inférieur de la Régence. Les nombreux exemplaires recueillis sont, en général, bien semblables aux types de Djelfa et de Medjez. Leur examen nous permet de compléter sur quelques points la description donnée par Coquand.

Les crochets sont relativement courts et peu recourbés sur eux-mêmes. Les deux côtés forment entre eux un angle un peu obtus et cependant les sommets sont assez minces et acuminés. Enfin les deux valves sont sillonnées, surtout près du bord palléal, par de nombreuses impressions linéaires rayonnantes.

Cette espèce n'ayant pas encore été figurée, nous en avons fait dessiner un exemplaire à l'état de moule, du Khanget Tefel.

Algérie : Djebel Senalba; Medjèz-el-Foukani; Bordj-bou-Areridj.

Tunisie : Bir Tamarouzit; Djebel Sidi-bou-Ghanem; Djebel Bou-Driès; Djebel Dernaïa; Kef-el-Hammam; Djebel Dagla; Khanget Goubel; Khanget Safsaf; Khanget Tefel; Djebel Berda; Djebel Aïdoudi (versant sud). — Étages turonien et santonien.

Arca Teutobochus Coquand *Études suppl.*, 129 [1879]; Nob. pl., XXVII, fig. 26 et 27.

Nous avons dit plus haut que l'*Arca Teutobochus* Coquand pouvait bien n'être qu'une forme très âgée de l'*A. Maresi.* Nous avons remarqué, en effet, que certaines espèces dont nous possédons de nombreux échantillons, comme l'*A. Ligeriensis* d'Orbigny, par exemple, présentent entre les jeunes et les adultes des différences sensiblement correspondantes à celles qui distinguent les *A. Maresi* et *L. Teutobochus.*

Sous ces réserves, nous croyons cependant devoir attribuer ce dernier nom à certains moules recueillis en Tunisie. Ils sont moins triangulaires que ceux de l'*A. Maresi.* Leur côté buccal est plus large, plus aminci et plus débordant. Le bord externe du crochet tombe de ce côté plus brusquement sur l'extrémité palléale. La partie centrale de la valve est épaisse, large, gibbeuse, et les crochets, fortement recourbés, s'amincissent brusquement à leur sommet.

Le côté anal est assez oblique, un peu courbe, limité par une carène obtuse très saillante, au-dessous et le long de laquelle se trouve l'empreinte longue et large de la lame myophore.

L'empreinte de la charnière, bien visible sur l'un de nos individus, montre, aux deux extrémités de la ligne cardinale, la trace de dents fortes, obliques et parallèles à la largeur de la coquille.

Ces moules, par la direction des carènes, par la largeur des crochets, leur épaisseur et leur incurvation, se distinguent aisément de ceux que nous avons attribués à l'*A. Maresi.*

Nous sommes à peu près convaincu que c'est bien à cette forme que Coquand a appliqué le nom d'*A. Teutobochus.* Le type de cette dernière espèce, en effet, provient de l'étage santonien du sud de la subdivision de Sétif, et nous avons pu recueillir, dans la même région, des spécimens auxquels le signalement de l'*A. Teutobochus* s'applique très convenablement. Or, ces spécimens des environs de Medjez sont bien identiques à ceux de la Tunisie que nous venons de décrire. En conséquence, tout en maintenant nos réserves sur la valeur de l'espèce elle-même, nous adoptons provisoirement pour ces spécimens le nom choisi par Coquand.

Pour en faciliter la distinction, nous en avons fait dessiner un.

Algérie : Teniet Chedjeur; Djebel Mzeïta (base nord); Medjèz-el-Foukani.

Tunisie : Khanget Tefel; Khanget Goubel. — Étage santonien.

Arca Hiempsalis Coquand *Géol. et pal. rég. sud prov. Constantine*, 213, t. 16, fig. 1 et 2 [1862].

Un moule en bon état et un exemplaire incomplet, mais pourvu de son test, nous paraissent appartenir à cette espèce du Santonien de Refana. La forme générale large, subquadrangulaire et très carénée sur la région anale, est bien la même; l'ornementation, qui consiste uniquement dans les fines stries concentriques, est également semblable. Parmi les Arches analogues il n'y a guère que l'*A. Maresi* qui se rapproche de nos exemplaires. Ces derniers, toutefois, sont plus renflés, leurs crochets sont plus saillants, plus recourbés, plus éloignés l'un de l'autre. La distinction est facile. C'est, au surplus, au sous-genre *Cucullæa*, comme l'*A. Maresi*, que nos exemplaires appartiennent.

Tunisie : Bir Tamarouzit. — Étage turonien.

Genre **NUCULA** Lamarck [1799].

Nucula pectinata Sowerby *Miner. conch.*, II, 207, t. 192, fig. 6 et 7 [1818]; Peron *Géol. Aumale* in *Bull. Soc. géol. France*, sér. 2, XXIII, 690 [1867]; Nicaise *Catal. anim. foss. prov. Alger*, 51 [1870]; Coquand *Études suppl.*, 131 [1879].

Malgré la différence des niveaux stratigraphiques, nous devons attribuer à cette espèce, si répandue dans l'étage albien de tous les pays, une série d'exemplaires qui proviennent de l'étage cénomanien supérieur du Djebel Meghila. La plupart sont seulement à l'état de moules intérieurs, mais l'un d'eux est encore pourvu de la plus grande partie de sa coquille, et nous pouvons constater qu'elle est ornée de côtes rayonnantes uniformes et régulières, s'étendant sur toute la surface, et croisées par des stries concentriques qui donnent à cette surface un aspect finement treillissé.

La forme et les dimensions sont bien celles des *Nucula pectinata* typiques du Gault de l'Aube et d'autres localités, et nous ne voyons réellement aucune différence qui nous permette de séparer de cette espèce nos exemplaires du Cénomanien de la Tunisie.

Nous avons du reste, depuis bien longtemps, signalé l'existence du *N. pectinata* en Algérie, dans les environs d'Aumale, mais il se trouve là à son horizon habituel, c'est-à-dire dans l'étage albien.

Tunisie : Djebel Meghila (sommet, zone moyenne). — Étage cénomanien supérieur.

Nucula ovata Mantell *Géol. Sussex*, 94, t. 19, fig. 26 et 27 [1822].

Deux exemplaires assez mal conservés nous paraissent devoir être assimilés au *Nucula ovata* de l'étage albien de France et d'Angleterre. Ils en ont bien la forme longue et acuminée aux deux extrémités. Cependant, ils ont une épaisseur relative plus grande que les types bien connus du Gault de l'Aube et de l'Yonne.

Ces deux exemplaires sont à l'état de moules intérieurs, mais ils possèdent encore quelques restes de test qui montrent que la coquille était, comme celle du *N. ovata*, simplement garnie de fines stries concentriques.

Tunisie : Djebel Oum-Ali (niveau à Trigonies). — Étage albien supérieur.

Nucula aff. **cretacea** Coquand *Géol. et pal. rég. sud prov. Constantine*, 211, t. 12, fig. 14 et 15 [1862].

Un moule médiocre, du Cénomanien du Djebel Meghila, se rapproche beaucoup de celui de Tenoukla et de Batna que Coquand a nommé *Nucula cretacea.* Cependant son côté anal est moins large et plus anguleux à l'extrémité.

L'état de cet unique exemplaire ne nous permet qu'un simple rapprochement.

Tunisie : Djebel Meghila (sommet, zone inférieure). — Étage cénomanien.

TRIGONIIDÆ.

Genre **TRIGONIA** Bruguière [1789]

Trigonia pseudocaudata Thomas et Peron, pl. XXVIII, fig. 1 et 2. — *Trigonia caudata* Forbes in *Quart. Journ. geol. Soc.*, I, 244 [1845] (non Agassiz [1840] nec d'Orbigny [1843]). — *T. aliformis* Pictet et Roux (ex parte) *Foss. grès verts, Perte du Rhône*, 450, t. 35, fig. 1 (non fig. 2) [1847]. — *T. caudata* Morris *Catal. brit. foss.*, 228 [1854]; Pictet et Renevier *Foss. terr. aptien, Perte du Rhône*, 97, t. 13, fig. 1 et 2 [1858].

DIMENSIONS DU PLUS GRAND SPÉCIMEN.

Longueur, 70 millimètres; largeur, mesurée du bord buccal à l'extrémité anale, 80 millimètres.

Coquille de grande taille, très arquée, arrondie au pourtour buccal, fortement concave et excavée du côté du corselet.

Région buccale épaisse, courte, aplatie sur la commissure des valves, où celles-ci se rejoignent dans un même plan perpendiculaire aux flancs.

Région anale très longue, rostrée, amincie mais médiocrement acuminée à l'extrémité.

Crochets assez minces, contigus entre eux, infléchis vers le corselet.

Corselet formant une dépression assez profonde située presque à angle droit avec les flancs de la valve. Il est limité par une légère carène qui le sépare du reste de la coquille. Sa surface est divisée en deux parties, sur chaque valve, par une côte longitudinale peu saillante accompagnée d'un léger sillon. La division interne est garnie de côtes transversales, grosses, saillantes, assez espacées, faisant à peu près suite à celles des flancs et tombant perpendiculairement sur la ligne cardinale; la division externe, plus petite que l'autre, sépare celle-ci du reste de la valve; elle est simplement garnie de fines stries concentriques et elle forme une petite zone d'apparence lisse.

Surface des valves garnie de côtes élevées, étroites, tranchantes, assez espacées, au nombre de 25 sur notre plus grand exemplaire. Ces côtes sont finement crénelées en quelques endroits, surtout dans la partie voisine du sommet. Elles prennent naissance à la petite carène qui limite le corselet, divergent un peu et vont, sans aucune inflexion, aboutir au bord palléal de la valve. C'est seulement dans la partie antérieure de la coquille que les côtes s'infléchissent légèrement aux approches de la commissure des valves.

Cette coquille, dont M. Thomas a recueilli plusieurs bons exemplaires dans l'étage albien supérieur de la région des chotts, nous paraît de tous points identique à celle de l'étage aptien et des grès verts albiens de la Perte du Rhône que MM. Pictet et Renevier ont assimilée au *Trigonia caudata* Agassiz, et à celle du Green-sand de Blacdown et d'Atherfield, en Angleterre, que Forbes, Morris, etc., ont également assimilée à la même espèce d'Agassiz.

A notre avis, c'est à tort que ces assimilations ont été faites. Malgré l'autorité de Pictet, nous ne saurions partager sa manière de voir à ce sujet.

Le *T. caudata* d'Agassiz, dont le type provient de l'étage néocomien de Neufchâtel, est une espèce abondamment répandue en France, partout où affleure le facies jurassien de cet étage. C'est une coquille relativement petite, beaucoup moins incurvée que la nôtre, à corselet moins excavé, à rostre beaucoup plus aigu, à côtes beaucoup moins nombreuses, moins tranchantes, plus espacées. Il nous semble étonnant que le savant genevois ait pu considérer comme identique à sa grande Trigonie de la Perte du Rhône cette petite coquille qui, non seulement montre des caractères bien différents, mais habite un horizon géologique bien supérieur. En conséquence nous avons cru devoir adopter un nom nouveau pour cette Trigonie de la Perte du Rhône à laquelle nous réunissons nos exemplaires tunisiens.

Notre *T. pseudocaudata* est incontestablement bien voisin du *T. distans* Coquand, de l'étage cénomanien de l'Algérie. Nous avons même eu un instant l'idée de l'y réunir, malgré la différence des horizons stratigraphiques. Malheureusement l'espèce de Coquand n'est pas bien connue. Elle a été décrite d'après un spécimen incomplet où manque précisément le rostre qui est l'une des parties les plus caractéristiques de notre espèce. En outre, d'après la description de Coquand, les côtes sont un peu moins nombreuses et totalement dépourvues de crénelures. A la vérité, nous possédons depuis longtemps de bons exemplaires de Trigonies, rapportés par nous au *T. distans* et provenant, comme le type de Coquand, du vallon de Tenoukla, et qui présentent des côtes sensiblement crénelées dans la partie antérieure des coquilles et un corselet analogue à celui de nos *T. pseudocaudata;* mais d'autre part, ces exemplaires de Tenoukla sont tous beaucoup plus petits que ces derniers et présentent en outre d'autres différences qui nous interdisent de les y réunir.

Parmi les autres espèces déjà connues, l'une des plus voisines de la nôtre est le *T. crenulata* Lamarck. Cependant la nôtre est beaucoup plus arquée et plus rostrée; sa région anale est plus étroite et plus prolongée, son corselet est orné tout différemment; ses côtes sont plus espacées, moins épaisses, moins tuberculeuses, moins sinueuses.

Des différences non moins importantes séparent le *T. pseudocaudata* des *T. aliformis* Parkinson, *Fittoni* Deshayes, *subspinosa* de Loriol, *Elisæ, Ludovicæ* Briart et Cornet, *scabra* Lamarck, etc.

Toutes ces Trigonies sont bien, comme la nôtre, du groupe des *scabræ* et ont une forme et une ornementation analogues, mais toutes ont des caractères propres qui les distinguent suffisamment de notre espèce sans qu'il soit nécessaire d'y insister.

Tunisie : Djebel Oum-Ali; Djebel Roumana; Djebel Semama (zone inférieure). — Étage albien supérieur.

Trigonia cf. **crenulata** Lamarck *Anim. sans vert.*, VI, 63 [1819]. — *T. crenulata* Coquand *Géol. et pal. rég. sudprov. Constantine,* 290 [1862].

M. Thomas a recueilli, dans le Cénomanien de la Tunisie, un assez grand nombre de moules intérieurs de Trigonies dont la détermination présente de sérieuses difficultés. Nous avions songé d'abord à les rapporter au *Trigonia distans* Coquand, des environs de Tebessa. Ils appartiennent au même groupe et présentent de grandes analogies avec cette espèce. Cependant tous montrent des empreintes de côtes transversales plus rapprochées et plus incurvées que celles du *T. distans.* En outre leur région anale est moins prolongée et moins recourbée. Dans ces conditions, ces moules nous paraissent devoir être rapprochés de préférence du *T. crenulata* Lamarck, dont ils montrent les principaux caractères.

Il est à noter, au surplus, que l'existence en Afrique du *T. crenulata* a été signalée depuis longtemps par Coquand. Nous avons nous-même recueilli, dans le Cénomanien de Batna, plusieurs spécimens qui, malgré leur taille plus petite que celle des beaux exemplaires de la Sarthe, nous ont paru devoir leur être assimilés.

Tunisie : Djebel Meghila (Foum-el-Guelta); Djebel Cehela; Djebel Ceket; El-Aïeïcha. — Étage cénomanien.

Trigonia cf. **limbata** d'Orbigny *Pal. franç.*, Terr. crét., Lamellibranches, 156, t. 298, fig. 1 [1844].

Nous rapprochons de cette espèce des moules internes assez nombreux, recueillis dans l'étage santonien de la Tunisie. Ils ont une forme très analogue à celle des moules de *Trigonia limbata*, si fréquents dans la craie de la Touraine et des Charentes. Dans ceux-ci, cependant, la surface des flancs est lisse et l'existence de côtes sur la coquille ne se manifeste que par les fortes crénelures du pourtour, tandis que, dans nos moules tunisiens, les côtes ont laissé une empreinte très apparente sur toute la valve.

Le nombre et la disposition de ces côtes sont d'ailleurs en concordance.

Tunisie : Djebel Aneza; Djebel Sidi-bou-Ghanem; Djebel Dagla (1er horizon fossilifère); Djebel Mezouna; Djebel Dernaïa.

CARDITIDÆ.

Genre CARDITA Bruguière [1789].

Cardita cf. **pinguis** Coquand *Mon. pal.* Ét. aptien Espagne, 312, t. 15, fig. 3 et 4 [1865].

Le *Cardita pinguis* est une espèce du Crétacé inférieur d'Arcaïne et d'Obon (Aragon), que Coquand a décrite dans sa *Monographie de l'étage aptien de l'Espagne*.

Dans nos recherches en Algérie nous avons découvert, au milieu des couches à *Ammonites inflatus* du Djebel Bou-Thaleb, plusieurs moules d'une grosse Cardite qui, soumis à l'examen de Coquand, ont été reconnus par lui identiques à son *Cardita pinguis* de l'Espagne.

D'autres bivalves provenant du même gisement, comme le *Venus Rouvillei*, étaient en même temps reconnus semblables à des espèces de l'Espagne.

C'est en nous appuyant sur cette détermination de Coquand que nous avons rapproché du *Cardita pinguis* quelques moules de grande taille, de conservation médiocre, que M. Thomas a recueillis au Djebel Nouba, dans le Cénomanien inférieur. Ces moules sont, en effet, bien semblables à ceux du Djebel Bou-Thaleb et, très vraisemblablement, ils représentent la même espèce. Toutefois, comme la coquille elle-même nous est inconnue et que, d'autre part, le niveau géologique du *C. pinguis* serait, d'après Coquand, bien inférieur à celui de nos moules, nous ne devons adopter cette détermination que sous certaines réserves.

Algérie : Maison forestière du Djebel Bou-Thaleb. — Étage albien supérieur.

Tunisie : Djebel Nouba. — Étage cénomanien inférieur.

Cardita Beuquei Coquand *Géol. et pal. rég. sud prov. Constantine*, 200, t. 15, fig. 1 et 2 [1862]; Ville *Explor. Hodna*, 88 [1868]; Nicaise *Catal. anim. foss. prov. Alger*, 67 [1870]; Cotteau, Peron et Gauthier, *Descr. Échin. foss. Algérie*, Cénomanien, 48 [1878]; Zittel *Beitr. zur Geol. und Pal. der Libysch. Wüste*, 79 [1883]; Peron *Essai descr. géol. Algérie*, 94 [1883].

Quelques moules intérieurs provenant du Cénomanien de la Tunisie doivent être rapportés au *Cardita Beuquei* Coquand. Leur détermination pourrait laisser quelques doutes, si nous ne pouvions les comparer qu'au type de l'espèce figuré par Coquand, car ce type est pourvu de son test et le moule lui-même n'a pas été représenté. Mais le *C. Beuquei* est une espèce très commune à Batna et à Tenoukla, où l'on trouve des individus nombreux, à l'état de simples moules, à côté d'individus pourvus en tout ou en partie de leur coquille. Le rapprochement du moulage interne et de la coquille elle-même devient dès lors très facile.

Le *C. Beuquei* est bien voisin du *C. Delettrei* Coquand. Il s'en distingue surtout par ses crochets plus hauts et moins infléchis du côté buccal et par sa forme générale moins transverse et moins rhomboïdale.

Algérie : Djebel Bou-Khaïl; Oued Sidi-Sliman; Bou-Saada; Bordj Messaoud; Batna; Tenoukla.

Tunisie : Djebel Cehela. — Étage cénomanien.

Cardita Delettrei Coquand *Géol. et pal. rég. sud prov. Constantine*, 200, t. 14, fig. 18 et 19 [1862]; Cotteau, Peron et Gauthier *Descr. Échin. foss. Algérie*, Cénomanien, 28 [1878]; Seguenza *Studi geol. e pal. sul cret. medio*, 151 [1878].

Trois exemplaires, à l'état de moules, nous paraissent assimilables au *Cardita Delettrei* qui, comme le précédent, est très répandu dans les assises cénomaniennes de Tenoukla et de Batna.

Cette espèce est très voisine des *C. Beuquei* et *Forgemoli*. Sa forme est intermédiaire entre celles de ces deux Cardites et présente du reste des variations qui montrent combien sont peu importants les caractères distinctifs de ces diverses coquilles. Les *C. Delettrei*, *Beuquei* et *Forgemoli* se trouvant dans les mêmes gisements, il semble qu'il serait possible de ne les considérer que comme des variétés d'âge de la même espèce.

Cependant nous ne sommes pas pour le moment en possession d'une série suffisamment graduée pour nous permettre d'effectuer leur réunion en parfaite connaissance de cause.

Tunisie : Djebel Meghila (zone inférieure); Djebel Ceket. — Étage cénomanien.

Cardita Baronnetti Munier-Chalmas in *Extr. Miss. Roudaire*, Paléont., 70, t. 2, fig. 4-8 [1881].

Les types de cette espèce ont été recueillis par M. Léon Dru dans le Sénonien supérieur de Ras-Khenafès, sur le bord septentrional du Chott Fedjedj.

C'est dans les mêmes gisements que M. Thomas en a rencontré aussi d'assez nombreux spécimens. Ils sont bien identiques aux types figurés par M. Munier-Chalmas et, comme eux, ils sont en très bon état de conservation.

Il est à remarquer que ces couches du Sénonien supérieur africain sont très riches en coquilles du genre *Cardita*. Déjà, en Algérie, dans les marnes daniennes à *Roudaireia Auressensis* du Kef-Matrek, au nord du Hodna, nous avons signalé l'existence d'une belle Cardite extrêmement abondante que nous avons considérée comme nouvelle.

Pour prévenir toute confusion, nous devons faire connaître que cette Cardite algérienne est bien distincte, par ses côtes triangulaires, aiguës et épineuses, du *Cardita Baronnetti* de Tunisie. D'après ce que nous a dit M. Zittel, auquel nous en avons expédié quelques exemplaires, la Cardite du Kef-Matrek doit être la même que celle de la zone à *Ostrea Overwegi* du désert libyque que ce savant a nommée *Cardita Libyca* [1].

Tunisie : Bir Khenafès. — Étage danien.

Cardita Senarti Thomas et Peron, pl. XXVIII, fig. 3 et 4.

DIMENSIONS.

Longueur, 22 millimètres; largeur, 24 millimètres; épaisseur, 11 millimètres.

Moule de taille médiocre, plus large que haut, un peu carré, très déprimé, presque équilatéral.

Côté buccal à peu près aussi large et aussi saillant que le côté anal. Les deux côtés sont arrondis, mais le côté anal est un peu plus anguleux à sa jonction avec le bord palléal.

Ligne cardinale droite, longue et simple.

Crochets saillants, acuminés, non couchés mais obliques du côté buccal. Impressions musculaires bien marquées; celle du côté buccal longue, à bordure un peu saillante, rapprochée de la charnière; celle du côté anal déprimée.

Impression palléale très apparente, entière, continue; labre crénelé.

Cette Cardite, par sa grande largeur relative, par ses deux côtés presque égaux, par sa dépression, etc., se distingue de toutes celles que nous connaissons dans le terrain crétacé de l'Afrique.

Sa forme est à peu près celle du *Cardita tenuicosta* de l'étage albien, mais elle est bien moins épaisse, ses crochets sont plus élevés et, à en juger d'après les crénelures du bord, ses côtes devraient être plus grosses et moins nombreuses.

Cette espèce est dédiée à M. le colonel Sénart, commandant supérieur à Tebessa en 1885.

Tunisie : Djebel Semama (versant ouest). — Étage cénomanien inférieur.

---

[1] *Beiträge zur Geol. und Pal. der libysch. Wüste*, 65 [1881].

Cardita Doumeti Thomas et Peron, pl. XXVIII, fig. 5 et 6.

DIMENSIONS DU PLUS GRAND EXEMPLAIRE.

Longueur, mesurée du crochet au milieu du bord palléal, 22 millimètres; largeur, 47 millimètres; épaisseur, 20 millimètres.

EXEMPLAIRE FIGURÉ.

Longueur, 18 millimètres; largeur, 39 millimètres; épaisseur, 13 millimètres.

Coquille modioliforme, très inéquilatérale, transverse, étroite, élargie, fortement déprimée dans la partie médiane des valves, largement sinueuse au bord palléal.

Côté buccal court, arrondi, non excavé; côté anal très prolongé, s'élargissant à partir du milieu, arrondi à son pourtour externe; ligne cardinale presque parallèle au bord palléal.

Valves divisées en deux parties par une ligne un peu saillante, obtuse, oblique, qui sépare la région anale de la partie déprimée centrale.

Surface des valves garnie de côtes rayonnantes qui sont un peu espacées et très prononcées sur la région anale, mais fines et serrées sur la région buccale.

Nous ne connaissons encore le *Cardita Doumeti* qu'à l'état de moule intérieur. Ce fossile, par sa forme transverse et sinueuse sur son bord ventral, se rapproche de certaines espèces de *Venerupis* et il n'est pas impossible qu'il appartienne à ce genre.

En tous cas, si, comme nous le pensons, c'est plutôt dans les Cardites qu'il doit être placé, c'est dans le groupe des espèces du type du *C. calyculata* Linné, c'est-à-dire dans le genre *Cardita* (*sensu stricto*) de Lamarck.

Nous ne connaissons de la Tunisie qu'un exemplaire du *C. Doumeti*. Il provient du Cénomanien du Djebel Ceket. Cet exemplaire est en médiocre état et nous l'aurions pu difficilement utiliser, si nous n'avions d'autre part recueilli nous-même, dans les calcaires cénomaniens des environs de Bou-Saada, d'assez nombreux spécimens appartenant évidemment à la même espèce. Ces spécimens algériens sont eux-mêmes loin d'être en parfait état, mais ils suffisent pour établir assez solidement la diagnose de l'espèce. C'est l'un d'eux que nous avons fait dessiner aux lieu et place de notre exemplaire tunisien qui est trop fruste.

Nous ne connaissons aucune coquille dans le terrain crétacé qui puisse être confondue avec le *C. Doumeti*.

Cette nouvelle espèce est dédiée à M. Doumet-Adanson, l'un des savants membres de la Mission de l'exploration scientifique de la Tunisie.

Algérie : Bou-Saada.

Tunisie : Djebel Ceket. — Étage cénomanien.

ASTARTIDÆ.

Genre **ASTARTE** Sowerby [1816].

Astarte subnumismalis Thomas et Peron, pl. XXVIII, fig. 7 et 8.

DIMENSIONS.

Longueur, 7 millimètres; largeur, 7 millimètres.

Coquille de petite taille, aussi large que haute, subarrondie et seulement un peu acuminée au sommet, presque équilatérale, comprimée; côté buccal arrondi, très peu évidé sous le crochet; côté anal un peu plus haut, mais de même largeur que l'autre côté.

Surface des valves garnie de gros plis concentriques, peu nombreux, assez réguliers et équidistants.

Cette petite Astarte est fort voisine de celle de l'étage néocomien du département de l'Yonne que d'Orbigny a nommée *Astarte numismalis* [1]. En l'état assez médiocre de nos exemplaires, nous sommes même fort embarrassé pour trouver quelques caractères distinctifs qui nous permettent de les en séparer. Il convient cependant de remarquer que notre espèce a été recueillie dans l'étage sénonien et qu'elle est par conséquent séparée de l'*A. numismalis* par une énorme période sédimentaire. Dans ces conditions, et en raison de l'insuffisance de nos matériaux, nous avons cru devoir distinguer provisoirement notre Astarte africaine sous un nom qui indique sa parenté avec l'espèce néocomienne.

L'*A. subnumismalis* est assez abondant dans les calcaires du Sénonien inférieur du Khanget Mezouna. On en trouve de nombreux individus à l'état de moules intérieurs et d'empreintes externes à la surface de quelques dalles calcaires et on en rencontre également quelques-uns qui sont pourvus de leur test, mais la roche est très dure et il est fort difficile de les extraire en bon état.

Un exemplaire de taille un peu plus grande, mais paraissant néanmoins appartenir au même type, a été recueilli à Thala, dans le même horizon géologique.

Tunisie : Khanget Mezouna; Thala. — Étage santonien.

---

[1] *Pal. franç.*, Terr. crét., Lamellibranches, 63, t. 262, fig. 4-6.

Astarte Seguenzæ Thomas et Peron, pl. XXVIII, fig. 9 et 10. — *Crassatella minima* Seguenza *Studi geol. e pal. sul cret. medio*, 137, t. 7, fig. 9 [1878] (non *Astarte minima* Seguenza l. c., 135, t. 7, fig. 7).

DIMENSION.

Longueur, 15 millimètres.

Coquille de petite taille, subtriangulaire, élargie transversalement, déprimée. Côté buccal court, droit, arrondi seulement vers l'extrémité palléale; côté anal oblique, allongé, un peu anguleux à l'extrémité; région anale limitée sur le flanc des valves par une petite saillie linéaire, oblique, qui part des crochets pour aboutir à l'extrémité palléale.

Crochets courts, contigus, peu acuminés.

Surface des valves garnie d'une dizaine de plis concentriques saillants, arrondis, réguliers, assez espacés et équidistants.

Cette petite coquille nous paraît très probablement identique à celle de l'Italie méridionale que Seguenza a décrite sous le nom de *Crassatella minima*. La forme allongée, oblique et un peu anguleuse de la région anale est bien semblable dans les deux fossiles. Il en est de même de la taille, de la forme des rides concentriques, etc. Nous n'avons pu cependant conserver à ce fossile le nom que lui a donné le savant italien. Il n'est pas douteux pour nous que cette petite coquille doit être classée dans le genre *Astarte* et non dans les Crassatelles et, comme d'autre part il existe déjà un *Astarte minima* Seguenza, le changement du nom spécifique de notre fossile s'impose en même temps que son déclassement générique.

Nous connaissons de nombreuses Astartes auxquelles nos spécimens tunisiens peuvent être comparés, mais la plupart appartiennent à des terrains d'un âge bien différent. Parmi les espèces algériennes, l'*A. amygdala* Coquand a une forme assez semblable mais moins triangulaire; en outre les plis concentriques y sont bien plus serrés et son épaisseur est plus grande. L'*A. Punica* du Cénomanien de Tebessa offre, au contraire, une ornementation fort analogue à celle de notre *A. Seguenzæ*, mais elle est plus épaisse, plus grande, moins élargie, etc.

Nos exemplaires types de l'*A. Seguenzæ* proviennent du Khanget Oguef, où ils sont assez abondants, mais nous croyons devoir rapporter à la même espèce d'autres exemplaires en médiocre état qui ont été recueillis, les uns dans le Turonien de Bir Tamarouzit, les autres dans le Cénomanien du Djebel Semama.

Tunisie : Khanget Oguef; Bir Tamarouzit; Djebel Semama. — Étages turonien et cénomanien.

CRASSATELLIDÆ.

Genre CRASSATELLA Lamarck [1801].

Crassatella Baudeti Coquand *Géol. et pal. rég. sud prov. Constantine*, 198, t. 13, fig. 5-7 [1862]; Ville *Explor. Hodna*, 89 [1868]; Cotteau, Peron et Gauthier *Descr. Echin. foss. Algérie*, Cénomanien, 48 [1878]; Seguenza *Studi geol. e pal. sul cret. medio*, 186 [1878].

Cette coquille, remarquable par sa forme arquée et très inéquilatérale, est assez répandue en Tunisie, sans être cependant aussi abondante qu'à Batna et à Tenoukla. C'est seulement à l'état de moules internes que M. Thomas l'a rencontrée. Quelques-uns de ces moules, en raison de leur couleur foncée, sont absolument semblables à ceux de Batna. C'est l'un des Pélécypodes les plus caractéristiques de l'étage cénomanien du nord de l'Afrique. Seguenza l'a recueilli au même niveau géologique dans le sud de l'Italie.

Algérie : Djebel Bou-Khaïl; Bou-Saada; Batna; Tenoukla.

Tunisie : Djebel Meghila (Foum-el-Guelta); Djebel Semama; Djebel Nouba; Djebel Cehela; Djebel Madjourah; Djebel Oum-el-Oguel. — Étage cénomanien.

Crassatella cf. **Desvauxi** Coquand *Géol. et pal. rég. sud prov. Constantine*, 199, t. 13, fig. 8 et 9 [1862].

C'est avec beaucoup de doute que nous rapprochons du *Crassatella Desvauxi* Coquand un moule de petite taille recueilli dans l'étage cénomanien. Le type de cette espèce provient de l'étage santonien et cette différence de station est importante à noter, car il y a peu d'espèces communes à ces deux étages.

En outre, c'est un spécimen pourvu de sa coquille que Coquand a fait dessiner et la comparaison avec notre moule n'en est pas très facile. Cependant notre fossile présente bien, comme le *C. Desvauxi*, une carène anale peu saillante et un côté buccal assez prolongé et arrondi. Il est également assez déprimé, mais il est relativement plus élargi.

Tunisie : Djebel Cehela. — Étage cénomanien.

Crassatella Numidica Munier-Chalmas (sub *Astarte*) *in Extr. Miss. Roudaire*, Paléont., 71, t. 13, fig. 4-9 [1881].

Le *Crassatella Numidica* est l'un des fossiles les plus abondants du Crétacé supérieur de la région des chotts tunisiens. C'est au Ras Khenafès que M. Léon Dru a recueilli les exemplaires qui ont servi de types à cette espèce, et c'est également dans les environs de cette localité que M. Thomas a rencontré ceux que nous avons étudiés. Ils appartiennent à l'étage danien et se trouvent en compagnie des *Roudaireia Auressensis* et de nombreux autres fossiles.

M. Munier-Chalmas a donné une excellente description du *Crassatella* (*Astarte*) *Numidica*. Il en a fait ressortir avec soin les variations et a consacré quatorze figures à sa représentation. C'est donc une coquille bien connue et nous n'avons rien à ajouter à sa description.

Il convient seulement de faire observer que le savant descripteur a classé cette coquille dans le genre *Astarte*, sans tenir peut-être suffisamment compte de ses véritables caractères génériques. M. Zittel, qui a retrouvé cette même espèce dans le Crétacé supérieur du Désert libyque, n'a pas accepté le classement de M. Munier-Chalmas et a placé la coquille dans le genre *Crassatella*.

Nous croyons devoir nous ranger à cette manière de voir. Les Crassatelles, en effet, très voisines des Astartes, sous tous les rapports, s'en distinguent surtout en ce que le ligament est interne et logé dans une fossette du côté postérieur de la coquille, tandis que dans les Astartes le ligament est externe et en général bien visible. Or, dans les exemplaires nombreux et en parfait état de conservation de l'*Astarte Numidica* que nous avons étudiés, nous n'avons pu reconnaître aucune trace d'un ligament extérieur. Il vaut donc mieux, à notre avis, placer la coquille dans les Crassatelles, comme l'a fait le savant professeur de Munich.

Tunisie : Bir Khenafès. — Étage danien.

Crassatella Marottiana d'Orbigny *Pal., franç.* Terr. crét., Lamellibranches, 82, t. 266, fig. 8 et 9 [1847]. — *C. Marotti* Coquand *Géol. et pal. rég. sud prov. Constantine*, 303 [1862].

Quelques exemplaires à l'état de moules intérieurs, mais très bien conservés, peuvent être assimilés avec sécurité au *Crassatella Marottiana* d'Orbigny. Nous avons pu les comparer à de nombreux moules de cette espèce que nous avons recueillis dans la craie supérieure de Neuvic (Dordogne), d'Aubeterre (Charente) et de Royan et aussi dans la craie santonienne de Villedieu (Loir-et-Cher), et nous n'avons pu relever aucune différence appréciable.

Leur forme est triangulaire; les crochets élevés, aigus, obliques; le côté anal oblique, subanguleux à son extrémité; les empreintes des muscles adducteurs sont très saillantes, l'impression palléale est profonde, continue, sans sinuosité, assez éloignée de l'extrémité palléale; le bord palléal est crénelé.

Au-dessus de l'empreinte musculaire buccale règne une dépression linéaire, courbe, qui part du sommet et aboutit au milieu de l'impression palléale.

Le *Crassatella Marottiana* semble exister en France dans tous les niveaux du Crétacé supérieur, depuis le Santonien jusqu'aux calcaires jaunes daniens. Il en est de même dans le nord de l'Afrique.

Algérie : Refana.

Tunisie : Khanget Goubel ; Bir Magueur ; Chebika. — Étages santonien et danien.

CARDIIDÆ.

Genre **CARDIUM** Linné [1758].

Cardium Pauli Coquand *Géol. et pal. rég. sud prov. Constantine*, 204, t. 10, fig. 5-6 [1862]; Brossard in *Mém. Soc. géol. France*, sér. 2, VIII, 227 [1867]; Hardouin in *Bull. Soc. géol. France*, sér. 2, XV, 340 [1868]; Nicaise *Catal. anim. foss. prov. Alger*, 60 [1870]; Lartet *Géol. Palestine* in *Ann. sc. géol.*, 53 [1872]; Seguenza *Studi geol. e pal. sul cret. medio*, 147 [1878]; Cotteau, Peron et Gauthier *Descr. Échin. foss. Algérie*, Cénomanien, 27 [1878].

C'est l'espèce de *Cardium* la plus commune dans l'étage cénomanien de la Tunisie aussi bien que de l'Algérie. De taille assez grande, elle est caractérisée surtout par sa forme oblique, triangulaire et subcarénée, par son côté anal tronqué et déprimé, par ses crochets longs et acuminés et par les côtes concentriques bien marquées qui garnissent ses valves.

Le *C. Pauli* n'est connu que par le moule intérieur qui, en dehors des plis concentriques, semble dépourvu d'ornementation. Cependant, sur quelques moules en bon état que nous avons recueillis à Batna, on peut distinguer, sur le bord palléal de la région anale, des traces manifestes de crénelures. On en peut conclure que, sur la coquille, des côtes rayonnantes devaient exister, au moins sur le côté postérieur. L'espèce alors devrait sans doute prendre place dans le genre *Protocardia*. Il semble probable que c'est à ces mêmes exemplaires pourvus de stries sur la région postérieure que Coquand a appliqué la dénomination de *Cardium* (*Protocardium*) *Vidali* (1).

Les caractères généraux de cette espèce, en effet, semblent être ceux que nous venons d'indiquer et, quoiqu'elle soit mal connue et n'ait pas été figurée, nous croyons pouvoir la reconnaître dans certains exemplaires de nos *C. Pauli*. Ce dernier nom, étant le plus ancien, est celui qui doit être employé. Quant à la question d'attribution de l'espèce au genre *Protocardia*, il nous semble qu'elle ne pourra être sûrement résolue que quand on aura rencontré des exemplaires pourvus de leur test.

Le *C. Pauli* a été rencontré fréquemment dans l'étage cénomanien de

---

(1) *Études suppl.*, 118.

la Tunisie. Mais, en outre, M. Thomas a rapporté de l'étage santonien du Djebel Sidi-bou-Ghanem quelques spécimens que nous ne pouvons distinguer du type cénomanien. Ils en ont bien la forme générale étroite, renflée et triangulaire et les stries concentriques serrées. Dans l'un d'eux, une petite portion du test a subsisté sur le côté anal et ce test ne montre pas de côtes ou de stries radiantes. La seule petite différence que nous puissions constater, c'est que, dans ces *Cardium* santoniens, le côté anal est encore plus évidé et coupé plus droit, de telle sorte que la carène latérale oblique paraît encore plus saillante. Cette seule différence paraît bien insuffisante pour permettre la séparation de ces exemplaires.

Tunisie : Djebel Meghila (Foum-el-Guelta); Djebel Meghila (sommet, zone inférieure); Djebel Semama. Étage cénomanien. — Djebel Sidi-bou-Ghanem. Étage santonien?

Cardium incertum Thomas et Peron, pl. XXVIII, fig. 11 et 12.

DIMENSIONS.

Longueur, 36 millimètres; largeur, 26 millimètres; épaisseur, 22 millimètres.

Deux exemplaires à l'état de moules.

Espèce de taille médiocre, assez allongée, non oblique, inéquilatérale. Bord buccal plus large que l'autre; bord anal se prolongeant très haut à proximité des crochets. Pourtour palléal arrondi. Crochets longs, droits, écartés, non infléchis. Impressions musculaires profondes, se prolongeant du côté anal jusque sur les crochets. Traces incertaines de côtes sur le bord palléal.

Ce *Cardium*, que nous ne pouvons étudier que d'après un nombre insuffisant d'exemplaires, est encore bien imparfaitement connu. Cependant il nous paraît se distinguer de tous les autres moules de la craie de l'Afrique par sa forme étroite, allongée, droite, et par ses crochets longs, saillants et éloignés l'un de l'autre. Il se rapproche par sa forme de l'*Isocardia neglecta* Coquand, mais ses crochets ne sont pas recourbés et rapprochés comme dans cette espèce. Il est évident pour nous que c'est dans le genre *Cardium* que notre fossile doit être placé.

Tunisie : Djebel Nouba (zone supérieure); Djebel Cehela. — Étage cénomanien.

Cardium subproductum Thomas et Peron, pl. XXVIII, fig. 13 et 14.

DIMENSIONS DU PLUS GRAND EXEMPLAIRE.

Longueur, 60 millimètres; largeur, 35 millimètres; épaisseur, 45 millimètres.

A l'état de moules internes.

Coquille ovale, oblongue, allongée, très étroite, épaisse et renflée. Côté anal coupé droit, parallèlement à la ligne médiane de la coquille,

IMPRIMERIE NATIONALE.

peu excavé, non caréné sur les côtés. Côté buccal largement arrondi, très peu saillant, se rattachant par une courbe régulière à la région palléale qui est elle-même arrondie et étroite.

Crochets peu saillants, courts, rapprochés l'un de l'autre et très recourbés sur eux-mêmes; ligne cardinale courte, perpendiculaire à la direction des crochets.

Surface des valves garnie d'une soixantaine de petites côtes rayonnantes, régulières, égales, rapprochées, aplaties et divisées en leur milieu par un léger sillon bien visible sur le moule. Sur quelques exemplaires, on peut voir que ces côtes sont manifestement épineuses, au moins sur les flancs de la valve. En outre la plupart des moules montrent nettement, dans les petits sillons intercostaux, des cicatrices oblongues qui correspondent aux épines dont la coquille était armée.

Notre fossile est très voisin du *Cardium productum* des auteurs et plus particulièrement de celui de la craie à Hippurites de Salzbourg figuré par M. Zittel[1], lequel diffère un peu du type de Sowerby et de celui figuré par d'Orbigny.

Nous avons pu recueillir en diverses localités, et notamment à Uchaux (Vaucluse), de bons spécimens du *C. productum* et nous avons constaté que notre *Cardium* de Tunisie en diffère par sa forme beaucoup plus étroite, plus allongée et plus renflée. Les côtes épineuses sont en outre, dans notre espèce, plus fines, plus égales, plus nombreuses et plus régulières. Le côté anal est plus droit, plus long. L'extrémité de la région cardinale est plus rapprochée du sommet.

Le *C. Latunei* Fallot, du Sénonien de Dieulefit (Drôme), a aussi une forme et une ornementation fort analogues à celles du nôtre. Il s'en distingue cependant assez nettement par sa taille bien supérieure, sa largeur relative plus grande aussi et enfin par ses côtes simples et non épineuses.

Coquand a décrit sous le nom de *C. Mermeti* un fossile de l'étage mornasien de Tebessa qui a aussi bien des rapports avec le *C. subproductum.* Il est, comme celui-ci, étroit et allongé et porte comme lui des côtes rayonnantes épineuses. Coquand a comparé son espèce au *C. Moutoni* d'Orbigny, en faisant remarquer que ce dernier est moins étroit.

Cette description concorde sensiblement avec la nôtre, mais, dans l'espèce de Coquand, les côtes sont beaucoup plus espacées que dans le *C. Moutoni* et cette différence doit faire rejeter toute idée d'assimilation du *C. Mermeti* avec le nôtre. Nous remarquons en outre que le *C. Mermeti* est plus rétréci au sommet, plus triangulaire dans son ensemble et moins renflé dans sa partie médiane.

---

(1) *Die Bivalven der Gosaugebilde*, t. 6, fig. 1.

Nous avons pu étudier plusieurs bons moules du *C. subproductum* qui proviennent tous du même gisement et présentent exactement les mêmes caractères. Nous sommes convaincu qu'ils appartiennent à une espèce non connue.

Tunisie : Djebel Meghila (sommet, zone supérieure). — Étage turonien.

Cardium elongatum Thomas et Peron, pl. XXVIII, fig. 15.

DIMENSIONS DU PLUS GRAND EXEMPLAIRE.

Longueur, 71 millimètres; largeur, 53 millimètres; épaisseur, 35 millimètres.

Moule triangulaire, oblique, allongé, peu renflé. Côté anal coupé droit et déprimé assez profondément près du bord, non caréné et seulement régulièrement convexe au delà de l'empreinte musculaire. Bord buccal assez large, arrondi. Crochets longs, étroits, médiocrement écartés, très peu recourbés en dedans. Extrémité palléale arrondie, légèrement anguleuse à la rencontre du côté anal. Surface entièrement lisse.

Ce *Cardium*, par sa forme générale, se rapproche beaucoup du *C. Pauli* Coquand. Il en diffère par sa région anale arrondie, moins excavée et non séparée du reste de la valve par une carène anguleuse. En outre, on ne distingue pas sur la surface des valves les côtes concentriques qui caractérisent l'espèce de Coquand.

Depuis longtemps nous possédions plusieurs spécimens de ce moule, recueillis par nous dans les marnes santoniennes de Medjèz-el-Foukani. La découverte par M. Thomas de spécimens tout à fait semblables, dans le même horizon géologique, en Tunisie, nous a déterminé à en faire une espèce et à la séparer du *C. Pauli*, qui habite l'étage cénomanien.

Algérie : Medjèz-el-Foukani.

Tunisie : Djebel Feriana (niveau à phosphates); Djebel Bou-Driès; Djebel Sidi-bou-Ghanem (exemplaire douteux). — Étage santonien.

Cardium sulciferum Bayle in Fournel *Rich. minér. Algérie*, I, 372, t. 18, fig. 35 et 36 [1849]; Coquand *Géol. et pal. rég. sud prov. Constantine*, 206, t. 10, fig. 15 et 16 [1862]; Brossard in *Mém. Soc. géol. France*, sér. 2, VIII, 241 [1867].

Cette espèce de la craie supérieure de l'Algérie est assez répandue en Tunisie. M. Thomas l'a rencontrée dans plusieurs localités, mais toujours en très médiocre état de conservation.

Les exemplaires qui nous ont été communiqués présentent bien la forme longue et très étroite du type de M. Bayle, son côté externe très déprimé, même excavé et coupé à angle droit par rapport à la ligne cardinale, ses côtes plates, larges, séparées seulement par un étroit sillon. Quelques exemplaires du Bir Khenafès possèdent une partie de leur test et montrent que les côtes radiantes sont traversées par des plis concentriques qui leur donnent une structure rugueuse, surtout sur les flancs de la coquille, sans que cependant il se forme d'épines proprement dites.

Le *C. sulciferum* est une espèce connue depuis longtemps. Le premier spécimen a été recueilli par H. Fournel auprès d'El-Outaïa, au sud de Constantine et décrit par M. Bayle qui en a donné un bon dessin. Depuis cette époque, Coquand l'a mentionné en reproduisant la description de M. Bayle et sans faire connaître de nouveaux gisements. M. Brossard en a signalé l'existence dans les marnes campaniennes du nord du Hodna et nous l'avons rencontré nous-même dans la même région, toujours au même niveau. C'est également à ce niveau qu'on l'a rencontré en Tunisie.

Tunisie : Bir Khenafès; Bir Oum-el-Djof; Bir Magueur; Chebika. — Étages campanien et dordonien.

Cardium sp.

Nous avons encore à mentionner un certain nombre de fossiles qui doivent prendre place dans le genre *Cardium*, mais dont l'état ne permet pas une détermination spécifique.

C'est d'abord un moule du Cénomanien du Djebel Cehela. Il est très renflé, à crochets recourbés et rapprochés, peu inéquilatéral, non oblique, non caréné sur la région anale. Les valves sont garnies de côtes rayonnantes qui sur le côté buccal sont manifestement tuberculeuses. La coquille devait être armée de fortes épines.

Ce moule peut être rapproché de ceux du *Cardium productum* Sowerby. Il diffère de celui que nous avons décrit sous le nom de *C. subproductum* par sa forme beaucoup moins étroite et par ses côtes plus grosses.

D'autres moules ont été recueillis au Djebel Nouba, dans la zone inférieure, au Djebel Oum-Ali, dans la zone à Trigonies (étage albien supérieur) et à El-Aïeïcha, dans les marnes cénomaniennes, mais tous ces fossiles sont déformés et trop frustes pour que nous puissions indiquer même un simple rapprochement avec des espèces connues.

Genre **PROTOCARDIA** Beyrich [1845].

Protocardia Hillana Sowerby. — *Cardium Hillanum* Sowerby *Minér. conch.*, I, 41, t. 14, fig. 1 [1817]; Coquand *Géol. et pal. rég. sud prov. Constantine*, 291 [1862]; Ville *Explor. Hodna*, 88 [1868]; Nicaise *Catal. anim. foss. prov. Alger*, 59 [1870]; Lartet *Géol. Palestine* in *Ann. sc. géol.*, III, 53 [1872]; Seguenza *Studi geol. e pal. sul cret. medio*, 149 [1878]. — *Protocardia Hillana* Beyrich *Mke. Zeitsch. Mal.*, 18 [1845].

Ce bivalve, si largement répandu dans le terrain crétacé de toutes les contrées, a été depuis longtemps signalé par Coquand à Batna, Tebessa et Aumale. Nous l'avons en effet recueilli nous-même dans ces diverses localités ainsi qu'à Bou-Saada où il est abondant. Mais indépendamment de ces gisements qui appartiennent tous à l'étage cénomanien, nous en pouvons signaler encore plusieurs autres où l'espèce se trouve dans les marnes santoniennes. Tels sont les environs de Mansourah, entre Aumale et Bordj-bou-Areridj, Nza-ben-Messaï, au sud de Batna, et Medjèz-el-Foukani.

Il est à remarquer du reste qu'en France le *Protocardia Hillana* n'est pas non plus cantonné exclusivement dans l'étage cénomanien. On le trouve fréquemment dans l'étage vraconnien (zone à *Ammonites inflatus*) des environs de Cosne (Nièvre). Il abonde dans les grès turoniens d'Uchaux et on le trouve même dans des couches plus récentes encore, comme la craie des Martigues et du Beausset.

L'aire géographique de cette espèce est aussi très étendue. On l'a rencontrée non seulement en France dans de nombreuses localités, mais dans l'Italie méridionale, dans le cercle de Salzbourg, en Palestine, au Texas, aux Indes, etc.

Dans ce groupe des *Cardium* à ornementation discordante et à côtes rayonnantes sur le côté postérieur, Coquand a distingué plusieurs espèces. Tels sont le *Protocardia Dutrugei*, qui se distingue du *P. Hillana* par une plus grande largeur relative, le *P. regularis*, qui est plus triangulaire, le *P. Vatonnei*, dont les côtes rayonnantes sont tuberculeuses. Toutes ces espèces habitent le Cénomanien de l'Algérie, mais aucune d'elles ne nous paraît avoir été retrouvée en Tunisie. Tous les spécimens de ce groupe que M. Thomas nous a communiqués doivent être rapportés au *P. Hillana* proprement dit. Ils sont à l'état de moules et l'ornementation est souvent en grande partie effacée, mais cependant on reconnaît bien l'espèce à sa forme subéquilatérale, arrondie, à ses impressions musculaires saillantes et symétriques, à ses plis concentriques réguliers qui, sur la région anale, sont remplacés par des côtes radiantes simples, parfois très peu distinctes sur ces moules, mais se manifestant toujours au moins par les crénelures du bord palléal.

Tunisie : Djebel Oum-el-Oguel et Djebel Oum-Ali. Étage albien supérieur. — Djebel Cehela; Djebel Meghila (sommet; zone inférieure). Étage cénomanien.

Protocardia Combei L. Lartet (sub *Cardium*) *Géol. Palestine* in *Ann. sc. géol.*, III, 54, t. 12, fig. 7 et 8 [1872]. — *Cardium Combei* Coquand *Études suppl.*, 120 [1879].

DIMENSIONS.

Longueur, 58 millimètres; largeur, 50 millimètres; épaisseur, 38 millimètres.

Les fossiles que nous rapportons à cette espèce sont à l'état de moules et imparfaitement conservés.

Ces moules sont un peu plus longs que larges, médiocrement renflés, équivalves, inéquilatéraux. La coquille ne devait pas être bâillante. Le côté anal est coupé droit et légèrement anguleux en avant et en arrière. Le côté buccal est arrondi et un peu plus haut et plus saillant que l'autre côté. La région palléale est régulièrement arrondie et n'est ni tronquée, ni anguleuse aux extrémités.

Les crochets sont médiocrement saillants, rapprochés, un peu recourbés sur eux-mêmes. Les impressions musculaires sont peu saillantes. La surface des valves semble lisse; cependant, sur l'un de nos exemplaires, nous distinguons, du côté anal, quelques légers indices de côtes radiantes petites et serrées.

Les exemplaires que nous venons de décrire nous paraissent être semblables à ceux du terrain cénomanien de la Palestine que M. L. Lartet a nommés *Cardium Combei*. Leur forme est exactement la même, et si les fines costules latérales qui caractérisent les spécimens de la Palestine ne se retrouvent pas au même degré dans les nôtres, cela tient à leur état un peu fruste. Il en est même souvent ainsi dans nos moules africains de *Protocardia Hillana*, espèce où cependant les côtes longitudinales latérales sont plus accentuées que dans le *P. Combei*.

En raison de cette disparition complète et fréquente des côtes latérales, il nous paraît probable que l'espèce du Sud italien que Seguenza [1] a décrite sous le nom de *Cardium proximum* est la même que celle de Palestine. La forme, en effet, est bien semblable et, si le géologue italien n'a observé aucune trace de côtes, cela peut tenir à ce que son unique moule était un peu fruste.

Coquand a déjà signalé l'existence en Algérie du *Cardium* (*Protocardium*) *Combei* Lartet. C'est dans le Cénomanien inférieur du sud de Sétif que l'espèce a été recueillie par M. Brossard.

Tunisie : Djebel Taferma (versant sud, Kef-Nador); Djebel Cebela (zone à *Ostrea Syphax*). — Étage cénomanien.

CHAMIDÆ.

Genre APRICARDIA Guéranger [1853], Douvillé [1887].

Apricardia Douvillei Thomas et Peron, pl. XXVIII, fig. 24 et 25.

DIMENSIONS.

Longueur, 35 millimètres; largeur, 15 millimètres; hauteur, 30 millimètres.

Coquille assez longue, haute, étroite et comme comprimée, d'aspect cordiforme quand on la regarde du côté des crochets.

---

[1] *Studi geol. e pal. sul cret. medio dell' Italia merid.*, 147, t. 10, fig. 3 [1878].

Valves inégales, mais à peu près aussi développées l'une que l'autre; valve inférieure attachée par une portion plus ou moins grande de sa surface antérieure; surface externe convexe, à pourtour sensiblement arrondi, présentant cependant, sur l'un de nos exemplaires, une légère dépression longitudinale du test depuis la partie postérieure du crochet jusqu'à la commissure des valves. Test mince, lisse et seulement garni de stries concentriques très fines. Crochet incomplet dans tous nos exemplaires, enroulé de gauche à droite de manière à se réunir à celui de la valve supérieure qui s'enroule de droite à gauche.

Valve supérieure étroite, déprimée, haute, fortement carénée en son milieu; son flanc droit, c'est-à-dire la moitié de la valve voisine du crochet, est plat ou parfois concave et même excavé assez fortement. Son test est, comme celui de l'autre valve, mince, lisse et finement strié.

Sur l'exemplaire que nous avons fait dessiner, le test de la valve inférieure a en grande partie disparu et l'on découvre, sur le côté externe et convexe du moule, une rainure assez profonde, parallèle à la commissure des valves et qui représente l'empreinte de la lame myophore interne.

Le crochet de la valve supérieure est assez fortement recourbé à droite, c'est-à-dire dans le même sens que celui des Exogyres. Il est presque contigu à celui de l'autre valve.

L'*Apricardia Douvillei* ne nous est encore connu que par des exemplaires incomplets et en médiocre état. Il nous paraît cependant se distinguer nettement de toutes les espèces du même genre décrites jusqu'ici. Beaucoup moins grand et plus équivalve que l'*A. Carentonensis* d'Orbigny (sub *Requienia*), il s'en sépare en outre par sa valve inférieure non carénée et moins attachée et par sa valve supérieure plus étroite, plus carénée et plus concave.

Il diffère également beaucoup de l'*A.* (*Requienia*) *lævigata*, qui est de forme arrondie au pourtour et très inéquivalve, et plus encore de l'*A. Archiaciana*, qui est aussi très arrondi, grand, élargi et possédant deux valves carénées.

Nous dédions notre nouvelle espèce à M. Douvillé, le savant professeur à l'École des mines, auquel nous devons des détails si précieux sur la structure des coquilles des Rudistes et en particulier sur le genre *Apricardia* resté jusqu'ici presque inconnu.

Tunisie : El-Aïeïcha. — Étage cénomanien supérieur.

GENRE **CAPROTINA** d'Orbigny [1842].

Caprotina cf. **semistriata** d'Orbigny *Pal. franç.*, Terr. crét., IV, 244, t. 594 [1842].

Nous rapprochons du *Caprotina semistriata* des grès cénomaniens de la Sarthe plusieurs valves inférieures incomplètes et en assez mauvais état qui ont été recueillies au Khanget Tefel, dans un horizon sensiblement supérieur à celui que cette espèce occupe habituellement.

Ces valves sont d'assez petite taille, conoïdes, assez élargies à la partie supérieure, un peu contournées et tordues sur leur axe.

Leur surface externe est couverte de costules longitudinales nombreuses, serrées, simples et inégales entre elles.

L'extrémité présente une surface d'adhérence bien marquée.

Nous ne connaissons ni la valve supérieure, ni l'organisation de la charnière de ce fossile. Sa détermination ne peut donc être que très douteuse. C'est seulement d'après la forme extérieure de la grande valve et d'après son ornementation que nous pouvons le rapprocher du *C. semistriata.*

Tunisie : Khanget Tefel. — Étage santonien.

RADIOLITIDÆ.

Genre **SAUVAGESIA** Bayle in Douvillé [1866].

Sauvagesia Nicaisei Coquand (sub *Radiolites*) *Géol. et pal. rég. sud prov. Constantine*, 228, t. 17, fig. 12 [1862]; Nob., pl. XXVIII, fig. 16. — *Radiolites Nicaisei* Peron in *Bull. Soc. géol. France*, sér. 2, XXIII, 697-704 [1866]; Brossard in *Mém. Soc. géol. France*, sér. 2, VIII, 227 [1867]; Hardouin in *Bull. Soc. géol. France*, sér. 2, XV, 339 [1868]. — *R. cornu-pastoris* Ville *Explor. Hodna*, 89 [1868]. — *R. Nicaisei* Nicaise *Catal. anim. foss. prov. Alger*, 63 [1870]; Cotteau, Peron et Gauthier *Descr. Échin. foss. Algérie*, Ét. cénomanien, 16 et suiv. [1878]. — *Sphærulites Nicaisei* Seguenza *Studi geol. e pal. sul cret. medio*, 185 [1878]; Coquand *Études suppl.*, 193 [1879]. — *Radiolites Nicaisei* Tissot *Texte explic. Carte géol. Constantine*, 67 [1881]; Pomel *Texte explic. Carte géol. Oran et Alger*, 27 [1882]; Peron *Essai descr. géol. Algérie*, 84 [1883], et *Notes hist. terr. de craie*, 94 [1887].

Cette espèce a été décrite par Coquand d'après des spécimens recueillis par Nicaise aux environs d'Aumale (département d'Alger). Nous en avons nous-même recueilli d'assez nombreux dans les mêmes gisements et nous avons pu constater qu'en raison de sa grande variabilité ce Rudiste avait été insuffisamment défini. Les modifications que comporte sa diagnose caractéristique sont importantes. Elles nous paraissent même de nature à entraîner la suppression de l'espèce et sa réunion avec des types plus anciennement décrits.

Il semble même évident que Coquand a compris sous le nom de *Radiolites Nicaisei* des Rudistes divers. Il a, en effet, signalé son espèce dans des gisements d'âges très différents; il lui a assigné l'étage santonien comme niveau géologique et lui a attribué comme compagnons habituels le *Micraster brevis* et l'*Ostrea proboscidea.* Toutes ces indications sont inexactes, au moins pour les spécimens qui ont servi de types.

A la vérité, après la publication de notre mémoire sur les environs d'Aumale, Coquand a modifié ses premières indications. Il a classé le *Radiolites Nicaisei* dans l'étage rhotomagien, mais il a omis d'expliquer ce qu'étaient les individus signalés par lui à Aïn-Saboun, aux Toumiettes et au Djebel Haloufa, gisements qui ne peuvent être attribués au même étage.

En outre, ce nouveau classement stratigraphique du Rudiste n'est pas encore satisfaisant. Le *R. Nicaisei* se montre bien en Algérie dès le Rhotomagien, c'est-à-dire dès le Cénomanien inférieur; mais, comme nous l'avons montré, il persiste dans toutes les zones du Cénomanien supérieur et même dans le Turonien inférieur.

Dans un travail que nous avons récemment publié [1], nous avons examiné comparativement les *Sauvagesia* (*Radiolites*) *Nicaisei*, *Radiolites cornupastoris* et *R. Sharpei* et nous avons signalé les différences qui peuvent motiver la séparation de ces espèces. Les matériaux que nous avons pu étudier depuis ce moment nous ont amené à modifier sensiblement notre manière de voir à ce sujet et nous devons reconnaître actuellement que, au moins en ce qui concerne les caractères extérieurs, il n'existe réellement entre ces trois Rudistes aucune différence importante qui permette de les séparer.

D'après Coquand, la valve inférieure du *R. Nicaisei* est ornée de côtes inégales disposées en groupes réguliers. Les deux bandes plissées longitudinales sont presque d'égales dimensions, aplaties, presque contiguës et séparées seulement par un sillon étroit. Dans le *R. cornu-pastoris*, au contraire, les deux bandes sont inégales et séparées par un sillon relativement large qui, avec l'âge, va encore en s'élargissant et rejette les deux bandes à une distance comparativement très grande.

Or il résulte de l'examen de nos nombreux *R. Nicaisei*, tant de l'Algérie que de la Tunisie, que les caractères indiqués par le descripteur sont bien loin d'être constants. Dans un seul exemplaire, les bandes plissées sont convexes et placées au niveau de la surface externe de la valve. Dans tous les autres elles sont plus ou moins concaves et toujours inégales. L'intervalle qui les sépare varie sensiblement avec l'âge et avec la forme de l'individu. Toujours étroit à l'origine, il se maintient étroit dans les individus longs et subcylindriques. Au contraire, dans les individus courts et coniques dont le diamètre s'accroît rapidement, la largeur de l'intervalle augmente dans les mêmes proportions et on le voit se garnir de côtes semblables à celles du reste de la valve.

---

[1] *Notes hist. terr. de craie*, p. 94 [1887].

L'ornementation générale de cette valve est extrêmement variable. Les côtes longitudinales y sont plus ou moins grosses, parfois simples et parfois groupées et fasciculées. Sur quelques exemplaires elles sont très saillantes, triangulaires et carénées, mais souvent elles sont beaucoup plus fines et inégales. Les plis mêmes des bandes longitudinales varient beaucoup dans leur grosseur.

En ce qui concerne les lamelles concentriques, nous remarquons que, dans les individus élancés et cylindriques, elles sont espacées, peu sensibles et ne forment pas de ressaut accentué.

Au contraire, elles sont serrées, saillantes et parfois même débordantes, dans les individus dont la croissance en hauteur a été lente et qui se sont plutôt développés en largeur et en épaisseur.

Enfin, en ce qui concerne la structure du test, nous remarquons que les cellules sont grandes, polygonales, serrées et ne laissant entre elles qu'une mince cloison.

Si maintenant nous examinons en détail les caractères externes du *R. cornu-pastoris*, nous pouvons constater qu'il n'existe entre lui et nos *R. Nicaisei* qu'une petite différence qui seule reste un peu constante, surtout si l'on se borne à envisager les types du *R. cornu-pastoris* de la craie de la Dordogne.

Cette espèce, comme on le sait, a été décrite par Des Moulins [1] d'après des exemplaires recueillis dans la craie turonienne, aux Pyles, à 12 kilomètres au nord de Périgueux. Ce sont des exemplaires de ce même gisement qui ont fait l'objet de la remarquable étude publiée sur ce Rudiste par M. Bayle [2]. Enfin c'est encore des Pyles que proviennent ceux que d'Orbigny a fait figurer dans la *Paléontologie française* [3].

Tous ces spécimens des carrières des Pyles montrent, entre les deux bandes plissées, un espace assez large, que nous ne retrouvons pas aussi grand dans nos *R. Nicaisei*. Cependant il y a encore sur ce point, dans ces spécimens, des variations importantes et il est facile de voir que les auteurs n'ont pas considéré la largeur de cet intervalle comme un des caractères essentiels du *R. cornu-pastoris*. D'Orbigny, en particulier, a cité en même temps que les Pyles, comme gisement de ce Rudiste, Uchaux, les Martigues, Angoulême et Troyes. Or les exemplaires de ces diverses localités présentent, sous le rapport du rapprochement des bandes, de notables différences avec ceux des environs de Périgueux. Dans les exemplaires qui proviennent des environs d'Angoulême, notamment,

---

(1) *Essai sur les Sphérulites*, p. 141.
(2) *Bull. Soc. géol. France*, sér. 2, XIII, 139.
(3) *Pal. franç.*, Terr. crét., Brachiopodes, t. 573.

les bandes sont plus rapprochées que dans ceux de tous les autres gisements et même que dans les *R. Nicaisei* de l'Algérie.

D'après M. Arnaud, qui a bien voulu nous en envoyer une bonne série, ces Rudistes d'Angoulême proviennent de l'étage carentonien moyen (banc inférieur à Ichtyosarcolites) de l'Abbaye, commune de la Couronne, près Angoulême. Il y a donc, sous le rapport de l'horizon stratigraphique, une différence qui éloigne un peu ces Rudistes du *R. cornu-pastoris* pour les rapprocher des *R. Nicaisei* et *Sharpei*.

L'ornementation externe de ces exemplaires d'Angoulême est bien semblable à celle des *R. cornu-pastoris*, mais les bandes sont séparées seulement par un sillon profond, strié finement dans sa longueur et assez étroit dans tout son développement. Les exemplaires que nous avons pu étudier sont assez courts et il est possible que sur des exemplaires plus développés il se produise des variations. Quoi qu'il en soit, il est incontestable pour nous que ces Radiolites d'Angoulême doivent être rapportés au *R. Nicaisei* plutôt qu'au *R. cornu-pastoris*, si tant est qu'il soit nécessaire de séparer ces deux espèces.

Il en est incontestablement de même pour quelques autres Radiolites du midi de la France primitivement attribués au *R. cornu-pastoris*. Ceux du Cénomanien de Cassis, notamment, ont été reconnus par Coquand lui-même comme identiques à son *R. Nicaisei*. Nous avons pu en examiner un assez bon exemplaire et nous partageons complètement cette manière de voir.

Quant aux Radiolites qui, dans la même région, se rencontrent dans les bancs marneux de l'étage ligérien et qui ont été également attribués au *R. cornu-pastoris*, ils ne nous paraissent pas plus voisins de ce dernier que du *R. Nicaisei* ou du *R. Sharpei*. Leur ornementation externe, leur forme générale, la structure de leur test, leurs variations, sont bien celles de ces espèces et la zone qui sépare les bandes plissées présente une largeur et une disposition intermédiaires entre celles du *R. cornu-pastoris* et celles des deux autres espèces.

Le *Radiolites* (*Sphærulites*) *Sharpei* Bayle est un Rudiste de la craie moyenne de la vallée d'Alcantara, près Lisbonne, qui nous paraît encore ne pouvoir être bien sûrement distingué du *R. Nicaisei*. Il a été nommé, sans descriptions et sans figures, par M. Bayle [1] et il n'était connu jusqu'ici que par quelques spécimens existant dans les collections; mais, depuis les travaux de M. Choffat sur les terrains crétacés du Portugal [2], nous avons pu en avoir une connaissance complète et nous avons constaté

---

[1] *Bull. Soc. géol. France*, sér. 2, XIV, 690.

[2] *Rec. études pal. faune crétacique Portugal*, I, 29.

que, par tous ses caractères ordinaires et par ses variations, il se relie très étroitement à l'espèce du nord de l'Afrique.

En général, dans le *R. Sharpei*, l'intervalle entre les bandes est étroit et déprimé. Les bandes elles-mêmes sont inégales et légèrement saillantes et enfin les côtes longitudinales de la grande valve sont fines et serrées.

Cependant ce ne sont là que les caractères les plus habituels. Des variations importantes se manifestent sur tous ces points et M. Choffat signale lui-même des individus à côtes plus fortes et plus anguleuses, d'autres où les bandes plissées sont concaves au lieu d'être convexes, et enfin on peut voir que, dans les gros exemplaires, l'intervalle entre les bandes s'élargit considérablement et se garnit de côtes semblables à celles du reste de la valve. Au surplus, M. Choffat a lui-même fait observer que, parmi ses échantillons, il en est qui sont très voisins du *R. cornu-pastoris*.

Grâce à la libéralité de M. Choffat, nous sommes en possession de plusieurs bons spécimens du *R. Sharpei*. C'est grâce à ces spécimens et aux excellentes descriptions de ce savant que nous avons pu constater combien certains Rudistes de la craie moyenne du bassin de Paris, attribués aussi par les auteurs au *R. cornu-pastoris*, étaient voisins du *R. Sharpei*[1]. Les études que nous avons poursuivies depuis le moment où nous avons publié nos *Notes pour servir à l'histoire du terrain de craie* ont confirmé notre manière de voir, mais en nous amenant à ne plus voir dans ces diverses formes qu'une même espèce qui a vécu pendant une longue période et qui s'est légèrement modifiée avec le temps et suivant les lieux où elle a vécu.

Le gisement le plus ancien de l'espèce paraît être la localité d'Aumale, où elle fait son apparition à un niveau très bas dans l'étage cénomanien, pour se perpétuer pendant toute cette période.

En Algérie et en Égypte, elle a été citée sous le nom de *R. Nicaisei;* dans l'Italie méridionale, sous ceux de *Sphærulites Nicaisei* et *multicostata;* en Palestine, sous celui de *Radiolites Mortoni;* en Portugal, sous celui de *Sphærulites Sharpei;* dans la Provence, sous les trois noms de *Radiolites Nicaisei*, *Sphærulites Sharpei* et *Biradiolites cornu-pastoris*. C'est sous ce dernier nom que les individus d'Angoulême et ceux plus récents de Périgueux ont été réunis; enfin les exemplaires du bassin anglo-parisien ont été déterminés tantôt sous le nom de *Radiolites cornu-pastoris*, tantôt sous celui de *R. Mortoni* Mantell.

En ce qui concerne la coupe générique dans laquelle notre Rudiste doit être placé, on peut remarquer, d'après ce qui précède, que l'incertitude des auteurs n'est pas moindre que pour la détermination spécifique.

---

[1] *Notes hist. terrain de craie*, 95.

Nous n'avons pas la prétention de résoudre ici cette question si difficile de la distinction des genres *Sphærulites*, *Radiolites*, *Biradiolites*, etc. Nos matériaux africains, qui ne laissent jamais voir la disposition des organes et appareils internes, ne se prêtent en aucune façon aux recherches nécessaires à ce sujet.

D'ailleurs, des spécialistes plus compétents s'occupent de ces questions et nous apprendront bientôt quels sont les genres qui doivent être maintenus. Pour le moment, d'après les travaux les plus récents [1] de ces savants, c'est dans le genre *Sauvagesia* Bayle, que notre groupe d'espèces devrait prendre place, mais à l'exception cependant de celle de Périgueux, prototype du *Biradiolites cornu-pastoris*, laquelle aurait, par suite de modifications, perdu l'arête cardinale interne et pourrait ainsi rester le type du genre spécial *Biradiolites*.

Cependant, d'après M. Douvillé, on a exagéré l'importance de la disparition de l'arête cardinale. Cette modification s'est produite progressivement, de telle sorte que les formes qui ne possèdent plus cette arête se relient très intimement à celles qui la possèdent.

L'existence de cet appareil interne est un des caractères qui ont été invoqués par M. Bayle pour séparer les Radiolites des Sphérulites [2]. Cependant, les spécialistes comme M. Douvillé, M. Fischer, etc., reviennent actuellement à la classification de d'Orbigny et réunissent de nouveau ces deux genres.

Dans nos Rudistes africains, quelques-uns nous paraissent dépourvus de l'arête cardinale; d'autres, au contraire, en montrent des traces, et c'est pour cette raison que Coquand, dans ses *Études supplémentaires*, a transporté dans le genre *Sphærulites* son ancien *Radiolites Nicaisei*.

En raison de l'impossibilité où nous nous trouvons d'étudier l'organisation interne de ce fossile, nous ne saurions émettre un avis motivé sur sa classification définitive, mais nous estimons que, si cette organisation était mieux connue, on reconnaîtrait qu'aucune différence réellement importante ne le sépare du *Radiolites Sharpei* ni du *Biradiolites cornu-pastoris*.

M. Thomas a rencontré en Tunisie plusieurs exemplaires du *Sauvagesia Nicaisei*. Un grand exemplaire, qui provient du Cénomanien du Djebel Meghila, présente quelques caractères remarquables. Il est allongé et orné de côtes assez fines, nombreuses et un peu inégales. Les bandes longitudinales y sont concaves et elles sont garnies de côtes un peu plus petites que celles du reste de la valve, mais sensiblement plus fortes que celles qui garnissent les bandes sur les échantillons

---

(1) Douvillé, *Sur quelques Rudistes du Crét. infér. des Pyrénées*, in *Bull. Soc. géol. France*, sér. 3, XVII, 648.

(2) *Bull. Soc. géol. France*, sér. 2, XII, 800 (1855).

d'Aumale. L'intervalle qui sépare les bandes est d'abord étroit et déprimé; mais, à une certaine hauteur, il s'élargit beaucoup, s'aplanit et se garnit de côtes semblables à celles de la surface de la valve.

D'autres fragments recueillis dans le même gisement présentent une ornementation sensiblement différente. L'un d'eux possède des côtes externes saillantes et aiguës, comme nous en avons observé sur des spécimens d'Aumale, et rappelle complètement le *Sphærulites multicostata* de Seguenza. D'autres sont très évasés, très plissés et à lamelles d'accroissement saillantes et débordantes. Les bandes plissées y sont plus distantes. Un autre enfin, plus petit, montre des bandes plates, très inégales et finement striées.

Ces divers exemplaires ont été recueillis à des niveaux un peu variables dans le Cénomanien et même dans le Turonien. Il en est, à ce sujet, en Tunisie comme dans les environs d'Aumale.

Tunisie : Djebel Meghila (sommet, zone moyenne et supérieure); Djebel Meghila (Foum-el-Guelta); Foum-Tamesmida. — Étages cénomanien et turonien inférieur.

Genre **RADIOLITES** Lamarck [1801].

Radiolites Biskarensis Coquand (sub *Sphærulites*) *Études suppl.*, 194 [1879]; Nob., pl. XXVIII, fig. 17-19. — *Sphærulites Desmoulinsi* Coquand *Géol. et pal. rég. sud prov. Constantine*, 301 [1862] (non Matheron, non Bayle).

Coquand avait, en 1862, assimilé au *Sphærulites Desmoulinsi* un Rudiste très abondant au sommet du col de Sfa, près Biskra. Nous avons fait observer, dans nos *Études sur les Échinides fossiles de l'Algérie* (1), que cette détermination n'était pas exacte. Aussi, dans ses *Études supplémentaires sur la paléontologie algérienne*, Coquand a-t-il abandonné cette détermination pour créer avec ce Rudiste une espèce nouvelle sous le nom de *Sphærulites Biskarensis.*

Ce Rudiste, de forme extrêmement variable, est bien loin de revêtir toujours celle que Coquand lui a assignée dans sa description. La valve inférieure est en général courte, plus ou moins évasée à la partie supérieure et le plus souvent incurvée. Les trois côtes principales sont parfois très saillantes et tranchantes, mais parfois aussi fort peu accentuées. Ces côtes limitent et séparent les deux sinus longitudinaux. Dans ces sinus, les lamelles concentriques s'incurvent et dessinent une inflexion dont la convexité est tournée vers la partie supérieure du Rudiste.

La petite valve est habituellement concave et quelquefois plane. Nous ne connaissons aucun exemplaire où elle soit convexe.

Sur les individus du col de Sfa qui, pour la plupart, ont perdu leur épiderme, on ne distingue guère de côtes secondaires sur le pourtour de

---

(1) Cotteau, Peron et Gauthier, *Descr. Échin. foss. Algérie*, Turonien, 32.

la valve. Cependant quelques exemplaires intacts que nous possédons sont pourvus de côtes longitudinales espacées, assez irrégulières, arrondies, mousses et très peu saillantes.

C'est à ce Rudiste du col de Sfa que nous assimilons un certain nombre d'exemplaires que M. Thomas a rencontrés au Djebel Oum-Debban. Beaucoup sont incomplets et ne montrent plus qu'une portion de la valve inférieure. En général leur surface est moins usée que celle des exemplaires du col de Sfa; aussi les côtes longitudinales y sont-elles plus apparentes, mais toujours mousses et irrégulières.

Le *Radiolites Biskarensis* présente, comme nous l'avons fait remarquer ailleurs [1], une assez grande analogie avec le *R. Fleuriausi* d'Orbigny. Cependant il est moins cupuliforme; ses lames d'accroissement sont plus rapprochées; ses grosses côtes sont plus saillantes. Ce dernier caractère sépare également le Rudiste africain du *R. Sauvagesi* qui est sans carènes saillantes et qui possède en outre des côtes secondaires plus nombreuses et plus accentuées et une forme plus régulièrement conique et arrondie au pourtour.

Quelques-uns de nos exemplaires, remarquables par leurs trois carènes très saillantes, se rapprochent du *R. trialata* Pirona [2], du terrain crétacé du Frioul. Toutefois ce dernier ne paraît pas être garni de côtes secondaires et, d'après la figure donnée par M. Pirona, il possède non pas trois côtes saillantes, comme l'indique son nom, mais quatre ou cinq.

Le *R. Biskarensis* n'ayant pas encore été figuré, nous en avons fait dessiner deux spécimens.

Algérie : Col de Sfa, entre El-Outaïa et Biskra.

Tunisie : Djebel Oum-Debban. — Étage cénomanien supérieur ou turonien inférieur.

Radiolites Lefebvrei (sub *Sphærulites*) Bayle in Rolland *Crétacé du Sahara* in *Bull. Soc. géol. France*, sér. 3, IX, 526, t. 15, fig. 5 et 6 [1881]; Nob., pl. XXVIII, fig. 20-23.

DIMENSIONS.

Exemplaire de la plus grande taille :

Longueur, 140 millimètres; diamètre à la partie supérieure, 70 millimètres.

Autre exemplaire :

Longueur, 70 millimètres; diamètre, 50 millimètres.

Coquille de forme assez variable, valve inférieure conique, arquée, généralement assez longue, garnie sur toute sa hauteur de lames d'ac-

(1) *Descr. Échin. foss. Algérie*, Turonien, 32.

(2) *Le ippuritidi del collo di Medea nel Friuli*, 34, t. 6, fig. 11 et 12.

croissement nombreuses, serrées, saillantes, plissées et souvent assez débordantes. Cette valve est en outre ornée de côtes longitudinales assez nombreuses et assez saillantes qui se montrent sur les lamelles concentriques et se continuent un peu irrégulièrement d'une lamelle à l'autre. L'une des faces montre deux sinus très accentués. Ces sinus sont presque égaux, assez larges, rapprochés, constitués par deux bandes longitudinales peu profondes dans lesquelles les lames concentriques se redressent vers la partie antérieure, s'aplanissent et forment deux séries de plaques trapézoïdes, imbriquées, séparées et limitées à l'extérieur par des plis aigus dont la pointe est tournée vers le petit bout de la valve.

Cette disposition des bandes longitudinales paraît la plus fréquente, mais n'est pas absolument constante. Parfois les lignes droites concentriques que les lames y forment sont remplacées par des lignes courbes dont la concavité est tournée vers la partie supérieure et correspond à un léger renflement de la partie médiane du sinus.

Le labre de la grande valve est plus ou moins large et développé. Sur la plupart de nos exemplaires, il n'a qu'une épaisseur médiocre et il montre de légers sillons rayonnants. On y distingue très nettement les petits canaux radiants, étroits, serrés et réguliers qui parcourent le test de la coquille.

La surface intérieure de la grande valve montre, sur quelques exemplaires, une petite arête cardinale, très peu saillante.

La valve supérieure du Rudiste n'existe que dans un seul de nos exemplaires, lequel est de petite taille et d'une forme plus évasée que les autres.

Cette valve est operculiforme, mince, assez profondément logée dans la grande valve dont le labre tout entier la déborde. Elle est légèrement concave et présente un sommet conique, couché et dépassant à peine la surface de la valve. La surface n'est pas garnie de lamelles concentriques superposées. On y distingue des stries rayonnantes à peine sensibles.

Un moule intérieur ou birostre de ce Rudiste a été recueilli au Khanget Oguef, avec nos exemplaires. Il montre la trace de deux grandes dents cardinales écartées et cannelées. A côté de ces empreintes, il existe deux autres cavités latérales plus petites. La portion du moule correspondant à la cavité intérieure de la grande valve est lisse, arrondie, sauf du côté des sinus où elle présente une double dépression longitudinale.

Le moule de la valve supérieure forme un cône oblique dont le côté antérieur est sensiblement horizontal.

Le Rudiste que nous venons de décrire nous paraît présenter tous les caractères de celui que M. Bayle a nommé *Sphærulites Lefebvrei* et qui a été rencontré par M. Lefebvre en Égypte et par M. Rolland dans le Sahara algérien, auprès d'El-Goléah. Ce dernier savant a bien voulu nous communiquer ses exemplaires, dont il a d'ailleurs fait figurer et photographier le meilleur, et nous estimons qu'ils peuvent être considérés comme spécifiquement identiques à nos exemplaires tunisiens.

Il existe beaucoup d'autres Radiolites connus avec lesquels le *Radiolites Lefebvrei* peut être comparé. Parmi les espèces françaises, le *R. mamillaris* s'en distingue par ses sinus se confondant beaucoup plus dans l'ornementation générale et par sa valve supérieure beaucoup plus saillante et conique. Cette espèce habite d'ailleurs un niveau stratigraphique plus élevé.

Le *R. Desmoulinsi*, tel que M. Matheron l'a représenté [1], montre dans la forme des sinus une certaine analogie avec le nôtre, mais ses lamelles concentriques sont bien moins ondulées et la valve n'est pas ornée de côtes longitudinales.

Le *Radiolites* (*Sphærulites*) *Meneghiniana* Pirona [2], du terrain crétacé moyen du Frioul, a aussi quelques caractères communs avec le *R. Lefebvrei*. Il possède en effet des lamelles ondulées et costulées et des bandes longitudinales déprimées semblables, mais sa valve supérieure est très différente.

Dans les *Sphærulites Lusitanicus* Sharpe et *S. Peroni* Choffat, du Cénomanien du Portugal [3], les lames concentriques imbriquées sont plus épaisses, plus débordantes, plus espacées; les sinus sont plus inégaux et moins plats; les côtes longitudinales sont plus rares.

Enfin dans le *Radiolites* (*Hippurites*) *Syriacus* Conrad, du Cénomanien de la Palestine, les lamelles concentriques sont également bien moins nombreuses et plus distantes et les côtes longitudinales sont plus fortes, plus régulières et plus continues. Cette dernière espèce est d'ailleurs mal connue et la figure qui en a été donnée ne montre pas le côté des bandes longitudinales. Si elle était connue par de meilleurs exemplaires, peut-être découvrirait-on des rapports assez étroits entre elle, les Radiolites du Portugal et les nôtres.

Le *Radiolites Lefebvrei* a été rencontré par M. Thomas dans plusieurs gisements qui nous semblent appartenir tous à la partie supérieure du Cénomanien, comme le gisement d'El-Goléah où M. Rolland a recueilli le type de l'espèce. Les exemplaires des divers gisements présentent parfois entre eux quelques différences, mais elles nous paraissent insuffisantes pour empêcher de les réunir dans la même espèce.

Tunisie : Khanget Oguef: Djebel Cehela; Djebel Taferma (versant sud). — Étage cénomanien supérieur.

---

[1] *Catal. anim. foss. Bouches-du-Rhône*, t. 8, fig. 1.

[2] *Le ippuritidi del collo di Medea nel Friuli*, 14, t. 1, fig. 1-12 [1869].

[3] Choffat, *Études pal. faune crét. Portugal*, sér. 1, 32 et 33, t. 4 et 5 [1886].

Radiolites Choffati Thomas et Peron, pl. XXIX, fig. 1-3.

DIMENSIONS DU PLUS GRAND EXEMPLAIRE.

Longueur, 110 millimètres; diamètre à la partie supérieure, 30 millimètres.

Rudiste en général étroit, en cône très allongé, droit ou un peu contourné, à pourtour arrondi, mais souvent aussi déprimé et ovale.

Valve inférieure garnie, sur toute sa hauteur, de côtes prononcées, continues, régulières, rondes, garnies parfois d'épines écailleuses saillantes à leur croisement avec les lames concentriques imbriquées.

Les deux sinus se confondent habituellement avec l'ornementation du reste de la valve. Sur le spécimen que nous avons fait dessiner, ils sont formés par deux bandes étroites, convexes et même saillantes, séparées par une simple côte située dans la dépression médiane.

Les lames concentriques d'accroissement sont assez espacées, non débordantes et formant de simples ressauts qui n'interrompent pas les côtes longitudinales.

Valve supérieure operculaire, mince, petite, concave, déprimée en son milieu, garnie partout de lamelles concentriques minces et peu saillantes.

Nous ne connaissons aucune espèce de *Radiolites* qui puisse être facilement confondue avec notre *R. Choffati*. La plus voisine de forme semble être le *R. lumbricalis* d'Orbigny. Toutefois ce Rudiste se sépare bien nettement du nôtre par sa taille plus petite et plus régulière, par ses côtes plus nombreuses et moins saillantes, par ses lamelles plus débordantes et plus onduleuses.

Le *R. Taramellii* Pirona, qui a également quelques analogies avec notre *R. Choffati*, a des côtes plus aiguës, des stades d'accroissement très peu marqués et enfin une valve supérieure très différente.

Notre nouvelle espèce, par sa forme générale, ses côtes longitudinales très accentuées, ses bandes étroites et saillantes, nous paraît bien distincte des deux espèces de Radiolites, *R. Lefebvrei* et *Biskarensis*, dont nous avons signalé l'existence en Tunisie. Les exemplaires que M. Thomas en a recueillis sont nombreux, mais très généralement en médiocre état de conservation. Ils proviennent tous du même gisement, le Cénomanien supérieur d'El-Aïeïcha, où ils occupent le même niveau que l'*Apricardia Douvillei*. Cependant nous rapportons encore à la même espèce, mais avec doute, un Rudiste médiocre recueilli au Djebel Oum-Ali.

Nous dédions notre nouvelle espèce à M. Paul Choffat, auquel nous devons de connaître la faune, si intéressante pour nous, des terrains crétacés du Portugal.

Tunisie : El-Aïeïcha; Djebel Oum-Ali (?). — Étage cénomanien supérieur.

Radiolites sp.

Nous avons à mentionner ici, sans pouvoir leur assigner aucune détermination spécifique, même approximative, un certain nombre d'exemplaires ou de fragments de Rudistes dont l'état de conservation trop mauvais ne permet pas de discerner les caractères.

Les premiers proviennent de la craie supérieure du Guelaat-es-Snam et ont été recueillis dans les assises qui sont en contact avec les premiers bancs du terrain tertiaire inférieur. Leur coquille est épaisse et constituée, comme dans les *Radiolites cornu-pastoris* et *Nicaisei*, par une infinité de petits canaux dont l'affleurement à la partie supérieure de la valve forme un réseau de cellules pentagonales.

La surface interne de la grande valve est finement réticulée par des séries de stries longitudinales et transversales qui se croisent à angle droit. La cavité intérieure est grande et largement évasée par le haut. L'ornementation externe n'est pas visible.

D'autres fragments ont été rencontrés dans l'étage sénonien supérieur du Bir Oum-el-Djof, à l'entrée nord du Khanget. Ce sont des morceaux de valve inférieure brisés dans le sens longitudinal. L'épiderme a disparu sur la plus grande partie de la surface externe. On voit que le test est constitué, comme dans les précédents, par une infinité de petits canaux longitudinaux parallèles qui donnent à la surface un aspect finement strié.

Cette érosion de la surface externe du Rudiste remonte à l'époque même de la formation sédimentaire, car de nombreuses petites huîtres sont fixées sur ces portions érodées.

Dans les rares parties où la surface externe est restée intacte, on remarque qu'elle est garnie de côtes fines, serrées, un peu inégales, souvent carénées, et traversées par des stries transversales fines, assez régulières et équidistantes.

Un de nos fragments montre à la face interne une forte crête longitudinale saillante et continue sur toute la hauteur du fragment.

La valve est longue, conique et parfois irrégulière et contournée. Le labre est assez épais et montre un réseau serré de cellules polygonales.

Ces fragments ne semblent pas avoir vécu sur place. Ils ont été sans doute remaniés. Leur aspect rappelle sensiblement celui des Rudistes que l'on a découverts en plusieurs localités dans la craie du bassin de Paris à facies pélagique. Il est à remarquer d'ailleurs que, au moins en ce qui concerne le gisement de Guelaat-es-Snam, la formation crétacée de cette localité a une très grande analogie avec la craie du bassin de Paris et présente, comme celle-ci, le caractère de sédiments déposés dans une mer profonde.

Enfin nous devons mentionner un fragment d'un petit individu rencontré dans le Cénomanien du Djebel Semama. Il est cylindrique, un peu déprimé, très lamelleux et sans trace de côtes longitudinales.

Tunisie : Guelaat-es-Snam ; Bir Oum-el-Djof. — Étage sénonien supérieur. — Djebel Semama. — Étage cénomanien.

CAPRINIDÆ.

Genre ICHTHYOSARCOLITHUS Desmarets [1817].

Ichthyosarcolithus triangularis Desmarets *Journ. physique*, juillet 1817, 9. — *Caprinella triangularis* d'Orbigny *Pal. franç.*, Terr. crét., Brachiopodes, 192, t. 542 [1847].

Ce Rudiste est représenté dans quelques localités de la Tunisie par des fragments assez nombreux. Ils reproduisent exactement la forme étroite et triangulaire et la surface fortement striée des fragments de tours si abondants dans le Cénomanien supérieur des Charentes et de la Provence.

Deux de nos exemplaires montrent le moule complet de la petite valve. Nous y retrouvons parfaitement la forme courbe, oblique, allongée et amincie en capuchon que montre cette petite valve dans le type figuré par d'Orbigny.

Il n'est pas douteux pour nous que ces exemplaires doivent être rapportés à l'*Ichthyosarcolithus triangularis* Desmarets.

D'Orbigny a cru devoir remplacer le nom générique « barbare » proposé par Desmarets, par celui plus euphonique de *Caprinella* « qui rappelle les rapports intimes qui lient ce genre aux *Caprina* ». Nous pensons avec M. Fischer que les motifs invoqués par le grand paléontologue ne peuvent infirmer le droit de priorité et nous avons repris le nom le plus ancien appliqué à notre fossile.

Les Ichthyosarcolithes n'avaient pas encore été rencontrés dans l'Afrique française.

Tunisie : Djebel Cehela; El-Aïeïcha. — Étage cénomanien.

CYPRINIDÆ.

Genre CYPRINA Lamarck [1812].

Cyprina cordata Sharpe *On the second. rocks of Portugal*, 182, t. 15, fig. 2 [1850]. — *Cyprina Africana* Coquand *Géol. et pal. rég. sud prov. Constantine*, 202, t. 11, fig. 18 et 19 [1862]; Hardouin in *Bull. Soc. géol. France*, sér. 2, XV, 341 [1868]; Cotteau, Peron et Gauthier *Descr. Échin. foss. Algérie*, Cénomanien, 65 [1878]; Seguenza *Studi geol. e pal. sul cret. medio*, 140 [1878]; Rolland in *Bull. Soc. géol. France*, sér. 3, IX, 532 [1881].

Le fossile que nous déterminons ainsi est connu en Algérie sous le nom de *Cyprina Africana* Coquand. Cette dernière espèce a été décrite d'après un moule du Cénomanien de Tenoukla qui n'est pas toujours facile à distinguer des espèces congénères décrites par le même auteur.

Il se produit dans cette coquille, suivant l'âge, des variations importantes dans la taille et dans la forme. Les géologues se trouvent alors en présence de moules intérieurs assez dissemblables et, devant des matériaux aussi pauvres, ils préfèrent adopter un nom nouveau plutôt qu'une détermination hasardée. Ce fait, que nous avons déjà signalé, se montre en toute évidence dans le travail de Seguenza sur le Crétacé moyen de l'Italie. Cet auteur en effet n'a pas trouvé moins de dix espèces de Cyprines dans ce seul terrain et toutes sont décrites sur de simples moules parmi lesquels plusieurs nous semblent pouvoir être attribués à la même espèce.

Une grande partie de ces moules, aussi bien que celui décrit par Coquand sous le nom de *Cyprina Africana*, sont très semblables à un fossile du Cénomanien du Portugal que Sharpe a nommé *C. cordata.*

A la vérité, cette similitude peut rester douteuse si l'on se borne à comparer ces moules au type de *C. cordata* figuré par Sharpe. Ce type en effet est assez fruste et en partie pourvu de son test, ce qui rend la comparaison plus difficile. Mais nous avons pu, grâce à l'obligeance de M. Choffat, étudier des moules de *C. cordata* recueillis dans les mêmes gisements que le type de Sharpe et leur identité avec nos *C. Africana* d'Algérie nous est apparue beaucoup plus nettement.

D'ailleurs cette identité est d'autant plus admissible que le *C. cordata* se trouve, à Alcantara, en compagnie des *Ostrea Olisiponensis*, *vesiculosa*, *flabellata* et de nombreux autres fossiles qui, en Algérie, accompagnent également le *C. Africana.*

Nous n'hésitons donc plus actuellement à réunir cette dernière espèce à celle de Sharpe et nous pensons qu'on pourrait avec raison en faire de même pour plusieurs des espèces de l'Italie méridionale.

Le *Cyprina cordata* est assez répandu en Tunisie. Les moules qui le représentent sont loin d'être toujours en parfait état, mais ils sont néanmoins bien reconnaissables et bien semblables à ceux de l'Algérie.

Algérie : Tenoukla; Bou-Saada; Batna; Bordj Messaoud (au sud de Sétif).

Tunisie : Djebel Nouba; Aïn Ed-Dem; El-Aïeïcha; Djebel Cehela; Djebel Taferma (versant sud). — Étage cénomanien.

Cyprina Picteti Coquand (sub *Crassatella*) *Géol. et pal. rég. sud prov. Constantine*, 199, t. 13, fig. 10 et 11 [1862].

Cette Cyprine est fréquente dans les couches cénomaniennes de la province de Constantine. Cependant, en Tunisie, M. Thomas n'en a guère rencontré qu'un exemplaire dont la détermination ne soit pas douteuse.

C'est, comme ceux de Batna, un moule déprimé, subtriangulaire, anguleux au pourtour, à crochets saillants et peu infléchis, à impressions musculaires très développées et bien saillantes des deux côtés.

A l'exemple de Seguenza nous avons cru devoir placer ce moule dans les Cyprines et non dans les Crassatelles comme l'avait fait Coquand.

Algérie : Tenoukla; Batna; Bou-Saada.

Tunisie : Djebel Meghila (Foum-el-Guelta). — Étage cénomanien.

Cyprina Desvauxi Coquand (sub *Crassatella*) *Géol. et pal. rég. sud prov. Constantine*, 199, t. 13, fig. 8 et 9 [1862].

Coquand a placé dans le genre *Crassatella* une coquille de l'étage santonien de Refana qui nous paraît appartenir plutôt au genre *Cyprina*.

Il en est encore ainsi d'un autre fossile du Cénomanien de Batna, le *Crassatella Picteti*, dont Seguenza a, le premier, fait ressortir la parenté avec les Cyprines. Nous partageons à ce sujet l'avis de ce savant et nous avons adopté la détermination générique qu'il a proposée.

Le *Cyprina* (*Crassatella*) *Desvauxi* Coquand, a été figuré d'après un spécimen pourvu de sa coquille. C'est donc avec quelque difficulté que nous comparons à ce type un certain nombre de moules recueillis dans le Santonien de la Tunisie. Ces moules ont bien la forme très allongée et très déprimée que nous indique la figure. Ils sont légèrement carénés vers la région anale et leurs impressions musculaires sont très saillantes, comme Coquand les signale sur le moule intérieur de son espèce.

En outre quelques restes de test, qui subsistent sur l'un de nos moules, nous montrent que la coquille était ornée de côtes concentriques régulières comme dans celle de Coquand.

Il est à remarquer que ces moules de l'étage santonien, que nous attribuons au *C. Desvauxi*, ont également une grande analogie avec ceux de l'étage cénomanien que Coquand a nommés *Crassatella Picteti* et qui sont en réalité aussi des moules de Cyprines. Cependant l'identité n'est pas assez complète pour que nous ayons pu réunir ces espèces de niveaux si différents. Nos moules tunisiens présentent en effet sur leur milieu une dépression linéaire prononcée qui sillonne la surface depuis les crochets jusque vers le centre de l'impression palléale. Nous avons constaté l'existence de cette dépression centrale sur d'autres moules de Cyprines tunisiennes, notamment sur ceux du *C. lamellosa*, mais nous ne l'avons pas observée sur le *C. Picteti*.

Tunisie : Bir Tamarouzit. — Étage santonien.

Cyprina trapezoïdalis Coquand *Géol. et pal. rég. sud prov. Constantine*, 201, t. 11, fig. 16 et 17 [1862].

Cette Cyprine se distingue du *Cyprina cordata* par son moule subrectangulaire, épais, déprimé sur les flancs au milieu du crochet et pourvu d'une impression musculaire anale plus prononcée et plus saillante. Le dessin que Coquand a publié de son *C. trapezoïdalis* ne donne pas, selon nous, une idée bien exacte de la forme anguleuse et subrhomboïdale de la coquille. Dans nos exemplaires, le bord palléal est moins arrondi et presque droit d'un côté à l'autre.

En Algérie, le *C. trapezoïdalis* se trouve dans les mêmes localités et au même niveau stratigraphique que le *C. cordata*. En Tunisie, M. Thomas ne l'a rencontré que dans une seule localité et à deux niveaux un peu différents.

Tunisie : Djebel Semama (zone inférieure, au-dessus des grès à Orbitolines et marnes supérieures). — Étage cénomanien.

Cyprina cf. **obliquissima** Seguenza *Studi geol. e pal. sul cret. medio*, 139, t. 8, fig. 3 [1878].

C'est avec réserve que nous appliquons cette détermination à un spécimen unique recueilli avec des *Cyprina trapezoïdalis* dans les marnes cénomaniennes supérieures du Djebel Semama. Ce spécimen a incontestablement de grands rapports avec cette dernière espèce et il est fort possible qu'il n'en soit qu'une variété. Cependant il se distingue par quelques différences notables. Dans son ensemble il est plus long, plus oblique, moins rhomboïdal; son côté anal est plus large et plus arrondi; son bord palléal est également plus arrondi; enfin les crochets sont moins saillants. Un sillon assez large entame le flanc du côté anal, en dehors de l'impression musculaire.

Ce moule de Cyprine nous semble bien identique à l'exemplaire également unique du Cénomanien de l'Italie méridionale dont Seguenza a fait le *C. obliquissima*. Cet auteur a fait remarquer, comme nous, que son exemplaire présente une certaine ressemblance avec le *C. trapezoïdalis* Coquand, mais il signale en même temps des différences notables que la parfaite conservation de son moule lui a permis de constater.

Tunisie : Djebel Semama (marnes supérieures). — Étage cénomanien.

Cyprina Forbesiana Stoliczka *Cretaceous fauna of Southern India*, Pelecypoda, 197, t. 9, fig. 2-8 [1870]; Nob., pl. XXIX, fig. 4 et 5.

DIMENSIONS.

Longueur, 40 millimètres; largeur, 40 millimètres; épaisseur, 25 millimètres.

Exemplaires assez nombreux; les uns pourvus de leur test, les autres à l'état de simples moules intérieurs.

Coquille aussi large que longue, assez épaisse, équivalve, inéquilatérale, cordiforme; valves divisées en deux parties inégales par une carène continue, saillante, tranchante surtout près des crochets, un peu courbe et présentant la convexité tournée du côté buccal.

Côté buccal arrondi, assez court, excavé près du bord interne, déprimé le long de la carène.

Côté anal un peu plus long, excavé sous les crochets, un peu anguleux, formant avec l'autre côté un angle assez aigu.

Corselet légèrement excavé; lunule assez distincte et cordiforme.

Crochets contigus, peu saillants, recourbés sur la lunule.

Ligament externe saillant, court, s'enfonçant sous les crochets.

Surface externe des valves ornée de côtes lamelleuses concentriques, régulièrement espacées et distantes de 3 à 4 millimètres.

Sur le côté buccal, au delà de la carène, ces côtes s'atténuent et se mêlent à des stries d'accroissement presque aussi prononcées.

Moules intérieurs rappelant la forme de la coquille. Les crochets y apparaissent épais, robustes, fortement infléchis. Les impressions des muscles adducteurs sont larges et saillantes. Elles rappellent celles du *C. trapezoïdalis* Coquand. L'impression palléale est un peu courbe, linéaire, forte, saillante et subcrénelée. Le milieu de la surface est occupé par une dépression linéaire assez large qui commence au sommet du crochet et se prolonge, en s'atténuant, jusqu'au bord palléal.

Quelques-uns de ces moules sont encore pourvus de portions de test qui nous ont permis de les attribuer sûrement à l'espèce dont nous venons de décrire la coquille.

Le *C. Forbesiana* a été décrit par M. Stoliczka d'après de très bons exemplaires recueillis dans la craie de l'Inde, à un niveau stratigraphique auquel on a donné le nom de *Trichinopoly group* et qui semble correspondre à notre étage turonien. Il n'est pas à notre connaissance que l'espèce ait été rencontrée ailleurs.

Malgré la distance considérable qui sépare la Tunisie de l'Inde et malgré une petite différence dans leur horizon géologique, nous n'hésitons pas à assimiler nos fossiles à celui de M. Stoliczka. Tous les caractères, les dimensions, la forme, les détails d'ornementation et autres, sont bien les mêmes.

Parmi les espèces algériennes, il n'y a que le *C. Nicaisei* Coquand, auquel on puisse comparer notre Cyprine tunisienne. La forme en est assez semblable, mais moins acuminée à l'extrémité; la carène anale est moins prononcée, moins tranchante; enfin la surface des valves est garnie seulement de stries d'accroissement serrées et nombreuses et non de lamelles concentriques espacées comme dans le *C. Forbesiana*. Il est à remarquer toutefois que le *C. Nicaisei* est du même horizon stratigraphique que nos Cyprines de Tunisie.

D'après M. Munier-Chalmas, qui, en 1881, a créé le genre *Roudaireia* pour certains lamellibranches de Tunisie du groupe des Cyprinidées, le *C. Forbesiana* Stoliczka ferait partie de ce genre. Les différences entre les *Roudaireia* et les Cyprines résident, selon l'auteur, dans la forme générale des valves et dans le mode de répartition des dents cardinales.

Nous ne sommes pas en mesure de pouvoir comparer la charnière de nos *C. Forbesiana* de Tunisie avec celles des *Roudaireia* qui abondent dans la même contrée; mais, en ce qui concerne la forme des valves, la disposition de la carène, l'épaisseur du test de la coquille, la forme et la nature simplement lamelleuse des côtes concentriques, nos fossiles ont incontestablement beaucoup plus de rapports avec les Cyprines qu'avec les *Roudaireia*.

Nous avons fait figurer le meilleur de nos exemplaires pour mieux donner l'idée de ces rapports.

Tunisie : Bir Tamarouzit; Khanget Goubel; Djebel Sidi-bou-Ghanem; Djebel Bou-Driès. — Étage santonien.

Cyprina Maresi Thomas et Peron, pl. XXIX, fig. 6 et 7.

Malgré le grand nombre des Cyprines déjà décrites sur de simples moules dans l'étage cénomanien, nous n'avons pu rapporter à aucune d'elles un grand moule recueilli par M. Thomas au Djebel Semama. Nous sommes donc obligé de lui attribuer, au moins provisoirement, un nom nouveau.

DIMENSIONS.

Longueur de l'extrémité des crochets au bord palléal, 55 millimètres; largeur, 63 millimètres; épaisseur, 37 millimètres.

Moule d'assez grande taille, voisin, par la saillie de ses impressions musculaires, du *Cyprina trapezoïdalis* Coquand, mais s'en distinguant nettement par la grande hauteur de ses crochets au-dessus de la charnière, par leur forme moins infléchie et moins couchée du côté buccal, ce qui ôte à l'ensemble du fossile l'aspect rhomboïdal qui caractérise l'espèce de Coquand.

Les crochets sont déprimés dans la partie médiane de la surface externe, amincis, un peu infléchis en dedans en même temps que du côté buccal, assez éloignés l'un de l'autre.

La ligne cardinale porte l'empreinte de dents relativement énormes. Le corselet est évidé, la lunule large et très arrondie, les flancs non carénés.

L'impression palléale est très prononcée. Des sillons rayonnants assez profonds et réguliers se montrent le long de cette impression.

Par la hauteur de ses crochets, le *C. Maresi* se distingue de tous les moules du même genre que nous connaissons. Le *Cypricardia Gemellaroi* Seguenza a des crochets et une forme générale très analogue, mais il a sa surface ornée de sillons concentriques qui l'éloignent du nôtre.

Nous dédions notre nouvelle espèce à M. le docteur Paul Marès, un des premiers explorateurs scientifiques de l'Algérie et de la Tunisie.

Tunisie : Djebel Semama (versant ouest, zone inférieure). — Étage cénomanien inférieur, peut-être albien supérieur.

Cyprina Barroisi Coquand *Études suppl.*, 113 [1879]; Nob., pl. XXIX, fig. 8 et 9.

DIMENSIONS.

Individu âgé : Longueur, 80 millimètres; largeur, 70 millimètres; épaisseur, 70 millimètres.
Autre individu : Longueur, 72 millimètres; largeur, 70 millimètres; épaisseur, 57 millimètres.
Individu plus jeune : Longueur, 70 millimètres; largeur, 70 millimètres; épaisseur, 50 millimètres.

Cette coquille ne nous est connue que par des moules internes. Ils sont tous de grande taille et varient sensiblement dans leurs dimensions relatives en longueur et en largeur. L'épaisseur augmente beaucoup avec l'âge et la coquille s'arrondit.

Forme générale ronde, renflée et même subsphéroïdale chez certains individus. Côté buccal court, arrondi, très excavé sous les crochets, rejoignant le bord palléal par une courbe régulière.

Côté anal long, formant un arc de cercle qui rejoint le bord palléal sans faire aucun angle.

Lunule longue, étroite et cordiforme.

Crochets élevés, saillants, très aigus, très incurvés du côté buccal, munis, en dessous, d'un léger sillon qui part de l'impression musculaire et se prolonge jusqu'à la pointe extrême du crochet.

Impression du muscle adducteur buccal large, très saillante, carénée, se prolongeant vers la charnière par une petite crête saillante.

Impression musculaire anale peu visible, longitudinale.

Impression palléale non sinueuse, arquée et continue d'une impression musculaire à l'autre.

Un de nos individus possède une portion de son test et l'on peut voir que la coquille était lisse et seulement ornée de stries concentriques d'accroissement, nombreuses, fines et serrées.

Ce n'est pas sans quelque doute que nous rapportons le fossile que nous venons de décrire au *Cyprina Barroisi* Coquand. Cette espèce, en effet, serait, d'après l'auteur, voisine du *C. cordiformis* d'Orbigny. On peut même remarquer que sa description reproduit, à quelques mots près, celle que d'Orbigny a donnée de cette dernière espèce. Cependant Coquand signale son *C. Barroisi* comme ayant des crochets moins saillants que le *C. cordi-*

formis. Or c'est le contraire que nous remarquons dans tous nos exemplaires tunisiens.

Malgré cette petite divergence, nous croyons à l'exactitude de notre détermination. Le *C. Barroisi* a été décrit d'après des exemplaires recueillis par M. Brossard dans l'étage santonien de Mansourah (subdivision de Sétif). Nous avons nous-même recueilli dans les mêmes gisements plusieurs bons exemplaires auxquels s'applique bien la description de Coquand et ces exemplaires sont absolument identiques à ceux de Tunisie. Ils sont en outre exactement du même âge géologique.

Le *Cyprina Barroisi* n'ayant été décrit que sommairement, sans être figuré, nous avons cru devoir en donner une description plus détaillée et en faire dessiner un spécimen pour lui donner définitivement place dans les catalogues.

Algérie : Mansourah; Haractas (in Coquand); Medjèz-el-Foukani. — Étage santonien.

Tunisie : Djebel Sidi-bou-Ghanem; Djebel Aneza; Djebel Oum-Debban; Djebel Dernaïa; Djebel Bou-Driès; Khanget Tefel; Khanget Oguef; Djebel Dagla(?). — Étage santonien.

Genre **ROUDAIREIA** Munier-Chalmas [1881].

Roudaireia Auressensis Coquand sp.; Nob., pl. XXIX, fig. 10-12. — *Trigonia Auressensis* Coquand *Géol. et pal. rég. sud prov. Constantine*, 203, t. 12, fig. 10 et 11 [1862]. — *Lyriodon Auressense* Coquand *Études suppl.*, 387 [1880]. — *Cyprina acute-carinata* Coquand l. c., 112 [1880]. — *Roudairia Drui* Munier-Chalmas in *Extr. Miss. Roudaire*, 76, t. 4 et t. 5, fig. 1 [1881]; Peron *Essai descr. géol. Algérie*, 135 [1883]; Zittel *Libysch. Wüste*, 65 [1883]. — *Roudaireia Drui* Fischer *Man. conch.*, 1072 [1887].

En 1881, M. Munier-Chalmas a créé le genre *Roudairia*[1] pour une belle coquille recueillie par M. Dru dans le Sénonien supérieur de Ras Khenafès, au bord du lac Fedjej, et il a donné à l'espèce le nom de *Roudairia Drui*.

Depuis longtemps nous connaissions ce fossile. Il en existe, en effet, dans la craie supérieure du nord du Hodna, au Kef Matrek, un remarquable gisement, où nous avons pu en recueillir de nombreux et très beaux spécimens. Or c'est ce même fossile que Coquand a décrit, dès 1862, sous le nom de *Trigonia Auressensis*. Cette assertion peut sembler singulière si l'on considère que Coquand a signalé ce dernier fossile

---

[1] M. Munier-Chalmas, qui a institué le genre *Roudairia*, l'a dédié au commandant Roudaire. C'est donc avec raison, selon nous, que M. Fischer a adopté une autre orthographe pour ce nom générique.

comme provenant du Carentonien de Batna, mais l'auteur a fait en cela une confusion évidente de gisement, comme il s'en est produit de très nombreuses pour les fossiles qui lui étaient communiqués de toutes parts, sans renseignements précis sur la provenance.

Nous avons eu l'occasion de lui communiquer un de nos spécimens qu'il a parfaitement reconnu et de lui en indiquer l'horizon géologique réel, mais notre confrère a négligé de rectifier son affectation première, et le fossile, en prenant, en 1877, le nouveau nom de *Lyriodon Auressense*, reste mentionné dans le Cénomanien de Batna.

Dans ces conditions et en raison de l'insuffisance de la figure donnée par Coquand, qui n'a représenté qu'un individu jeune, il n'est pas étonnant que M. Munier-Chalmas n'ait pu reconnaître l'identité de son *Roudairia Drui*, de la Tunisie, avec le *Trigonia Auressensis.*

Cette identité cependant est pour nous incontestable, et nous nous faisons un devoir de restituer à l'espèce le premier nom qui lui a été attribué.

Le *Roudaireia Auressensis* est assez variable dans sa forme générale et dans plusieurs de ses caractères. Son côté externe, notamment, est plus ou moins plat et déprimé et plus ou moins oblique. Il présente souvent, vers la commissure des valves, une partie renflée, saillante, qui élargit la coquille et rend ce côté un peu gibbeux. D'autres fois et plus particulièrement dans les exemplaires de Ras Khenafès, ce côté externe est déprimé, coupé presque droit, et forme, avec la partie centrale de la valve, un angle droit ou même un angle aigu. Sur la partie lisse du côté anal, on observe généralement une légère côte médiane qui, très sensible dans les jeunes individus et visible chez les adultes, dans la partie de la coquille voisine des crochets, s'atténue rapidement pour disparaître dans la région palléale.

Cette costule ou petite carène secondaire du milieu de l'area anale, qui rappelle beaucoup celle que l'on observe dans les Trigonies du groupe des *costata*, est fort sensible et peut-être même exagérée sur la figure que Coquand a donnée de son *Trigonia Auressensis.* L'exagération de ce caractère a sans doute contribué à détourner M. Munier-Chalmas d'attribuer à ce dernier ses *Roudaireia* de la région des Chotts. On peut remarquer, en effet, que les spécimens de *Roudaireia* que ce savant a fait figurer ne montrent aucune trace de la côte anale secondaire. Cependant nous avons pu constater qu'elle existe, au moins à l'état rudimentaire, sur tous les exemplaires que M. Thomas a rapportés de la même région.

Une autre variation importante se produit dans le degré d'obliquité de la coquille, surtout du côté externe. Ce côté, en effet, se prolonge parfois de telle sorte qu'il forme avec le bord palléal un angle assez aigu. M. Munier-Chalmas a déjà signalé cette variation très remarquable. Elle n'est pas de nature à motiver une distinction spécifique et il est inutile d'y insister.

Une dernière variation est enfin à signaler dans le nombre et la saillie des grandes côtes transversales qui garnissent concentriquement la moitié des valves.

Il semble qu'en général, dans nos individus algériens, ces côtes sont plus saillantes et plus espacées. Dans la partie antérieure des coquilles surtout, les côtes sont très grosses et plus régulières. A un âge plus avancé, elles se multiplient et perdent de leur saillie et de leur régularité.

Les *Roudaireia* n'ont été jusqu'ici décrits que d'après la coquille elle-même. Leurs moules intérieurs sont cependant plus abondants encore que la coquille et il y a un intérêt majeur à les faire connaître. C'est sous cette forme seulement que ces fossiles existent dans les divisions inférieures de l'étage sénonien et même dans beaucoup de gisements de la craie supérieure. Ils ont été généralement confondus avec des moules de Cyprines.

C'est un moule de *Roudaireia Auressensis* qui a été décrit par Coquand sous le nom de *Cyprina acute-carinata*. Ce moule provient de l'étage campanien d'El-Kantara. Il n'a été décrit que très sommairement et n'a pas été figuré, et il nous eût été difficile d'en reconnaître l'identité réelle si M. Papier, qui l'a communiqué à Coquand, n'en avait fait photographier un spécimen.

Il nous a été facile du reste de constater les véritables caractères des moules du *Roudaireia Auressensis* et la réalité de leur attribution à cette coquille. Nous possédons, en effet, plusieurs exemplaires qui ne sont que partiellement dégagés du test, et sur l'un d'eux, tandis qu'une des valves est conservée intacte, l'autre a disparu, laissant voir le moulage interne complet.

Le moule du *R. Auressensis* est triangulaire, plus ou moins oblique, très inéquilatéral, épais et renflé. Le côté buccal est court, arrondi sur la commissure, gibbeux sur les côtés par la saillie des impressions musculaires. Le côté anal est large, évidé dans la partie antérieure, saillant vers les empreintes des muscles, plus ou moins oblique, limité sur le flanc de la coquille par une carène très prononcée, habituellement aiguë, mais parfois obtuse et même un peu arrondie. La carène se prolonge depuis les crochets jusqu'à l'extrémité du bord palléal, et, sur ce point, l'angle formé par la rencontre de ce bord avec le bord anal est plus ou moins aigu, suivant le degré d'obliquité de la carène. Cette carène n'est pas toujours rectiligne; elle est fréquemment incurvée, présentant tantôt une concavité, tantôt une convexité à la surface.

Dans la plupart de nos moules, la surface est entièrement lisse. Cependant on rencontre assez fréquemment des exemplaires sur lesquels on retrouve des traces plus ou moins apparentes des grosses côtes concentriques qui ornent la coquille. Le milieu de la surface est sillonné par une dépression plus ou moins prononcée. Les crochets sont très saillants, aigus, un peu infléchis vers le côté buccal et recourbés sur eux-mêmes, tout en restant assez éloignés l'un de l'autre.

Les impressions musculaires sont très fortes, saillantes et carénées en avant, déprimées en arrière où elles sont limitées par un sillon profond qui entoure la partie postérieure de l'empreinte.

L'impression palléale est très marquée entre les deux empreintes musculaires; elle est pleine, continue, et légèrement ciliée dans les spécimens bien conservés.

Dans leur ensemble, ces moules rappellent ceux du *Crassatella Marottiana*, mais ils s'en distinguent toujours facilement par leur forme plus renflée, par leurs crochets incurvés et surtout par la carène saillante et oblique qui en partage la surface.

Ils sont voisins également des moules de certaines Cyprines, mais la saillie très prononcée de leur carène les fait toujours reconnaître. C'est du reste à ce genre que, comme nous l'avons dit, Coquand les avait rapportés.

Les *Roudaireia* au surplus sont voisins des Cyprines et doivent prendre place dans la même famille. M. Munier-Chalmas a déjà fait remarquer que plusieurs espèces de *Cyprina*, décrites par M. Stoliczka, devraient prendre place dans le genre *Roudaireia.* Nous n'avons pas cru devoir adopter cette manière de voir en ce qui concerne le *Cyprina Forbesiana* Stoliczka, dont nous avons constaté l'existence en Tunisie, mais pour les *C. cristata* et *cordialis* Stoliczka, nous sommes très disposé à l'adopter.

M. Munier-Chalmas n'a cité que des fossiles de l'Inde comme devant entrer dans son genre *Roudairia.* Nous pensons qu'il en doit être de même de cette coquille du terrain tertiaire de l'Allemagne que Goldfuss a décrite sous le nom d'*Isocardia harpa* [1]. La similitude est telle en effet, que la figure de ce fossile pourrait être prise pour celle d'un *Roudaireia Auressensis.*

Le *R. Auressensis* est abondant dans le Nord africain. Comme nous l'avons dit, on le rencontre dans les diverses subdivisions du Crétacé supérieur, à l'exclusion des assises cénomaniennes où Coquand l'a placé par erreur. En dehors de l'Afrique française, il existe abondamment aussi dans

---

[1] *Petr. Germ.*, t. 160, fig. 15.

la craie supérieure du désert de Libye où M. Zittel l'a mentionné, en compagnie de l'*Ostrea Overwegi* et d'autres fossiles qui l'accompagnent également en Algérie.

Le moule intérieur de cette coquille n'ayant pas encore été figuré, nous en avons fait dessiner un. Nous avons fait dessiner également un spécimen entier pour montrer la côte secondaire du côté anal dont les figures données par M. Munier-Chalmas ne permettent pas de reconnaître l'existence.

Algérie : Aurès (Coquand); El-Halleg; Kef Matrek; El-Outaïa; Djebel Mzeïta; Medjèz-el-Foukani; Nza-ben-Messaï.

Tunisie : Bir Tamarouzit; Djebel Dernaïa; Khanget Goubel; Khanget Safsaf; Chaab-el-Guetof; Chebika; Bir Oum-el-Djof; Bir Khenafès; Djebel Aïdoudi (versant nord). — Étages santonien, campanien et danien.

GENRE **ISOCARDIA** Klein [1753], Lamarck [1799].

Isocardia aquilina Coquand *Géol. et pal. rég. sud prov. Constantine*, 209, t. 9, fig. 11 et 12 [1862]; Ville *Explor. Hodna*, 89 [1868]; Nicaise *Catal. anim. foss. prov. Alger*, 60 [1870]; Cotteau, Peron et Gauthier *Descr. Échin. foss. Algérie*, Cénomanien, 48 [1878]; Seguenza *Studi geol. e pal. sul cret. medio*, 144 [1878]; Peron *Essai descr. géol. Algérie*, 99 [1883]. — *Isoarca aquilina* Coquand *Études suppl.*, 388 [1879].

Ce fossile, assez abondant dans le Cénomanien de l'Algérie, est également assez répandu dans les hauts-plateaux de la Régence. M. Thomas l'a rencontré dans plusieurs localités et toujours au même niveau géologique. Les exemplaires tunisiens n'atteignent pas la taille des types de Batna. Sous ce rapport, ils sont semblables à ceux qu'on trouve abondamment dans le Cénomanien supérieur de Bou-Saada. Les uns et les autres, d'ailleurs, sont toujours à l'état de simples moules internes et souvent assez frustes. Aucun d'eux ne nous a permis de reconnaître la structure probable de la charnière.

Coquand, après avoir, dans ses premiers travaux, classé ce fossile, ainsi que plusieurs autres similaires, dans le genre *Isocardia*, l'a transporté, en 1879, dans le genre *Isoarca* Münster. L'auteur n'a pas expliqué les motifs de ce changement et cependant il eût été intéressant de les connaître. Il est fort possible, en effet, que les coquilles dont nous nous occupons ne soient pas de véritables Isocardes, telles que les ont conçues Klein, ou même Lamarck, mais nous ne voyons pas qu'il y ait plus de probabilités pour qu'elles soient des *Isoarca*.

Ces dernières coquilles, qui, pour les conchyliologistes les plus compétents, ne forment même qu'une subdivision du genre *Arca* et tout au plus un sous-genre, sont caractérisées par leurs crochets incurvés, et surtout par leur charnière composée de dents nombreuses, disposées suivant une ligne cardinale longue et courbe.

Nos *Isocardia aquilina* ont bien le crochet recourbé comme les *Isoarca*, mais tout nous porte à croire qu'ils n'en avaient pas la charnière linéaire. Nous pensons que, quel que soit le nom générique qu'on veuille leur attribuer, c'est dans la famille des Cyprinées qu'il faut les classer et non dans celle des Arcidées.

L'*Isocardia aquilina* est assez variable dans sa forme. Il s'épaissit sensiblement en vieillissant; sa largeur augmente proportionnellement beaucoup plus que sa longueur. Aussi les jeunes semblent-ils plus étroits et plus longs que les adultes.

Tunisie : Djebel Cehela (zone à *Ostrea Syphax*); Djebel Ceket; El-Aïeïcha; Djebel Semama. — Étage cénomanien.

Isocardia diceras Seguenza *Studi geol. e pal. sul cret. medio*, 145, t. 9, fig. 6 [1878].

Un moule unique rencontré dans l'étage cénomanien de Tunisie nous paraît bien semblable à ceux de San Giorgio (Italie) que Seguenza a nommés *Isocardia diceras*.

Nous faisons d'ailleurs toutes réserves sur l'attribution générique de ce fossile qui pourrait être classé avec autant de raison dans les Cyprines.

La forme du moule est très haute, étroite, ovale dans son ensemble. Elle se rapproche sensiblement de celle du *Venus* (*Dosinia*) *Forgemoli* Coquand, mais l'analogie entre ces deux fossiles est bornée à la forme. Par ses impressions musculaires saillantes sur les deux côtés, par son impression palléale peu sinueuse, par son épaisseur, par ses crochets aigus et écartés, par sa lunule profonde et arrondie, l'*Isocardia diceras* se distingue bien facilement du *Venus Forgemoli*.

Notre moule, par sa forme toute spéciale, se sépare des autres Isocardes et des Cyprines que nous connaissons en Afrique. Nous l'assimilons avec assez de confiance à l'*Isocardia diceras*, mais nous devons cependant signaler que son côté anal est, par rapport à celui de cette espèce, moins arrondi à partir des crochets, coupé un peu plus droit et très légèrement anguleux à l'extrémité du corselet.

Tunisie : Djebel Ceket. — Étage cénomanien.

Isocardia aff. **Mœvusi** Coquand *Géol. et pal. rég. sud prov. Constantine*, 210, t. 10, fig. 1 et 2 [1862].

Un moule en mauvais état, qui provient de l'Albien supérieur ou du Cénomanien inférieur du Djebel Roumana, se rapproche beaucoup, par sa forme triangulaire, ses crochets incurvés et la carène qui orne son côté anal, de l'*Isocardia Mœvusi* Coquand, du Rhotomagien de Tenoukla.

Cependant, dans notre exemplaire, l'épaisseur relative est plus considérable et les sommets sont moins élevés.

Tunisie : Djebel Roumana. — Étage albien supérieur.

Genre **LIBITINA** Schumacher [1817].

Synonymie : **CYPRICARDIA** Lamarck [1819].

Libitina thersites Coquand (sub *Cypricardia*) *Géol. et pal. rég. sud prov. Constantine*, 202, t. 9, fig. 6 et 7 [1862]; Cotteau, Peron et Gauthier, *Descr. Échin. foss. Algérie*, Cénomanien, 65 [1878].

Deux exemplaires bien conformes au type de cette espèce ont été rencontrés dans le Cénomanien inférieur de Tunisie. C'est bien à ce même niveau que nous l'avons rencontrée dans les environs de Bou-Saada et que Coquand l'a signalée auprès de Tebessa.

Ce fossile est assez rare et n'a pas été mentionné par d'autres auteurs. Il n'est du reste connu que par des moulages internes; aussi ne l'est-il que bien imparfaitement, et son attribution au genre *Cypricardia* a-t-elle été révoquée en doute[1].

Quoi qu'il en soit, l'espèce, telle que Coquand l'a définie, est facile à reconnaître et ses caractères sont bien constants dans tous les exemplaires que nous connaissons. Un de nos moules tunisiens est cependant d'une taille beaucoup plus grande que le type incomplet représenté par Coquand. Il atteint 80 millimètres de largeur sur 54 de hauteur et 42 d'épaisseur. C'est le plus grand que nous connaissions. Sa forme générale et ses caractères restent d'ailleurs bien semblables à ceux des autres spécimens.

Coquand, en raison du mauvais état de son unique exemplaire, n'a guère pu en indiquer que les caractères tirés de la forme générale. Il convient d'ajouter à sa description que la ligne cardinale est droite, simple et sans sinuosités correspondant aux dents de la charnière.

Les impressions musculaires sont peu visibles; celles du côté anal surtout sont difficiles à distinguer; celles du côté buccal, sans faire saillie, sont cependant assez nettement indiquées et limitées par un sillon qui prend son origine au-dessous du crochet.

L'impression palléale est entière, sans sinus, assez prononcée. De

---

[1] Stoliczka *Cretaceous fauna of Southern India*, Pélécypodes, 195.

IMPRIMERIE NATIONALE.

nombreux petits sillons linéaires rayonnants existent sur le moule, au-dessus de cette impression.

Algérie : Tenoukla ; Bou-Saada.

Tunisie : Djebel Meghila (sommet, zone inférieure). — Étage cénomanien.

Libitina aff. **testacea** Zittel (sub *Cypricardia*) *Die Bivalven der Gosaugebilde*, I, 32, t. 4, fig. 8 *a* et *b* [1864].

Deux moules en médiocre état, qui proviennent de l'étage santonien, présentent assez exactement l'aspect du *Cypricardia testacea* de la craie à Hippurites de Gosau (Autriche). La forme est haute et peu élargie ; les crochets sont recourbés du côté buccal ; ce côté buccal est court, évidé sous les crochets, arrondi à la partie postérieure ; le côté anal est large, tronqué carrément, limité en dessus par une carène obtuse, courbe, qui part du crochet et se termine à l'extrémité du côté anal où elle détermine un angle assez prononcé. En dedans de cette carène le côté anal est évidé et aminci.

Il existe encore plusieurs autres coquilles qui présentent une forme analogue à celle de nos moules. L'*Isocardia Guerangeri* d'Orbigny, notamment, est assez semblable, mais sa forme est plus étroite, ses crochets sont plus élevés, sa carène latérale est bien plus saillante.

En l'état de nos fossiles, nous ne saurions d'ailleurs aller au delà d'une simple comparaison de la forme générale. Notre but ne peut être que d'en donner un signalement suffisant pour les faire reconnaître par les géologues qui auront l'occasion d'explorer les mêmes gisements.

Tunisie : Djebel Aïdoudi (versant sud). — Étage santonien.

VENERIDÆ.

Genre **VENUS** Linné [1758].

Coquand a décrit 31 espèces du genre *Venus* provenant du terrain crétacé moyen et supérieur de l'Algérie. Ces espèces, si nombreuses, ont toutes été établies d'après de simples moules internes, le plus souvent assez frustes et ne laissant même voir que rarement les impressions palléales et musculaires.

Les diagnoses caractéristiques, qui ne comportent guère que deux lignes, se bornent à mentionner la forme générale et les dimensions relatives de la coquille. Enfin une partie seulement de ces diagnoses sont appuyées de figures.

Dans ces conditions on comprend combien est difficile la distinction d'une pareille quantité d'espèces, la plupart très voisines les unes des autres et ne se distinguant que par des nuances que la description est impuissante à faire ressortir.

Il y a lieu enfin d'ajouter qu'outre les espèces si nombreuses créées par Coquand, il en existe encore dans la nomenclature un très grand nombre dont il faut tenir compte. Telles sont surtout celles des contrées où les terrains et la faune sont d'âge et de facies semblables à ceux de l'Afrique du Nord. Il en est ainsi des terrains de l'Italie méridionale où Seguenza n'a pas signalé moins de 17 espèces de Vénéridées, toutes représentées par des moules, puis de ceux de la Palestine, où Conrad en a décrit également de nombreuses, et enfin de ceux de l'Espagne, du Portugal, du midi de la France, etc.

D'après cela on peut se rendre compte de notre embarras en présence des séries considérables de moules de *Venus* que M. Thomas a rapportés de la Tunisie. Grâce aux matériaux de l'Algérie que nous possédons, nous avons pu déterminer avec quelque précision une partie de ces exemplaires, mais, pour les autres, nous avons dû y renoncer et nous borner à indiquer leurs affinités. Nous avons d'ailleurs soigneusement évité de créer, avec ces mauvais matériaux, des espèces nouvelles qui n'auraient pu qu'augmenter l'embarras des paléontologues.

Venus Reynesi Coquand *Géol. et pal. rég. sud prov. Constantine*, 193, t. 7, fig. 11 et 12 [1862]; Nob., pl. XXIX, fig. 13 et 14; Brossard in *Mém. Soc. géol. France*, sér. 2, VIII, 227 [1867]; Seguenza *Studi geol. e pal. sul cret. medio*, 131 [1878].

Cette espèce, la plus fréquente de toutes celles du genre *Venus*, dans le Crétacé du Sud algérien, se trouve également en abondance en Tunisie. C'est surtout dans les assises du Cénomanien moyen qu'elle habite. Elle se distingue de ses congénères par sa forme élargie, son côté antérieur assez prolongé, excavé au-dessous des crochets, son côté postérieur long et arrondi, ou parfois un peu anguleux.

Les individus très nombreux que nous possédons nous montrent, dans la forme et dans la taille, des variations qui nous portent à croire que le *Venus Desvauxi* de Coquand pourrait bien être une simple variété de grande taille du *V. Reynesi.*

Un de nos exemplaires du *V. Reynesi*, qui provient du Foum-el-Guelta, est pourvu de son test. La coquille est simplement garnie, sur toute sa surface, de rides concentriques serrées, assez prononcées et régulières. La lunule est assez profonde, le corselet très peu excavé, les sommets sont contigus. Cette espèce n'ayant été figurée qu'à l'état de moule interne, nous avons fait dessiner cet exemplaire.

Tunisie : Djebel Meghila (Foum-el-Guelta); Djebel Semama; Djebel Cehela; El-Aïeïcha; Djebel Oum-Ali. — Étage cénomanien.

Venus Cleopatra Coquand *Géol. et pal. rég. sud prov. Constantine*, 193, t. 7, fig. 7 et 8 [1862].

Le *Venus Cleopatra*, qui habite aussi le terrain cénomanien, n'est pas toujours facile à distinguer du *V. Reynesi*. Comme ce dernier, il n'est connu que par son moule interne et, d'après le descripteur, il en diffère par ses dimensions plus grandes et par le plus grand développement de son côté buccal.

En ce qui concerne la taille, nous estimons que la différence invoquée n'a qu'une importance très restreinte. Le *V. Reynesi* dépasse bien souvent la dimension du type décrit par Coquand et nous en connaissons des exemplaires qui sont même plus grands que le type du *V. Cleopatra*. Mais la hauteur de ce dernier nous paraît toujours plus grande, relativement à la largeur; ses sommets sont plus hauts et plus dégagés et son côté anal est un peu plus anguleux.

C'est en nous basant sur ces quelques différences que nous avons rapporté au *V. Cleopatra* quelques spécimens rencontrés par M. Thomas.

Tunisie : Djebel Semama; Djebel Nouba. — Étage cénomanien.

Venus aff. **Archiaciana** d'Orbigny *Pal. franç.*, Terr. crét., Lamellibranches, 449, t. 386, fig. 6 et 7 [1844].

Nous désignons provisoirement sous cette dénomination des moules de petite taille, remarquables par leur forme très déprimée et régulièrement ovale, le peu de saillie de leurs crochets et l'absence de lunule.

Ces moules semblent fort analogues au *Venus Archiaciana* d'Orbigny, mais, comme ce dernier a été décrit d'après un spécimen pourvu de la coquille, sa comparaison avec nos moules n'est pas très facile. En outre, nos moules tunisiens appartiennent à l'époque cénomanienne, tandis que le *V. Archiaciana* est sénonien. Il y a là des motifs très suffisants pour ne signaler ici qu'une simple analogie.

Tunisie : El-Aïeïcha. — Étage cénomanien.

Venus Cherbonneaui Coquand *Géol. et pal. rég. sud prov. Constantine*, 195, t. 8, fig. 13 et 14 [1862].

C'est encore une coquille qui paraît bien voisine du *Venus Reynesi* et, parmi les spécimens assez nombreux que nous avons pu étudier, il en est qui sont difficiles à distinguer de ce dernier. Cependant ils nous ont paru toujours relativement moins larges. C'est la seule différence un peu constante que nous puissions signaler. Le descripteur indique bien que l'épaisseur du *V. Cherbonneaui* est moindre et sa forme plus arrondie, mais il suffit de comparer les dessins mêmes des types originaux pour reconnaître que ces différences sont peu appréciables.

Le *V. Cherbonneaui*, tel que nous l'interprétons, est assez fréquent dans les couches inférieures de l'étage sénonien de la Tunisie.

Tunisie : Djebel Sidi-bou-Ghanem ; Bir Tamarouzit ; Djebel Bou-Driès ; Khanget Goubel ; Djebel Aïdoudi (versant sud). — Étages turonien et santonien.

Venus aff. **meridionalis** Seguenza *Studi geol. e pal. sul cret. medio*, 133, t. 7, fig. 6 [1878].

Coquille de taille médiocre, courte, élargie, épaisse, trapue, à crochets courts et très peu saillants, à impression palléale très prononcée ; les deux côtés sont arrondis ; le côté antérieur est beaucoup plus court que le côté postérieur ; la lunule est fort petite et peu excavée.

Ces moules sont assurément fort voisins de ceux que Seguenza a décrits sous le nom de *Venus meridionalis*. Toutefois ils proviennent de l'étage santonien, tandis que l'espèce de Seguenza est cénomanienne. En l'absence de renseignements plus complets nous ne pouvons donc adopter sans réserves l'assimilation de nos moules tunisiens à ceux de l'Italie méridionale.

Tunisie : Djebel Sidi-bou-Ghanem. — Étage santonien.

Venus subplana d'Orbigny. — *Venus plana* d'Orbigny *Pal. franç.*, Terr. crét., Lamellibranches, 447, t. 386, fig. 1-3 [1844] (non Sowerby [1813]). — *V. subplana* d'Orbigny *Prodr.*, II, 237 [1847] ; Coquand *Géol. et pal. rég. sud prov. Constantine*, 303 [1862] et *Études suppl.*, 449 [1879].

Alcide d'Orbigny a décrit, sous le nom de *Venus plana* Sowerby, dans la *Paléontologie française*, des individus d'origines très diverses et de niveaux géologiques différents. Le type qu'il en a figuré est pourvu de son test et, quoique le gisement d'origine ne soit pas indiqué, il est facile de présumer, d'après son état de conservation, qu'il provient des grès cénomaniens de la Sarthe. Ce gisement concorde sensiblement, comme niveau stratigraphique, avec celui du prototype de Sowerby, mais il n'en est plus de même pour les nombreux autres exemplaires que d'Orbigny avait compris dans la même détermination. Les uns provenaient de l'étage turonien de la Provence ou de la Touraine ; les autres, de la craie sénonienne des Charentes, de la Dordogne et de la Touraine.

En 1847, d'Orbigny a rectifié cet état de choses et démembré son ancien *Venus plana*. Ce nom est resté attribué exclusivement aux exemplaires de l'étage cénomanien ; ceux de l'étage turonien sont devenus le *V. Renauxiana* et ceux du Sénonien le *V. subplana*. Cependant, pour l'indication de cette dernière espèce, d'Orbigny s'est référé dans son *Prodrome*, comme pour le *V. plana* du Cénomanien, aux figures 1 et 3 de la planche 386 de la *Paléontologie française*.

Il en résulte que la confusion subsiste en partie et que, en résumé, le *V. subplana* n'a été ni figuré ni décrit. C'est donc par l'examen seulement des spécimens nombreux de *Venus*, à l'état de moules internes, que nous avons recueillis dans les divers gisements de la craie sénonienne des Charentes et de la Touraine indiqués par d'Orbigny, que nous avons pu acquérir une connaissance suffisante du *V. subplana* tel que ce savant l'a conçu.

Un certain nombre de moules rencontrés par M. Thomas dans la craie santonienne de la Tunisie nous paraissent absolument conformes à ceux du *V. subplana* de la Touraine. Nous ne voyons aucune raison pour ne pas les assimiler à cette espèce. Coquand du reste a également déterminé sous ce nom des exemplaires recueillis dans les environs de Tebessa.

Nos moules de *V. subplana* sont assez semblables à ceux du *V. Cherbonneaui*, mais ces derniers, tels que nous les interprétons, sont toujours moins épais, relativement plus larges, et pourvus de crochets plus aigus et plus saillants.

Tunisie : Khanget Safsaf. — Étage santonien.

GENRE **DOSINIA** Scopoli [1777].

Dosinia Delettrei Coquand (sub *Venus*) *Géol. et pal. rég. sud prov. Constantine*, 194, t. 8, fig. 3 et 4 [1862]; Seguenza *Studi geol. e pal. sul cret. medio*, 135 [1878].

Coquand a décrit, sous les noms de *Venus Naïl*, *V. Forgemoli* et *V. Delettrei*, trois coquilles qui ne diffèrent entre elles que par leur taille et par une petite différence dans leur largeur relativement à leur hauteur. Toutes ont la forme arrondie qui caractérise le genre *Dosinia;* elles ont la même disposition des crochets et la même épaisseur relative.

Nous avons observé, entre les types de ces espèces, des individus à caractères intermédiaires, et nous sommes porté à considérer ces trois formes comme des âges successifs d'une même espèce.

Coquand, qui n'admettait pas le passage d'une espèce d'un étage géologique à un autre et qui considérait les *V. Naïl* et *Delettrei* comme étant de l'étage mornasien, alors qu'il classait le *V. Forgemoli* dans le Rhotomagien, a peut-être été conduit à s'exagérer les différences de ses divers exemplaires.

Ainsi que nous l'avons déjà expliqué, Coquand était dans l'erreur au sujet de l'âge des *V. Delettrei* et *V. Naïl.* Ces deux fossiles ont été recueillis au col de Sfa, près Biskra, et sont de l'étage cénomanien, comme le *V. Forgemoli.*

Il convient cependant de remarquer que, dans ces moules si simples et sans caractères saillants, la forme générale est à peu près le seul criterium dont dispose la taxonomie. Aussi Seguenza, qui a retrouvé abondamment dans le Cénomanien de Sicile les diverses espèces de Coquand, a-t-il maintenu la distinction des *Dosinia* (*Venus*) *Delettrei* et *D. Forgemoli*, parce qu'il a reconnu que ce dernier avait une forme ovale et renflée, tandis que le premier est circulaire.

Nous croyons devoir suivre cet exemple et, en prenant pour base ce même caractère différentiel, nous avons appliqué le nom de *Dosinia Delettrei* à des moules nombreux provenant de divers gisements du Sud tunisien qui tous appartiennent à l'époque cénomanienne.

Un de nos exemplaires du Djebel Meghila (Foum-el-Guelta) est encore pourvu d'une partie de son test. Nous avons pu constater ainsi que la coquille est mince et ornée sur toute la valve de petites rides concentriques serrées, assez accentuées et un peu irrégulières, qui rendent la valve rugueuse. La lunule est très petite et peu profonde. Le corselet est long, très étroit et un peu excavé.

Algérie : Tenoukla; Batna; col de Sfa; Djebel Bou-Thaleb; Bou-Saada.

Tunisie : Djebel Meghila (sommet, zone inférieure); Djebel Meghila (Foum-el-Guelta); Djebel Bou-Hedma; Djebel Nouba; El-Aïeïcha; Djebel Ceket; Djebel Taferma (Kef Nador). — Étage cénomanien.

Dosinia Forgemoli [1] Coquand (sub *Venus*) *Géol. et pal. rég. sud prov. Constantine*, 194, t. 8, fig. 7 et 8 [1862]; Cotteau, Peron et Gauthier *Descr. Échin. foss. Algérie*, 48 [1878]; Seguenza *Studi geol. e pal. sul cret. medio*, 135 [1878].

Après l'attribution que nous avons faite au *Dosinia Delettrei* de tous ceux de nos moules de Vénéridées qui montrent une forme nettement arrondie, il ne nous reste, dans les fossiles de la Tunisie, qu'un seul exemplaire présentant la forme plus longue que large, assez régulièrement ovale et un peu renflée qui est le caractère propre du *Dosinia Forgemoli*.

Cet exemplaire a été trouvé en compagnie de ceux du *D. Delettrei* dans les assises moyennes du Cénomanien.

Tunisie : Djebel Meghila (sommet, zone inférieure). — Étage cénomanien.

Dosinia cataleptica Coquand (sub *Venus*) *Études suppl.*, 107 [1879]; Nob., pl. XXIX, fig. 15 et 16.

DIMENSIONS.

Longueur, 40 millimètres; largeur, 42 millimètres; épaisseur, 15 millimètres.

Coquille un peu plus large que haute, à pourtour arrondi, très déprimée et subdiscoïde.

---

[1] Nous devons faire observer ici que cette espèce ayant été dédiée à M. le général Forgemol, le nom spécifique doit être orthographié *D. Forgemoli* et non *Forgemolli* comme Coquand l'a écrit.

Côté buccal plus court que l'autre, très excavé sous le crochet; côté anal formant une courbe régulière, mais très légèrement anguleuse à sa jonction avec le corselet; sommets courts, un peu incurvés du côté antérieur et dominant la lunule; corselet très étroit, bordé par deux carènes aigües.

Les moules qui nous occupent ont la forme circulaire qui caractérise le genre *Dosinia*. Cependant ce n'est pas sans quelque doute que nous les plaçons dans ce genre, car les impressions des muscles adducteurs et l'impression palléale y sont indistinctes. Leur forme générale est sensiblement celle du *Circe lunata* Coquand. Toutefois, ils sont d'une largeur relative moindre; leur côté buccal est moins évidé sous les crochets, et enfin la forme du corselet est différente.

Coquand a donné le nom de *Venus cataleptica* à un moule des marnes santoniennes de Medjèz-el-Foukani qui nous paraît à peu près identique à ceux de Tunisie dont nous nous occupons. La diagnose du *V. cataleptica* est très sommaire et ce fossile n'a pas été figuré. Aussi serait-il bien difficile à reconnaître pour nous si nous n'avions nous-même recueilli à Medjèz-el-Foukani plusieurs spécimens auxquels répond convenablement le signalement donné par Coquand et que nous considérons en conséquence comme représentant son *V. cataleptica.*

Les exemplaires de Tunisie que nous venons de décrire sont semblables à ces spécimens du Santonien de Medjèz-el-Foukani. L'un d'eux, que nous avons fait dessiner, est encore pourvu de quelques portions de son test et nous montre que la coquille était simplement garnie de petits plis concentriques d'accroissement.

Tunisie : Aïn Settara (Khangct-es-Slougui). — Étage turonien supérieur ou étage santonien.

Genre **MERETRIX** Lamarck [1799].

Meretrix Tissoti Munier-Chalmas (sub *Cytherea*) in *Extr. Miss. Roudaire*, Paléont., 72, t. 2, fig. 1-2 [1881]

Ce Pélécypode a été, pour la première fois, rencontré en Tunisie par M. Léon Dru, membre de la Mission Roudaire dans les Chotts tunisiens, et il a été décrit par M. Munier-Chalmas dans le compte rendu de cette mission. C'est à Ras-Khénafès, sur le bord septentrional du chott Fedjedj, dans le terrain crétacé le plus élevé, que M. Léon Dru l'a recueilli. C'est également dans cette localité que M. Thomas en a rencontré plusieurs bons spécimens. Comme la plupart des fossiles de ce gisement privilégié, ils présentent cette particularité heureuse, bien rare dans le Crétacé africain, d'être pourvus de leur test et bien conservés.

Tunisie : Bir Khénafès. — Étage danien.

Genre **CIRCE** Schumacher [1817].

Circe sp.

Moule incomplet auquel il manque de notables portions du pourtour et notamment les sommets.

La coquille était grande, atteignant 90 millimètres de hauteur, équivalve, arrondie, avec une certaine saillie sur le bord buccal, très plate et déprimée. Les crochets sont peu élevés, aplatis et assez écartés; la ligne cardinale est sinueuse et montre la trace des dents de la charnière.

Les impressions musculaires sont assez prononcées et précédées, du côté anal, par une dépression linéaire sensible. L'impression palléale est entamée par un sinus peu profond aux approches du bord anal.

Ce fossile est encore un de ceux qui ont été recueillis au Djebel Oum-Ali, dans ce niveau que nous considérons comme représentant les couches d'Utrillas, en Espagne, et de Bellas, en Portugal. Nous avons pu le comparer à des exemplaires du *Circe conspicua* Coquand, du Crétacé inférieur d'Espagne, et il nous paraît fort possible qu'il appartienne à cette espèce.

Son état est d'ailleurs trop imparfait pour que nous puissions aller au delà d'un simple rapprochement.

Tunisie : Djebel Oum-Ali (niveau inférieur). — Étage albien supérieur.

UNICARDIIDÆ.

Genre **UNICARDIUM** d'Orbigny [1852].

Unicardium Matheroni Coquand *Géol. et pal. rég. sud prov. Constantine*, 208, t. 9, fig. 1 et 2 [1862]; Seguenza *Studi geol. e pal. sul cret. medio*, 150 [1878].

Le moule interne auquel Coquand a donné ce nom ne nous est que très imparfaitement connu. La diagnose en effet ne comporte guère qu'une ligne : «Coquille ovale, renflée, subéquilatérale, lisse; côté buccal plus court que le côté anal.» Il serait difficile, comme on le voit, d'établir une détermination d'après cette description, et c'est surtout à la figure de l'espèce qu'il faut recourir pour en découvrir les caractères.

Aussi comprenons-nous l'hésitation de Seguenza qui a cru pouvoir rapporter à l'*Unicardium Matheroni* un fossile du Cénomanien de l'Italie, dont la forme semble seulement assez voisine de celle du type.

C'est beaucoup d'après cet exemple du savant italien que nous adoptons la même détermination pour un fossile de Tunisie qui nous paraît avoir une analogie bien complète avec le sien.

Il est beaucoup plus grand que le type de Coquand et mesure 70 millimètres de largeur, sur 62 de hauteur et 58 d'épaisseur. Très renflé, subglobuleux, à crochets courts, épais et un peu incurvés, il ressemble absolument au moule dessiné par Seguenza.

Ce dernier, au surplus, nous paraît, tout aussi bien que le nôtre, malgré quelques différences, avoir une parenté incontestable avec l'*U. Matheroni* de Coquand. L'un et l'autre peuvent être considérés comme des individus plus âgés que le type de l'espèce. Les impressions des muscles adducteurs des valves y sont plus saillantes et plus robustes. Celle du côté anal est large et limitée par une saillie carénée qui se prolonge jusque sous le crochet; celle du côté buccal est plus petite, allongée dans le sens de la hauteur et suivie d'une dépression sensible.

Notre exemplaire présente, sur la surface latérale de l'une des valves, des restes de plis concentriques assez prononcés.

Coquand a décrit plusieurs autres espèces de ce même genre *Unicardium* et toutes proviennent de l'étage cénomanien de l'Algérie. Ces autres espèces, cependant, semblent bien distinctes de l'*U. Matheroni*. Il n'y a guère de réserves à faire que pour l'*U. Papieri*, espèce qui provient, comme l'*U. Aurasium*, du Cénomanien de Batna et que sa courte diagnose caractérise insuffisamment. C'est une espèce que Coquand n'a pas fait figurer.

Notre exemplaire d'*U. Matheroni* a une grande analogie de forme avec le moule du *Cyprina quadrata* d'Orbigny. Toutefois sa largeur est plus grande relativement à sa hauteur, ses crochets sont moins élevés et moins saillants, enfin sa ligne cardinale est droite, au lieu de présenter les larges sinuosités qui distinguent celle du *Cyprina quadrata*.

Coquand a omis d'indiquer les motifs qui l'ont porté à placer son fossile dans le genre *Unicardium* de d'Orbigny. Une explication eût été cependant d'autant plus utile que ce genre, presque exclusivement jurassique, n'est pas très nettement défini et ne semble pas être interprété de la même façon par tous les conchyliologistes. Depuis la description de d'Orbigny on a introduit assez arbitrairement dans ce genre des coquilles très diverses et précédemment classées dans les *Lutraria*, *Lavignon*, *Mactromya*, etc.

Selon d'Orbigny, les *Unicardium* seraient voisins des *Cardium* et n'en différeraient que par l'existence d'une seule dent à la charnière. C'est là un caractère qu'il n'est pas facile de distinguer sur un simple moule. Sur celui qui a servi de type à l'*U. Matheroni* en particulier il est impossible de se rendre compte de la constitution de la charnière. Aussi, si nous avions eu à donner un nom à ce fossile, nous aurions préféré l'attribuer tout simplement au genre *Cardium*, qui a de nombreux représentants dans nos terrains crétacés. Aujourd'hui, nous nous trouvons en face d'une dénomination acquise à la science et, comme nous n'avons pas d'argument probant pour la changer, nous devons la conserver.

Tunisie : El-Aïeïcha; Djebel Ceket? — Étage cénomanien. — Exemplaire unique à l'état de moule interne, mais en bon état de conservation.

MYIDÆ.

Genre CORBULA [1792].

Corbula cf. **umbonata** Seguenza *Studi geol. e pal. sul cret. medio,* 125, t. 6, fig. 4 [1878].

Nous rapprochons de cette espèce du Cénomanien de l'Italie un petit exemplaire unique qui provient du même niveau géologique de la Tunisie.

Il est remarquable par la grande saillie de son crochet qui est aigu et recourbé. Les valves sont très inégales. Le côté buccal est court, rond et subtronqué; le côté anal plus long et plus acuminé.

La grande valve est renflée et gibbeuse; la petite valve plus déprimée, surtout dans la région anale.

La surface des deux valves est garnie de côtes concentriques régulièrement espacées.

La forme de ce fossile et ses crochets très proéminents sont bien semblables à ceux du *Corbula umbonata* Seguenza. Toutefois cette dernière espèce ne semble pas ornée, comme la nôtre, de côtes concentriques. Aussi notre détermination reste-t-elle douteuse.

Tunisie : Djebel Meghila (sommet, zone moyenne). — Étage cénomanien supérieur.

Corbula subtruncata Seguenza *Studi geol. e pal. sul cret. medio,* 125, t. 6, fig. 3 [1878].

Nous avons, provenant des couches cénomaniennes du Djebel Cehela, d'assez nombreux moules de *Corbula* qui nous paraissent se rapporter à l'espèce du Sud italien décrite par Seguenza sous le nom de *Corbula subtruncata.* C'est une Corbule variable dans sa forme qui est plus ou moins élargie transversalement, mais presque équivalve, inéquilatérale, à côté anal tronqué et parfois anguleux, comme l'espèce italienne dont elle a également la taille. Nos moules présentent en outre, comme cette dernière, une impression palléale linéaire profonde. L'extrémité anale est quelquefois plus allongée et plus acuminée que dans le type, mais on rencontre, sous ce rapport, des individus intermédiaires. Il se pourrait, du reste, que la troncature et la forme anguleuse de ce bord anal, que l'on observe quelquefois et notamment dans le type de Seguenza, fussent dues à une simple fracture de l'extrémité.

La taille et la forme générale de notre espèce sont aussi celles du *C. Goldfussiana* d'Orbigny, des grès turoniens d'Uchaux (*C. truncata* in *Pal. franç.*, Lamellibranches, 461, t. 388, fig. 18-20). Mais cette dernière espèce, dont nous ne connaissons pas le moule interne, est plus carénée sur le côté buccal et encore plus inéquilatérale que la nôtre.

Seguenza a comparé son *C. subtruncata* au *C. truncata* Sowerby [1], des grès verts de Blackdown, dont il lui paraît très voisin. La forme générale de ces deux coquilles est en effet bien semblable, mais celle de Sowerby paraît, de même que le *C. Goldfussiana*, plus carénée et plus tronquée que la nôtre. C'est d'ailleurs également la coquille elle-même du *C. truncata* qui a servi à la description de l'espèce et il est toujours difficile de comparer un moulage interne à une coquille.

Indépendamment des exemplaires du Djebel Cehela dont nous venons de nous occuper, M. Thomas a recueilli, sur le versant occidental du Djebel Semama, des plaquettes calcaires dont la surface est couverte de Corbules et autres petits Bivalves, tels que des *Leda*, etc. Tous ces petits fossiles sont très frustes et indéterminables. Cependant les moulages de Corbules présentent bien exactement la forme des *C. subtruncata* de Cehela.

Tunisie : Djebel Cehela; Djebel Semama. — Étage cénomanien.

Genre COQUANDIA Seguenza [1875].

Coquandia Italica Seguenza *Foss. del Cenom. di Caltavuturo; Rendiconto della R. Acc. d. sc. di Napoli*, fasc. 1 [1876] et *Studi geol. e pal. sul cret. medio* 124, t. 6, fig. 1 [1878]; Nob., pl. XXIX, fig. 17 et 18.

Le genre *Coquandia* a été établi par Seguenza pour des moules intérieurs de bivalves trouvés dans le terrain cénomanien de l'Italie méridionale. Voisin des *Corbula* et des *Mya*, ce nouveau genre est caractérisé surtout par sa charnière composée d'un grand cuilleron sur la valve droite et d'un autre plus petit sur la valve gauche.

La forme des moules est toute spéciale. Ils sont remarquables par leurs sommets larges et s'acuminant brusquement, par l'inégalité et la gibbosité des valves, par leurs impressions musculaires très dissemblables, l'impression buccale étant très large, tandis que l'autre est très petite.

Nous possédons depuis longtemps un moule recueilli dans les calcaires cénomaniens de Bou-Saada (Algérie), que nous avions laissé indéterminé jusqu'au moment où nous avons connu le genre *Coquandia*. La découverte

---

[1] In Fitton *Geol. Trans. of London*, IV, t. 16, fig. 8 [1836].

faite par M. Thomas de nouveaux spécimens dans le Cénomanien de la Régence nous a démontré mieux encore l'identité de ces moules avec ceux de Seguenza. Enfin M. Welsch nous en a communiqué qui proviennent du Cénomanien de Tiaret et qui appartiennent incontestablement au même type générique.

Deux espèces de *Coquandia* ont été décrites par le géologue italien, le *C. Italica* et le *C. minor*. La dernière ne nous est pas encore connue en Tunisie, mais nous pensons que notre moule de Bou-Saada doit lui être rapporté. En outre, nous avons cru devoir établir une troisième espèce pour d'autres moules un peu différents qui proviennent de l'étage santonien de la Régence.

Le *C. Italica* est représenté par de bons exemplaires bien semblables au type de Seguenza. Celui que nous avons fait figurer est le plus grand et le meilleur, quoiqu'il soit un peu incomplet à l'extrémité antérieure. Il provient des calcaires rognoneux situés à la base du Cénomanien du Djebel Semama.

Tunisie : Djebel Cehela; Djebel Semama. — Étage cénomanien.

Coquandia Coynei Thomas et Peron, pl. XXIX, fig. 19 et 20.

DIMENSIONS.

Longueur, 10 millimètres; largeur, 16 millimètres; épaisseur, 8 millimètres.

Moules de petite taille, équivalves, renflés au milieu; côté postérieur rostré, aminci et acuminé à partir des impressions musculaires; côté buccal assez long, arrondi et assez épais. Impressions musculaires beaucoup plus larges et plus profondes du côté anal que de l'autre côté. Impression palléale continue et assez profonde. Crochets égaux, très courts, larges, obtus et dépassant très peu en hauteur l'area cardinale. Ligne cardinale formant une double sinuosité très prononcée et indiquant ainsi l'existence, sur chaque valve de la coquille, d'une très forte dent qui se croisait avec celle de l'autre valve.

Le *Coquandia Coynei* diffère du *C. minor* Seguenza, par une gibbosité médiane plus prononcée, par son côté postérieur plus acuminé et par ses impressions musculaires plus grandes et plus profondes.

Il diffère du *C. Italica* Seguenza, par sa taille bien moindre et surtout par ses crochets courts et obtus, qui ne dépassent pas l'area cardinale, tandis que, dans l'espèce italienne, ils sont gros, élevés et acuminés.

Malgré les différences importantes que nous signalons entre nos moules tunisiens et les deux espèces connues de *Coquandia*, ils ont avec elles une telle communauté de facies et de caractères que nous n'avons pas hésité à les classer dans ce genre plutôt que dans les *Corbula*.

Notre *C. Coynei* est dédié à M. le commandant Coyne, chef du service des renseignements à Tunis.

Tunisie : Djebel Aïdoudi (versant sud). — Étage santonien.

TELLINIDÆ.

Genre **LAVIGNON** Cuvier [1817].

Lavignon Tenouklense Coquand *Études suppl.*, 97 [1879].

La description très sommaire que Coquand a donnée, en 1879, de son *Lavignon Tenouklense*, du Cénomanien de Tenoukla, reproduit textuellement celle que cet auteur avait précédemment donnée [1] du *L. Baylei* de la même localité, et aussi celle du *L. Marcouti* de l'étage mornasien de Tebessa. Le descripteur ajoute seulement que le *L. Tenouklense* se distingue de ce dernier par sa taille moins longue et plus ramassée.

Dans ces conditions, il est bien difficile d'appliquer en parfaite connaissance de cause l'une ou l'autre de ces dénominations aux moules assez nombreux qui présentent les caractères indiqués.

Le *L. Tenouklense* n'a pas été figuré par Coquand, mais MM. Heinz et Papier en ont fait photographier un spécimen et c'est grâce à cette circonstance que nous pouvons appliquer de préférence cette détermination à quelques individus du Cénomanien du Djebel Semama. Ils sont plus grands et à stries moins espacées que le *L. Baylei* et ils sont moins transverses que le *L. Marcouti.*

Quelques réserves cependant doivent être faites au sujet de notre détermination. D'après les indications fournies par Coquand, le type du *L. Tenouklense* aurait été recueilli par lui-même, et par conséquent l'authenticité du spécimen représenté par MM. Heinz et Papier ne paraît pas être aussi bien établie que celle des autres fossiles également photographiés par eux sur des matériaux provenant de leurs propres découvertes.

Nous possédions depuis longtemps plusieurs moules de *Lavignon* recueillis par nous dans le Cénomanien de Batna et de Bou-Saada. Nous les avions rapportés au *L. Baylei*, mais l'examen de la photographie du *L. Tenouklense* nous a conduit à modifier notre première détermination. Ils sont au surplus bien identiques à ceux de la Tunisie dons nous nous occupons.

Algérie : Tenoukla; Batna; Bou-Saada.

Tunisie : Djebel Semama; Djebel Madjourah. — Étage cénomanien.

---

[1] *Géol. et pal. rég. sud prov. Constantine*, 191, t. 6, fig. 12 et 13, et t. 6, fig. 14 et 15.

Lavignon Marcouti Coquand *Géol. et pal. rég. sud prov. Constantine*, 191, t. 6, fig. 14 et 15 [1862].

Sous les réserves formulées à l'article précédent, nous avons rapporté au *Lavignon Marcouti* Coquand plusieurs moules dont la forme très élargie et peu élevée et les côtés un peu inégaux rappellent bien les caractères propres à cette espèce. Ils proviennent, comme le type de Coquand, de l'étage santonien.

Tunisie : Djebel Aïdoudi (versant sud); Djebel Sidi-bou-Ghanem. — Étage santonien.

Lavignon Fontebridei Thomas et Peron, pl. XXIX, fig. 21 et 22.

DIMENSIONS.

Longueur, 23 millimètres; largeur, 18 millimètres; épaisseur, 7 millimètres.
Exemplaire unique, pourvu de son test.

Coquille très déprimée, un peu inéquivalve, légèrement inéquilatérale; côté buccal assez court; côté anal tronqué un peu obliquement. Sommet subcentral; crochets très courts et peu saillants. Du côté buccal on remarque une légère dépression qui part du sommet pour aboutir, en obliquant, à l'extrémité du bord palléal. Valve droite un peu plus déprimée que la valve gauche.

Surface des valves ornée de stries concentriques assez saillantes, un peu espacées et équidistantes. Sur la région buccale, il existe en outre de fines costules longitudinales, nombreuses, serrées, peu visibles à l'œil nu. Ces petites costules sont interrompues par des stries d'accroissement et c'est dans leur intervalle qu'elles sont surtout visibles. On n'en voit plus aucune trace au delà de la région buccale.

Ce petit bivalve a sensiblement la forme du *Lavignon Baylei* Coquand, et présente le même système de stries concentriques prononcées et espacées. Il nous a paru cependant s'en distinguer par sa plus grande dépression, par le sillon linéaire qui parcourt la région buccale et par les stries rayonnantes qui garnissent cette région et dont on ne voit nulle trace dans l'espèce de Coquand.

L'*Arcopagia radiata* d'Orbigny présente une forme et une ornementation très analogues à celles de notre *Lavignon Fontebridei*, mais ses stries concentriques sont plus serrées et ses côtes radiantes plus marquées et plus étendues.

Nous dédions cette nouvelle espèce à M. le colonel Fontebride, commandant supérieur de Tebessa en 1886.

Tunisie : Djebel Meghila (sommet, zone inférieure). — Étage cénomanien.

ARCOMYIDÆ.

Genre **ARCOMYA** Agassiz [1842].

Arcomya aptiensis Coquand (sub *Pholadomya*) *Mon. pal. Ét. aptien Espagne* in *Mém. Soc. émul. Provence,* III, 280, t. 8, fig. 1 et 2 [1863].

Le fossile que nous désignons sous ce nom est représenté seulement par des moules intérieurs, mais qui sont nombreux et en bon état. Leur forme est absolument identique à celle du *Pholadomya aptiensis* Coquand, de l'Espagne, et le seul doute qu'on puisse conserver sur l'exactitude de cette détermination provient précisément de ce que nous ne connaissons pas la coquille elle-même de notre fossile. Cependant la forme de cette espèce est si spéciale et si caractéristique que nous n'hésitons pas à y rapporter nos moules tunisiens.

Ces moules sont de grande taille; le côté buccal, très court, presque abrupt, est coupé un peu obliquement du sommet au bord palléal, où se produit un angle assez prononcé. L'extrémité anale est bâillante, prolongée, large, rhomboïdale, amincie; les crochets, très rapprochés de l'extrémité buccale, sont presque contigus et recourbés sur eux-mêmes. Les empreintes musculaires sont peu apparentes.

L'*Arcomya aptiensis* est un fossile qui n'était connu jusqu'ici que dans le terrain crétacé inférieur de la province de Teruel, en Espagne. Coquand attribue son gisement à l'étage aptien, tandis que d'autres géologues le considèrent comme plus ancien encore.

Cependant il résulte des études plus récentes et plus précises de M. Choffat sur les terrains crétacés du Portugal, que les terrains à lignites d'Utrillas qui contiennent l'*A. aptiensis* doivent être, au moins en grande partie, rajeunis et remontés dans la série stratigraphique.

Il semble extrêmement probable, d'après les indications de M. Choffat, que l'*A. aptiensis* est d'âge albien supérieur. Or c'est exactement l'âge que nous attribuons aux divers gisements tunisiens où a été rencontrée cette même espèce. Cette constatation est d'autant plus intéressante que cette espèce du Crétacé d'Espagne n'est pas la seule que renferment ces gisements. D'autres fossiles, également bien identiques à des espèces d'Utrillas, ont été mentionnés dans notre travail et constituent un ensemble qui ne laisse pas de doute sur le synchronisme des gisements.

Tunisie : Djebel Semama (base ouest); Djebel Oum-Ali (niveau inférieur); Djebel Roumana. — Étage albien supérieur.

Arcomya fallax Coquand (sub *Panopæa*) *Mon. pal.-Étage aptien Espagne* in *Mém. Soc. émul. Provence*, III, 280, t. 8, fig. 3 et 4 [1865]. — *Ceromya recens* Coquand l. c., 287, t. 7, fig. 9 et 10 [1865].

Dans l'article précédent, nous avons assimilé à une espèce d'Arcomye de l'Aptien de l'Espagne un certain nombre de moules internes recueillis en Tunisie dans l'étage albien supérieur du Djebel Oum-Ali. Nous avons maintenant à signaler des moules qui proviennent d'une autre localité, mais du même niveau stratigraphique, qui nous paraissent également identiques à une autre Arcomye des mêmes gisements de l'Espagne, l'*Arcomya fallax* Coquand.

Ces nouveaux fossiles sont plus petits que les moules attribués par nous à l'*A. Aptiensis*. Ils présentent exactement la forme de l'*A. fallax* et, comme ce dernier, ils ne se distinguent de l'*A. Aptiensis* que par la surface de leurs valves garnie de plis concentriques réguliers et accentués.

Il y a lieu de faire observer ici que Coquand a décrit, sous le nom de *Ceromya recens*, un autre fossile qui présente, avec son *Panopæa fallax*, une bien singulière ressemblance. Il est même réellement impossible, d'après le simple examen de la description et de la figure, de distinguer ces deux espèces l'une de l'autre.

Coquand a placé cette coquille dans le genre *Ceromya* sans faire connaître les motifs qui l'ont guidé. Une explication eût été cependant d'autant plus utile que ce genre semble jusqu'ici spécial aux terrains jurassiques et que sa mention dans le Crétacé moyen constitue une exception remarquable.

Deux caractères importants nous paraissent infirmer complètement la détermination de Coquand : le premier, c'est que, d'après la figure qu'il a donnée du *Ceromya recens*, cette coquille est bâillante à son extrémité anale, quoique la description n'en fasse pas mention; le deuxième, c'est qu'elle est parfaitement équivalve, tandis que, dans les véritables Céromyes, la valve gauche est moins grande que la valve droite.

Nous sommes donc convaincu que, malgré la différence de leurs attributions génériques, les *Panopæa fallax* et *Ceromya recens* de Coquand, qui d'ailleurs proviennent des mêmes gisements, ne sont qu'une seule et même espèce.

Nos exemplaires peuvent encore être utilement comparés au *Pholadomya Ligeriensis* d'Orbigny, des grès cénomaniens de la Sarthe. Cette espèce, en effet, présente une forme très analogue à celle de l'*Arcomya fallax* et une ornementation également composée de simples plis concentriques, serrés et réguliers. Si nous avions eu la possibilité d'étudier une série d'exemplaires de cette coquille, peut-être aurions-nous pu y trouver la preuve de son identité avec l'espèce de Coquand. Dans l'état actuel de nos

IMPRIMERIE NATIONALE.

connaissances, nous ne pouvons que constater quelques légères différences qui s'opposent à la réunion de ces espèces. Le *Pholadomya Ligeriensis* a le côté antérieur un peu plus court et la région anale n'y est pas séparée par une saillie carénée aussi prononcée.

Nous devons enfin signaler la grande analogie de nos *Arcomya fallax* avec le *Pholadomya Molli* Coquand, du Cénomanien de l'Algérie. La seule différence un peu importante que nous puissions signaler, c'est que, dans le dernier, le côté buccal est plus court, un peu anguleux et même excavé.

Nos exemplaires d'*Arcomia fallax* proviennent, comme l'*A. Aptiensis*, des couches à *Ostrea prælonga* de la Tunisie, que nous classons dans l'étage albien supérieur.

Tunisie : Djebel Oum-el-Oguel; Djebel Roumana (versant oriental). — Étage albien supérieur.

Arcomya cf. **Africana** Coquand (sub *Pholadomya*) *Études suppl.*, 96 [1879].

Le *Pholadomya Africana* Coquand est un fossile de l'étage santonien de Djelfa, connu seulement par la courte description que l'auteur en a donnée dans ses *Études supplémentaires*. Aussi, quoique nous possédions plusieurs Pholadomyes provenant du même gisement, nous ne sommes pas sûr de les bien déterminer.

Il nous semble cependant que quelques spécimens d'Arcomyes, recueillis par M. Thomas au Djebel Dagla, répondent complètement au signalement du *Pholadomya Africana*. Ce sont des individus très larges, étroits, un peu arqués, dont le côté anal, à partir des crochets, est environ cinq fois plus long que le côté buccal. La surface des moules est garnie de simples plis concentriques, irréguliers et de grosseur variable.

Nos fossiles du Djebel Dagla présentent aussi une certaine analogie avec le *Panopæa elatior* d'Orbigny, de l'étage cénomanien, mais, dans ce dernier, le bâillement des valves du côté anal est beaucoup plus considérable.

Contrairement au classement adopté par Coquand nous croyons devoir placer nos fossiles dans le genre *Arcomya*, dont ils ont bien les caractères.

Indépendamment des exemplaires du Djebel Dagla, qui sont eux-mêmes en médiocre état de conservation, M. Thomas en a rapporté un autre très fruste et fort douteux qui provient du Khanget Goubel.

Tunisie : Djebel Dagla, près Feriana; Khanget Goubel (?). — Étage santonien.

Arcomya Maresi Coquand (sub *Pholadomya*) *Études suppl.*, 96 [1879].

Les types de cette espèce proviennent, comme l'*Arcomya Africana*, des environs de Djelfa. Ils diffèrent de ce dernier par leur forme beaucoup plus courte et plus épaisse. Si notre interprétation, qui est basée sur l'examen d'assez nombreux exemplaires provenant de Djelfa même, est exacte, il y aurait quelques tempéraments à apporter à la diagnose de l'*A. Maresi.* Il n'est pas réel, en effet, que les individus soient toujours plus épais que hauts; en outre ils ne paraissent être arqués que très rarement.

Nous avons depuis longtemps assimilé à l'espèce de Djelfa des moules d'*Arcomya* recueillis par nous à Medjèz-el-Foukani, où ils se trouvent, comme l'*A. Maresi*, dans l'étage santonien. Une petite différence seulement se montre dans ces moules. On y remarque, sur le milieu de la valve, une légère dépression longitudinale qui ne paraît pas exister dans l'*A. Maresi.* Cette dépression est analogue à celle que l'on voit sur quelques-unes des Panopées crétacées de d'Orbigny, notamment sur le *Panopæa Dupini* de l'étage néocomien.

Deux exemplaires de la Tunisie reproduisent ce même caractère et ne semblent pas pouvoir se distinguer des individus de Medjèz.

Nous ne pensons pas que cette légère dépression médiane puisse constituer un caractère important et, comme d'autre part la forme générale de nos individus tunisiens est bien semblable à celle du type de Djelfa et que les rides concentriques sont les mêmes, nous n'hésitons pas à réunir tous ces individus sous la même dénomination. Tous, du reste, se trouvent au même niveau stratigraphique.

Tunisie : Sidi-bou-Ghanem; Khanget Safsaf (exemplaires en médiocre état). — Étage santonien.

ANATINIDÆ.

Genre **ANATINA** Lamarck [1809].

Anatina Jettei Coquand *Géol. et pal. rég. sud prov. Constantine*, 190, t. 6, fig. 3 [1862].

Un moule intérieur, provenant du Djebel Cehela, nous paraît devoir être rapporté à cette espèce. Il est en mauvais état de conservation et les deux sommets font défaut; mais la portion qui subsiste présente bien la forme transverse, les valves déprimées en leur milieu et les plis concentriques réguliers qui caractérisent l'*Anatina Jettei* Coquand.

Le type de cette espèce, qui provient du Rhotomagien de Tenoukla, est lui-même en médiocre état et dépourvu d'une partie de la région anale.

Deux autres exemplaires, que nous avons recueillis dans le Cénomanien de Batna, ne sont pas meilleurs et, dans les deux, la région anale est également tronquée.

Notre exemplaire tunisien est sensiblement plus épais, et en outre les plis transverses se prolongent davantage sur la région anale. Néanmoins nous l'assimilons, au moins provisoirement, à l'espèce de Batna. Il est d'ailleurs du même niveau géologique.

Algérie : Tenoukla; Batna.

Tunisie : Djebel Cehela. — Étage cénomanien.

PHOLADOMYIDÆ.

Genre **PHOLADOMYA** Sowerby [1823].

Pholadomya elliptica Munster in Goldfuss *Petr. Germ.*, II, 273, t. 158, fig. 1 [1839]. — *Pholadomya rostrata* et *Ph. Galloprovincialis* Matheron *Catal. corps org. foss. Bouches-du-Rhône*, 136, t. 11, fig. 7, et t. 11, fig. 4 et 5 [1842]. — *Ph. Royana* d'Orbigny *Pal. franç.*, Terr. crét., Lamellibranches, 360, t. 367, fig. 1-3 [1844]. — *Ph. elliptica* d'Orbigny *Prodr.*, II, 234 [1847]; Coquand *Géol. et pal. rég. sud prov. Constantine*, 306 [1862]. — *Ph. rostrata* et *Ph. rostrata* var. *Royana* Zittel *Die Bivalv. der Gosaugebilde*, I, 11, t. 11, fig. 2, et t. 11, fig. 1 [1864]. — *Ph. Royana* Ville *Explor. Beni-Mzab*, 166 [1868]; Nicaise *Catal. anim. foss. prov. Alger*, 78 [1870]. — *Ph. rostrata* Nicaise l. c., 78 [1870]; Coquand *Études suppl.*, 95 [1879]. — *Ph. elliptica* Moesch *Monogr. Pholadomyan*, 104, t. 34, fig. 3 et 4 [1875].

Cette espèce a été citée en Algérie sous les trois noms de *Pholadomya elliptica*, *Ph. Royana* et *Ph. rostrata.* Plusieurs auteurs, et en particulier le savant spécialiste M. Moesch, pensent que ces trois noms sont synonymes et ont été appliqués à une seule et même espèce. D'autres réunissent seulement les deux premiers, tandis que quelques-uns ne réunissent que les *Ph. Royana* et *rostrata.*

Il ne nous est pas facile de nous faire une opinion sur cette question très controversée. Nos matériaux africains, quoique abondants, sont tous en médiocre état de conservation. Sous le rapport de la forme, de la taille et du nombre de côtes divergentes, les individus présentent des variations considérables et nous ne saurions dire si ces variations dépassent les limites du cadre de l'espèce.

C'est en effet une des propriétés les plus remarquables du *Ph. elliptica* Munster, d'être extrêmement variable dans sa forme et dans son ornementation. La seule différence un peu constante que nous puissions signaler entre les types de cette espèce et nos exemplaires, c'est que, dans ceux-ci, les côtes rayonnantes paraissent s'étendre davantage sur la région anale.

D'Orbigny qui, dans la *Paléontologie française*, avait décrit sous le nom de *Ph. Royana* une Pholadomye assez fréquente dans la craie supérieure des Charentes, a, dans le *Prodrome*, réuni cette espèce au *Ph. elliptica* Munster. Les avis des paléontologistes sont assez divergents au sujet de cette assimilation. M. Zittel [1], notamment, ne l'a pas admise et pense que le *Ph. elliptica* doit être maintenu distinct, en raison de ses tubercules arrondis sur les côtes. Il ne maintient cependant pas le *Ph. Royana* et il en fait une simple variété du *Ph. rostrata* de M. Matheron.

Cette nouvelle manière de voir semble également discutable, car le spécimen que M. Zittel a figuré sous le nom de *Ph. rostrata* var. *Royana* ne semble en réalité identique ni à l'une ni à l'autre de ces espèces.

M. Stoliczka [2] a remarqué les caractères propres de ce spécimen et il a proposé de lui attribuer le nom de *Ph. rostrata* var. *prægnans* Zittel.

Le *Ph. rostrata* est, comme on le sait, un fossile de la craie à Hippurites de la Provence. Il est assez répandu et a été également désigné sous des noms très divers. D'Orbigny l'a réuni à son *Ph. Marottiana.*

M. Toucas a suivi cet exemple, mais il a cité parallèlement le *Ph. Royana.* M. Matheron lui-même a récemment fait figurer [3] sous le nom de *Ph. nodulifera* un exemplaire de la Provence qui paraît n'être qu'une variété de son *Ph. rostrata.* D'ailleurs, le *Ph. nodulifera* est considéré par beaucoup d'auteurs, notamment par MM. Pictet et Campiche, M. Giebel, etc., comme identique au *Ph. elliptica.*

Dans ces conditions, nous croyons devoir adopter, sous toutes réserves, la réunion proposée par M. Moesch, l'auteur de la Monographie des Pholadomyes, des trois espèces *Ph. elliptica, Royana* et *rostrata.*

C'est en Algérie, dans les environs de Djelfa, que les fossiles de ce genre sont le plus abondants.

Les trois espèces ci-dessus y ont été signalées et, en outre, Coquand a décrit de cette même localité un quatrième type, le *Ph. consimilis* [4], qui se distinguerait du *Ph. Royana* par sa forme plus courte, ramassée et renflée, ainsi que par le nombre plus considérable des côtes qui ornent ses deux valves.

Nous ne sommes pas fixé sur la valeur de cette nouvelle espèce que nous ne distinguons pas nettement parmi nos exemplaires de Djelfa. Aussi nous abstenons-nous, pour le moment, de la comprendre dans la synonymie du *Ph. elliptica.*

En ce qui concerne les nombreux exemplaires de Pholadomyes recueillis par M. Thomas, nous avons avec confiance adopté leur assimilation à ce dernier. Quoique leur état de conservation laisse le plus souvent beaucoup à désirer, nous avons pu y reconnaître tous les caractères du type tel qu'il est décrit et figuré dans Goldfuss.

---

(1) *Die Bivalven der Gosaugebilde*, I, 12, t. 11, fig. 1.
(2) *Cretaceous fauna of Southern India*, Pélécypodes, 75.
(3) *Rech. pal. dans le midi de la France*, t. G-10, fig. 6.
(4) *Études suppl.*, 95.

Quelques individus de petite taille, qui proviennent du Cénomanien du Djebel Cehela, présentent seuls quelques différences qui pourraient permettre de les séparer du *Ph. elliptica*, mais ils sont insuffisants pour une détermination précise. Par leur petite taille et leur forme plus arquée et moins allongée, ils ont de grands rapports avec le véritable *Ph. rostrata* Matheron, tel qu'on le rencontre dans la Provence.

Algérie : Djebel Senalba; Oued Djelfa; Medjez-el-Foukani; Kef Matrek; Nzaben-Messaï; El-Outaïa.

Tunisie : Djebel Sidi-bou-Ghanem; Khanget Oguef; Khanget Goubel; Djebel Dagla (2ᵉ horizon fossilifère); Khanget Tefel; Bir Magueur; Djebel Aïdoudi (versant sud); Djebel Cehela (?). — Étages santonien et campanien.

Pholadomya Schlumbergeri Thomas et Peron, pl. XXIX, fig. 23 et 24.

DIMENSIONS.

Hauteur, 73 millimètres; largeur, 85 millimètres; épaisseur, 62 millimètres.
Exemplaire unique, à l'état de moule interne.

Espèce de grande taille, triangulaire, cunéiforme, extrêmement inéquilatérale. Côté buccal très tronqué, coupé normalement au bord palléal immédiatement au-dessous des crochets, évidé, présentant au milieu de l'area buccale un renflement linéaire qui la sépare en deux parties déprimées. Les valves, sur ce côté, sont jointes et non bâillantes. Côté anal très allongé, oblique, occupant presque toute la largeur de la coquille. Ligne cardinale droite, ne dessinant aucune concavité entre les crochets et l'extrémité anale. Crochets très acuminés, très incurvés en dedans, contigus, évidés du côté buccal. Coquille bâillante à l'extrémité anale. Ligne palléale droite, un peu rentrante.

Surface des valves garnie complètement de rides concentriques serrées, saillantes, régulièrement espacées dans la moitié voisine des crochets, se multipliant et devenant plus serrées et irrégulières dans la partie voisine du bord palléal. Ces rides concentriques sont croisées par de légères côtes longitudinales divergentes, espacées, au nombre de douze environ sur chaque valve, situées principalement sur la partie médiane de la valve. Au croisement de ces côtes radiantes avec les plis concentriques, il se forme de légères nodosités.

Cette Pholadomye a des rapports assez étroits avec le *Ph. Malbosi* Pictet, des calcaires de Berrias, et aussi avec le *Ph. Genevensis* Pictet et Roux, de l'étage albien. Elle diffère de ces deux espèces par sa taille beaucoup plus grande. En outre, elle a des côtes rayonnantes beaucoup moins prononcées et moins nombreuses que la première et, au contraire, elle les a plus prononcées que la deuxième. Enfin sa forme est plus élargie que celle du

Ph. Genevensis et son côté buccal est moins large, plus tronqué et plus évidé.

Ces différences, qui doivent être prises en considération quand il s'agit de fossiles de gisements éloignés et qui ne sont pas du même âge géologique, ne nous semblent pas cependant d'une bien grande importance. Il est fort possible que, si nous avions eu des matériaux plus abondants, nous eussions pu reconnaître une parenté encore plus étroite entre ces espèces.

Nous avons recueilli en Algérie, dans les calcaires à *Ammonites inflatus* du Djebel Bou-Thaleb, une Pholadomye que nous avons rapportée au *Pholadomya Genevensis* et qui forme, en réalité, un type intermédiaire entre cette espèce et notre *Ph. Schlumbergeri.* Il reste toutefois une différence de taille beaucoup trop considérable pour que nous puissions assimiler ces exemplaires en toute sécurité. En outre, dans celui de l'Algérie, la saillie qui divise l'area anale est plus prononcée et donne à cette région une apparence gibbeuse.

Le *Pholadomya Schlumbergeri* est dédié à notre savant collaborateur M. Schlumberger, ancien président de la Société géologique de France.

Tunisie : Djebel Meghila (zone moyenne). — Étage cénomanien supérieur.

Genre **GONIOMYA** Agassiz [1841].

Goniomya Mailleana d'Orbigny (sub *Pholadomya*) *Pal. franç.*, Terr. crét., Lamellibranches, 355, t. 364, fig. 1 et 2 [1844].

Nous ne connaissons de cet intéressant Pélécypode qu'un petit moule incomplet et en médiocre état. Cependant son ornementation est si caractéristique que nous n'avons pas hésité sur sa détermination. Sa forme générale et ses caractères sont bien ceux du *Gonomya Mailleana* d'Orbigny, qu'on rencontre assez fréquemment dans la craie glauconieuse cénomanienne du bassin de Paris. La surface des valves est garnie de côtes concentriques anguleuses, chevronnées et trapéziformes, comme on en observe dans cette seule espèce du terrain crétacé moyen.

Tunisie : Djebel Cebela. — Étage cénomanien.

www.ingramcontent.com/pod-product-compliance
Ingram Content Group UK Ltd.
Pitfield, Milton Keynes, MK11 3LW, UK
UKHW012210240726
13966UKWH00002B/672

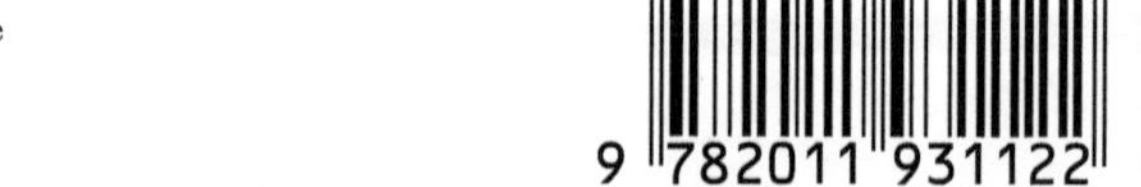